SNOW'S KITCHENALIA

全球厨具手绘图鉴

SNOW'S KITCHENALIA

全球厨具手绘图鉴

（英）艾伦·斯诺 著

李惟祎 译

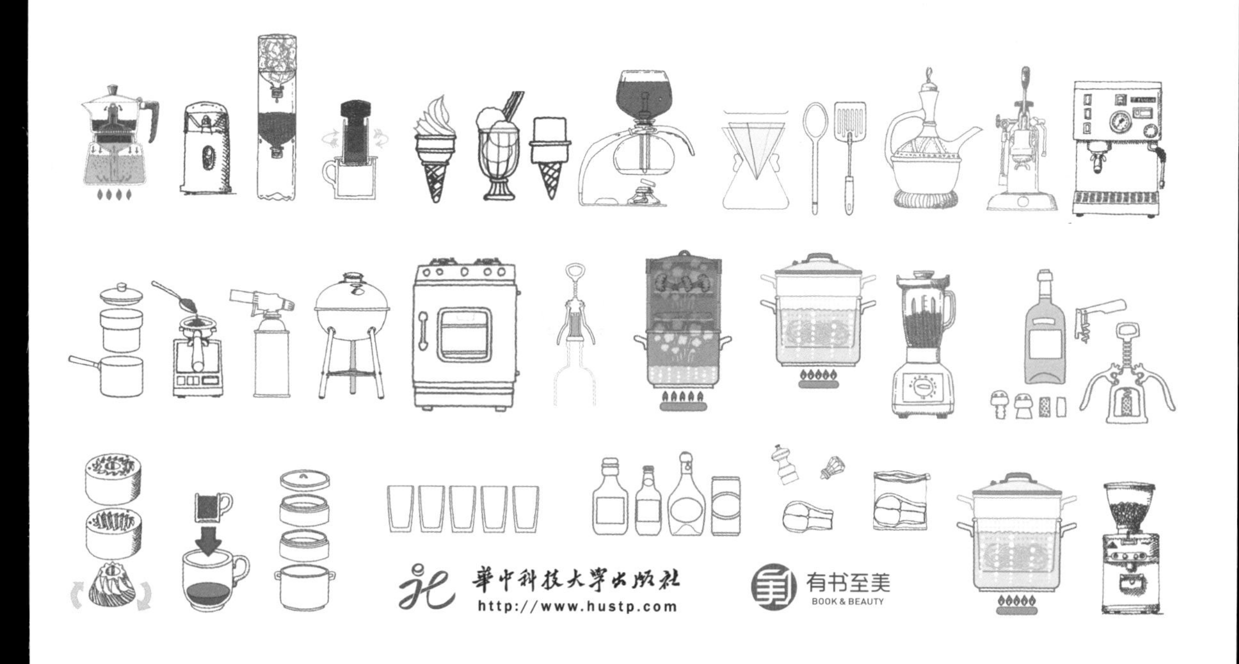

目录

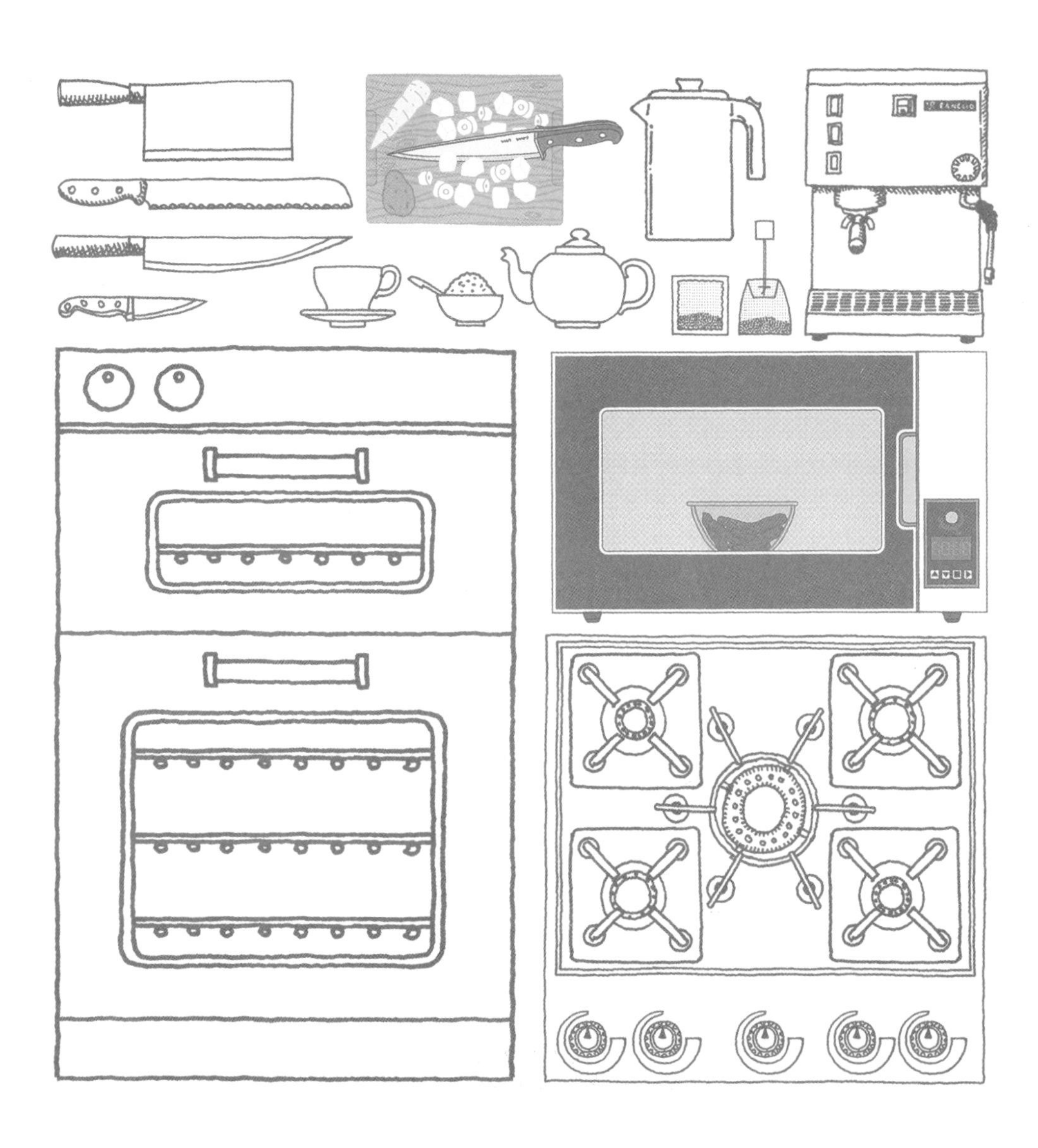

序言 6

工具 8

烹饪 52

饮品 96

厨房 166

延伸阅读 202

索引 204

致谢 208

序言

关于食物和家庭烹饪的书品类繁多，但很少能快速解答厨房布局和设备使用等相关问题。本书的目的是为烹饪、厨具、厨房布局和食物储存提供实用的指导信息。我希望这本书可以成为你在厨房中的得力助手，帮你解决实际操作中遇到的种种疑问，同时也让烹饪变得更加易懂、更加有趣。

艾伦·斯诺

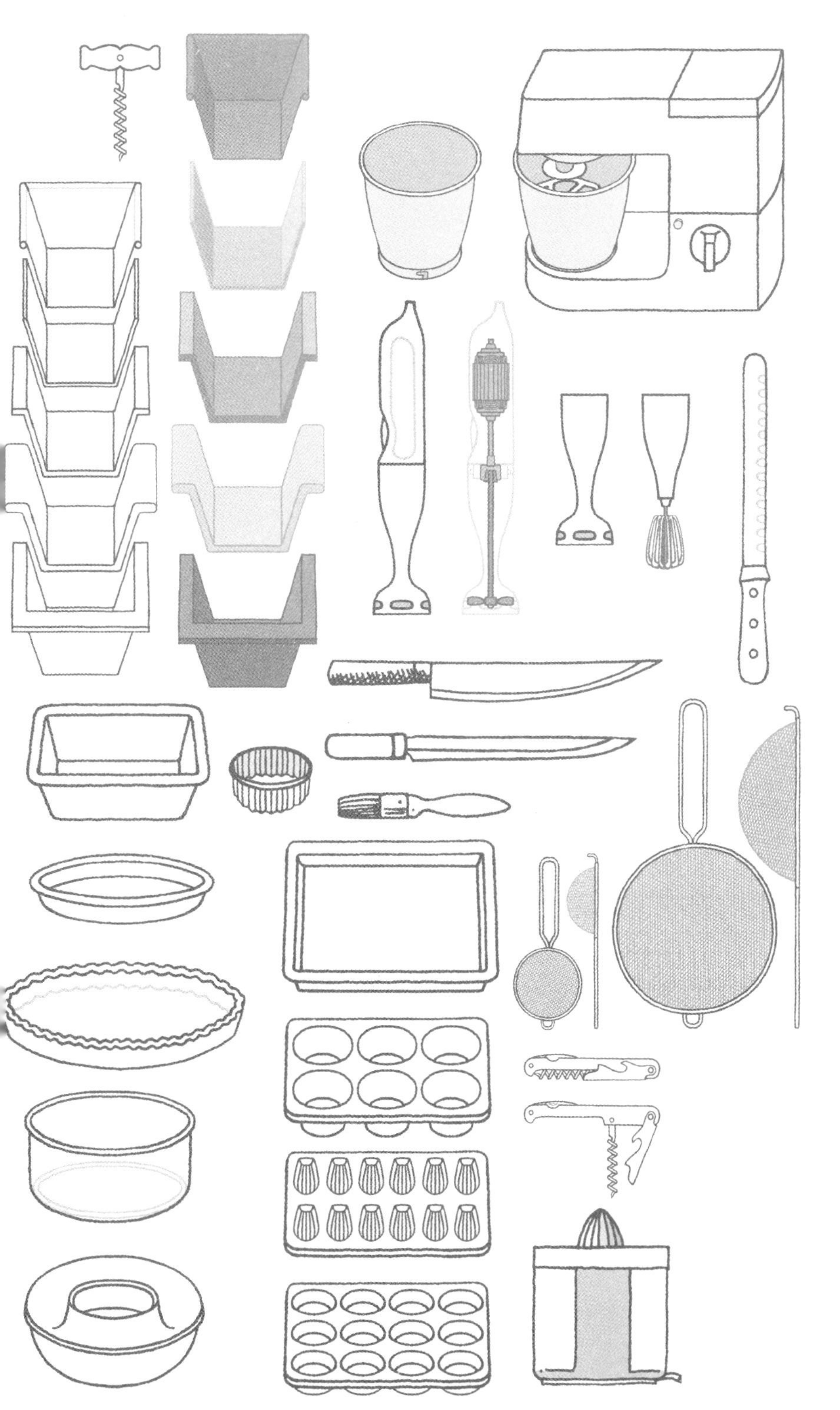

工具

工具

厨刀简介 12

厨刀种类 14

选择厨刀 16

使用厨刀 18

打磨厨刀 20

特殊刀具 22

汤勺、长柄勺、铲子和打蛋器 24

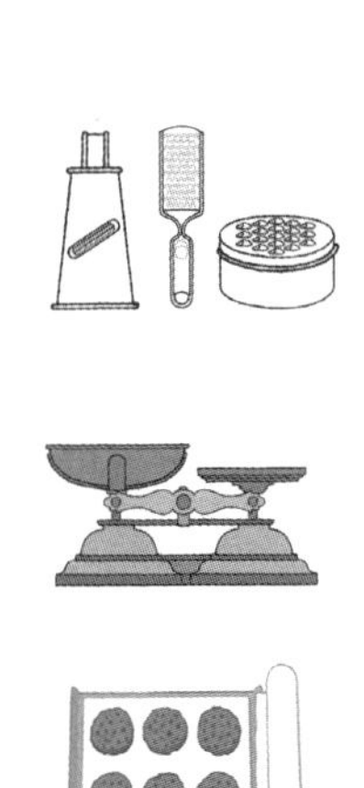

擦刀、切片器和削皮器 26

厨房用秤 28

烘焙用具 30

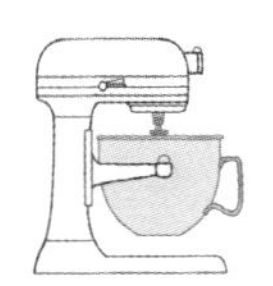

厨师机 32

手持搅拌机和打蛋器 34

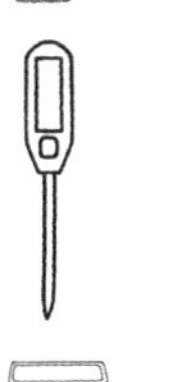

温度计 35

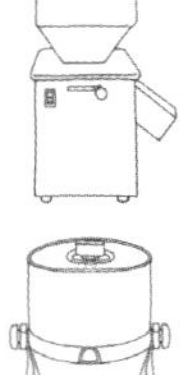

食物研磨机和磨粉机 36

湿磨机 38

其他烹饪设备 40

厨刀简介

在西方，厨刀已经具备单一或多种功能。如今，我们不仅能够使用西式厨刀，还有来自世界其他地方的刀具以供选择。但是，拥有或使用的厨刀数量并不是越多越好，要牢记：“一把锋利、洁净的刀，要比一把昂贵的钝刀珍贵得多。”

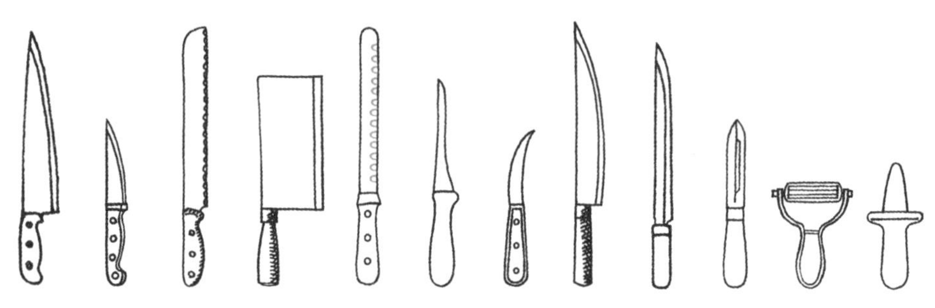

厨刀的历史已经超过1000年，但其基本部件的构成并没有很大变化。

一把刀的构成

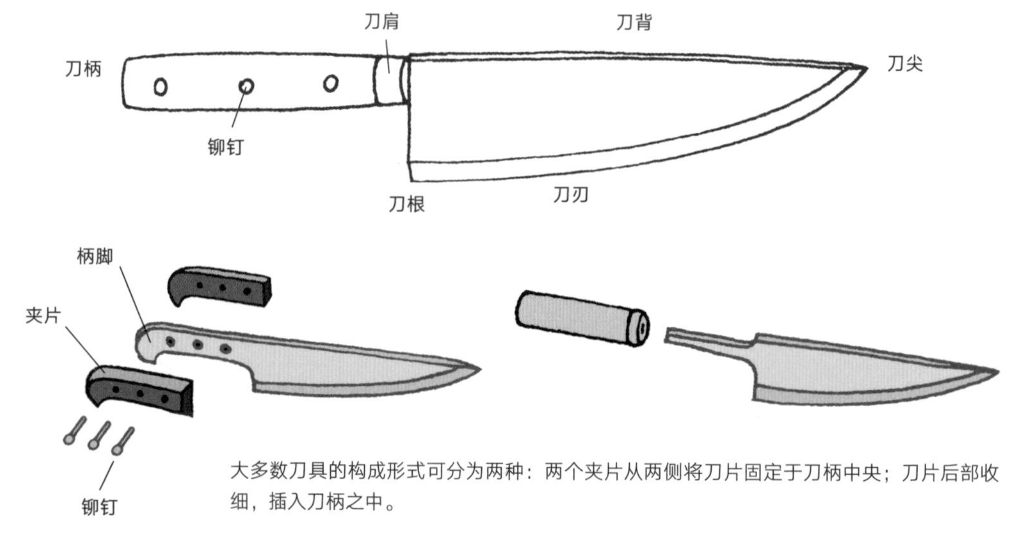

大多数刀具的构成形式可分为两种：两个夹片从两侧将刀片固定于刀柄中央；刀片后部收细，插入刀柄之中。

近来模塑而成的一体厨刀越来越受欢迎。这些刀具的把手通常是空心的，用以平衡刀身。

磨制金属刀具时，需要将金属磨掉，直到刀刃变得锋利（见第20—21页）。不同的刀具，刀片两侧的角度以及磨刀机固定刀片的角度会有很大差别。西式刀具的刀刃，两侧均经过打磨；而传统日本刀具，则仅打磨其中一侧。这样一来，使用时刀会向一侧移动。但偶尔也能买到特供左手使用的日本刀，不过并非所有品牌都提供这一品类。锯齿状的面包刀，刀片的一侧刻有斜纹；根据你自己的用手习惯，购置一把高质量面包刀不失为一项明智的投资，不仅能让切割更加顺手，而且这把刀也许还能陪伴你一生。

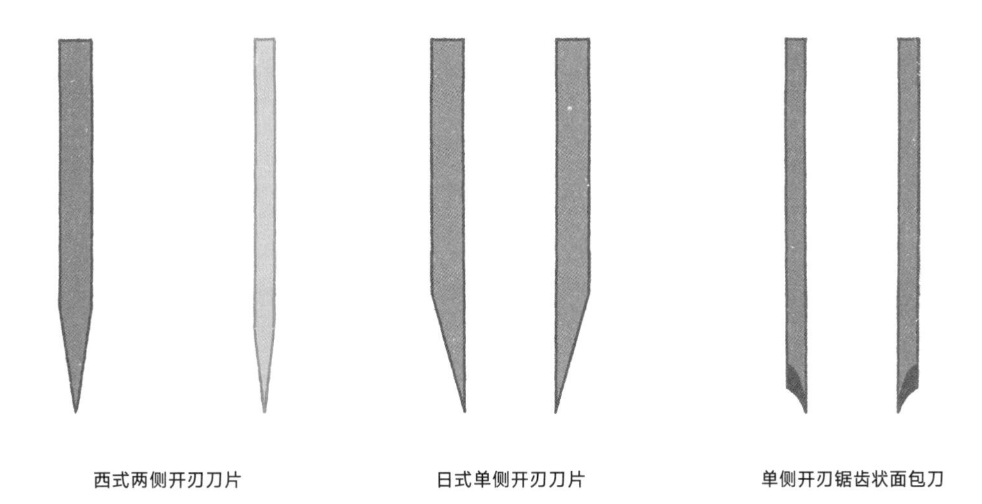

西式两侧开刃刀片　　**日式单侧开刃刀片**　　**单侧开刃锯齿状面包刀**

厨刀种类

主厨刀

刀片尺寸：20~25厘米

主厨刀应该是西方烹饪中使用频率最高的刀具了，属于“三把必备刀”之一。其形状依地域而变，但基本形态形似两面开刃的日本厨师刀（见右页图）。主厨刀能够胜任大部分工作，但小型的、更加灵活的刀片也有其用武之地。

水果刀

刀片尺寸：7.5~10厘米

水果刀是第二重要的厨房用刀，能够应对几乎所有精细操作。对于主厨刀来说过于细小的物体，都可以用水果刀来切割。而且，这也是一种在全世界厨房都常见的刀具。水果刀可以用来为小型果蔬塑形、削皮和切块。

面包刀

刀片尺寸：20~30厘米

在任何一个以面包为主食的家庭中，面包刀都算是第三重要的厨房用刀。锯齿状刀刃能够避免撕扯面包。面包刀还适用于软质水果和蔬菜（如西红柿）。如果你是左撇子，那就尽量挑选一把左手面包刀，你会发现合适的刀子用起来是多么趁手。

片鱼刀

刀片尺寸：12.5~18厘米

片鱼刀经过精心塑形，可以胜任各种切割要求。它与剔骨刀形似，但更加细长，尤其适用于鱼类。当然，如果你不是一名烹饪发烧友，那么片鱼刀就不属于必备刀具之列。

切肉刀

刀片尺寸：23~30厘米

切肉刀是最长的厨房刀具之一。这一长度能够让使用者在切肉时动作连贯且不撕裂肉块。切肉刀通常都很灵活，可用来剔骨。如果没有切肉刀，也可以用一把锋利的主厨刀来完成这一操作。

削皮刀

刀片尺寸：6.5~9厘米

削皮刀用来去除水果和蔬菜的表皮。使用时，将弯曲的刀刃朝向自己滑动，慢慢削去果蔬外皮。削皮刀比水果刀更好用，因为其刀片特意为曲面物体而设计。但在大多数情况下，你会发现，一个简单的削皮器（见右页）更加方便易用。

剔骨刀

刀片尺寸：12.5~18厘米

剔骨刀可以用来除去筋骨、分离关节与肉块。如果你想亲手处理肉类并使肉保持整齐，那么这把刀便不可或缺。屠宰要求知识、练习与技巧，需要花费数年打磨手艺，但只要你用一把锋利的剔骨刀，小心、缓慢地操作，就能较为理想地完成任务。

日本三德刀

刀片尺寸：20~25厘米

这是日本通用的厨师刀，可同时用于剁砍与切割。刀刃一侧经过打磨（刀片不是对称的），因此使用方法稍有不同。三德刀也有针对西方市场特制的双面开刃版本。

柳刃刀

刀片尺寸：25~30厘米

这把刀专用于切割寿司和生鱼片。较长的刀片可以保证在鱼肉上切下完整的一刀。柳刃刀形似西式切肉刀，但和三德刀一样，为单面开刃。

锯齿蔬菜刀

刀片尺寸：8~12厘米

小巧的锯齿蔬菜刀用途十分广泛。如果你购置了一整套品牌刀具，这把小刀通常是其中最便宜的，但其锋利的刀刃可应对多种食材（不仅是蔬菜）。锯齿蔬菜刀很难打磨，所以，要是你的第一把蔬菜刀变钝，那就再添置一把新的吧。旧的那把也不必丢弃，还可以再次利用。

剁肉刀

刀片尺寸：15~20厘米

据西方传统，剁肉刀多用来剁骨及其他费力的肉类处理工作。但在亚洲大部分地区，这把刀却取代主厨刀，成为厨房中的主力刀具。中式烹饪中，通常都会提前用“旬刀”（一种日本品牌的剁肉刀，与西方剁肉刀类似，但用途更广）处理肉类，以此来提高料理效率。

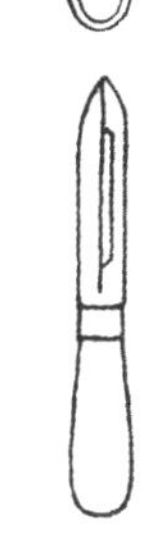

蔬菜削皮器

刀片尺寸：约5厘米

蔬菜削皮器造型各异，但最好用、最便宜的还要数“两侧摇摆刀刃”型了。这些削皮器的使用期限很长，但很难打磨，所以一旦变钝，只好淘汰。

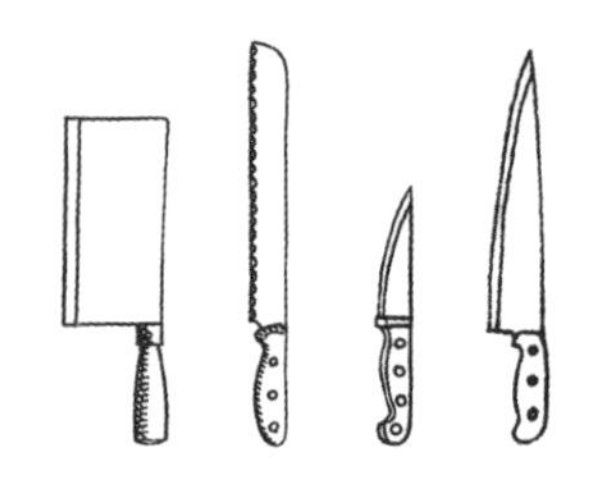

选择厨刀

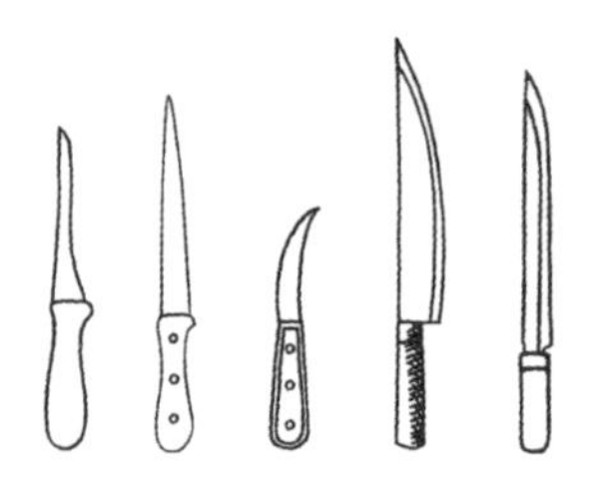

选择一把新刀具值得仔细考量，因为它将是你每天都会用到的为数不多的工具之一。厨刀价位不一，从超市中售卖的最便宜的刀，到日本进口纯手工打造的定制刀具，应有尽有。很多专业厨师都使用量产刀具，而不是手作厨刀，这些工业量产刀通常价格合理，且质量过硬。如果你不经常下厨，不会或是不想磨刀，那么就可以考虑入手刀片硬度较高的刀具，以便刀刃能够长期保持锋利。陶瓷刀经过预先磨制，大多数购买者也没有再次磨刀的打算。陶瓷刀唯一的缺点是易碎，一旦掉落就会粉身碎骨。

应入手哪些厨刀？

主厨刀可谓理想的第一把刀，它属于全能型选手，大小食材皆可应对。主厨刀也能用来切面包，不过只有刀刃十分锋利才能轻易切开面包。因此，面包刀是入手刀具的第二选择，当然水果刀也应归为第二阵营。随处可买到的锯齿小刀非常实用，连同蔬菜削皮器可算作第三梯队。

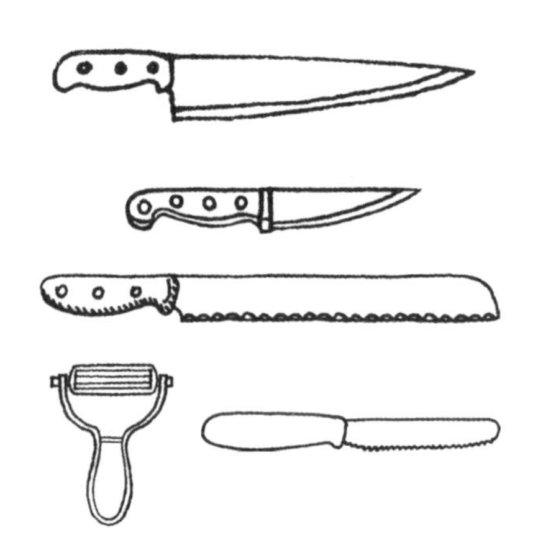

主厨刀

能够影响选择一把主厨刀的因素有以下几个：第一，适配度。刀根至刀柄底沿的垂直距离，应该足够你的指关节在不接触案板的前提下进行切剁。

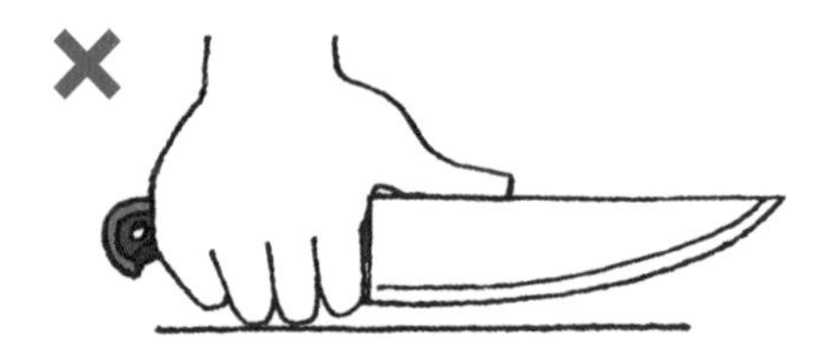

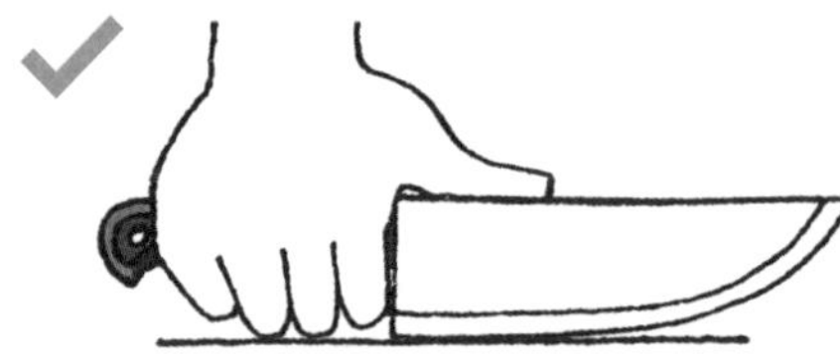

第二，查看制作刀片的钢材，可以看出刀片的硬度、刀刃保持锋利的时长，以及刀片可承受的弯曲程度。软钢刀片的弯曲度更大，但同时也更容易变钝。

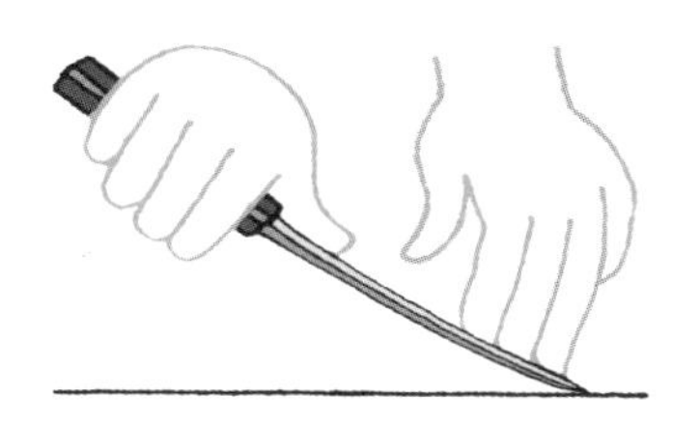

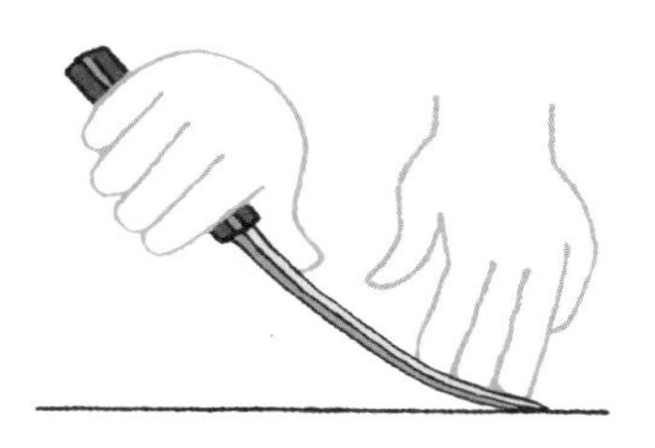

第三，你手中这把刀的平衡度至关重要，会影响刀具长期使用的舒适度。试着从刀片靠近刀柄处捏握刀具，然后再将大拇指放在刀柄上方，做切剁状。这两个动作可以检验刀具是否平衡。

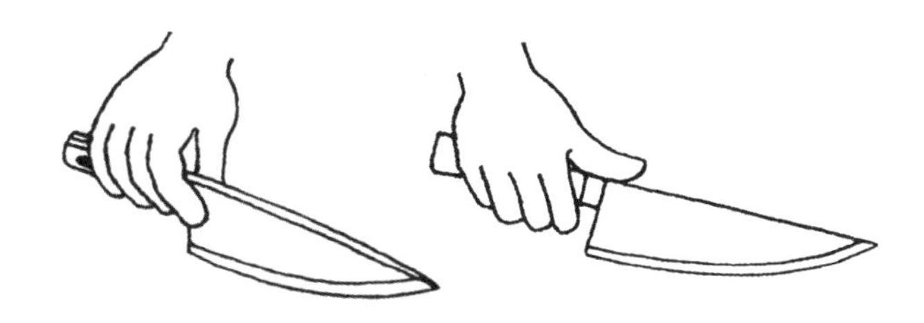

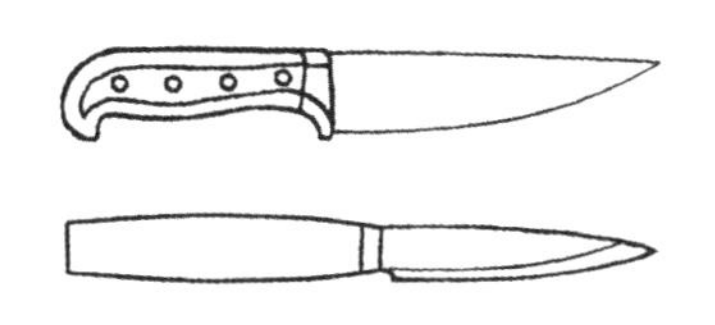

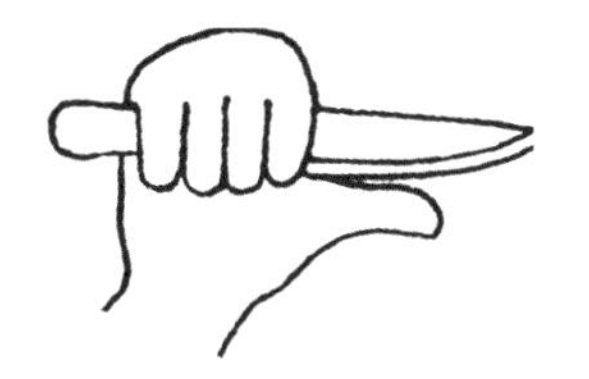

水果刀

选择水果刀时，要看刀片钢材是否合适，手感是否舒适。水果刀可用来切片和切块，也能剥皮和削皮。将刀刃冲向拇指，在这一位置整把刀应十分趁手。

面包刀

面包刀的手感应该是舒适的，但不能太过柔韧。因为刀刃为单侧打磨，所以你需要根据用手习惯选择一把合适的左手或右手面包刀。

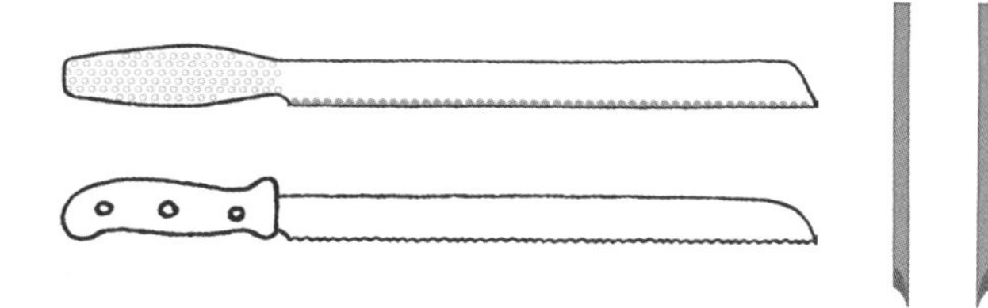

使用厨刀

专业大厨长时间使用刀具，很多厨师都曾接受过专门的用刀训练，其中有些人用蔬菜来做练习。家庭厨师也能在日常实践中提升刀工，但仍有一些基本方法需要遵循。

主厨刀

切忌将手指放在刀背上，或以拿锤子的手势抓握刀具。这两种手势都会加大控制刀片的难度。

切片

切片时，以放松的捏握手势使用刀具。刀片应保持锋利，以便将刀划过食材即可切割，而非来回“拉锯”。

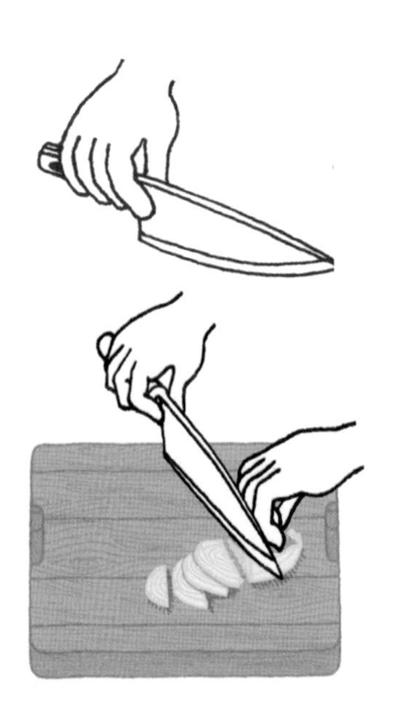

剁碎

剁碎食材时，将大拇指放在刀背和刀肩的交接处，上下摆动刀具。如需剁得更加细碎，就将另一只手扶住刀背并向下按压即可。

切割

将肉拿出烤箱后，先让它“休息”片刻，再放到案板上（或一个大盘子里，这样就可以把肉切开而不至于碰到盘子边缘）。用一把叉子固定烤肉，同时逆着肉的纹理进行切割，动作要连贯，这样切出来的肉口感更加细腻。

案板

在商用厨房中，厨师会使用六种不同的案板以保持食物卫生，同时还能避免食材串味。

红色=生肉

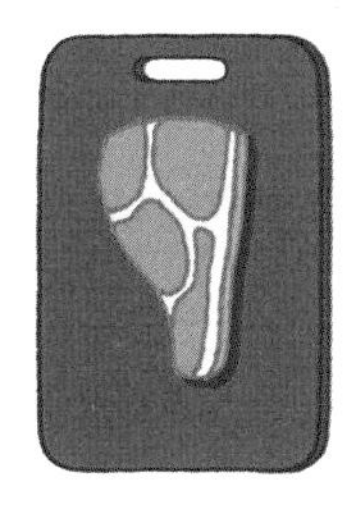

蓝色=鱼类

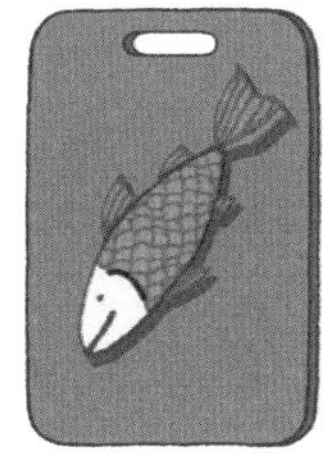

黄色=熟肉

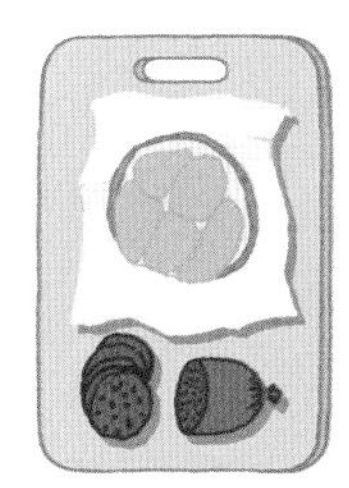

绿色=味道温和的水果和蔬菜

棕色=味道强烈的水果和蔬菜

白色=乳制品

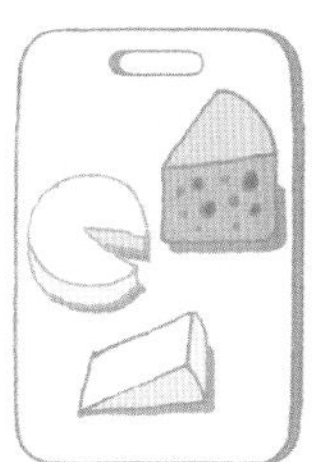

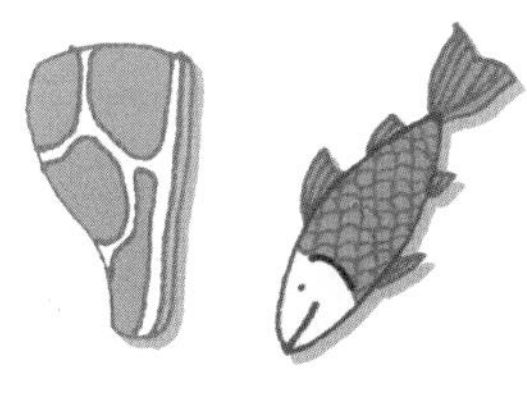

以上配置对于小型家用厨房来说阵仗过于庞大，但至少应该使用两个案板：一个用于生鱼和生肉，一个用于熟食、奶制品、水果和蔬菜。塑料案板更适于前者，后者可选用木质案板。如果你将木质案板用于味道强烈的食物或香草（如大蒜），可以固定其中一面专用于此，以免串味。

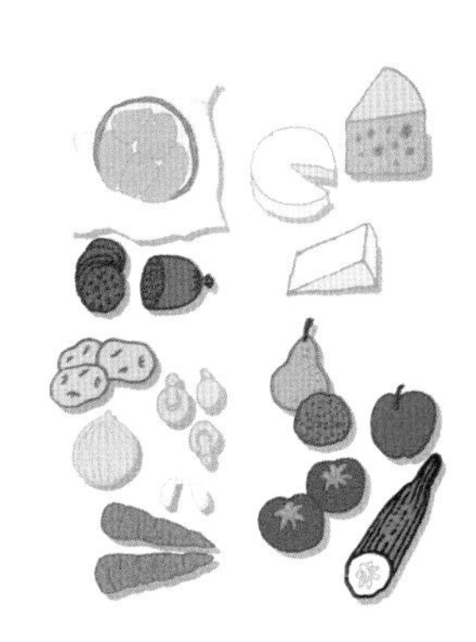

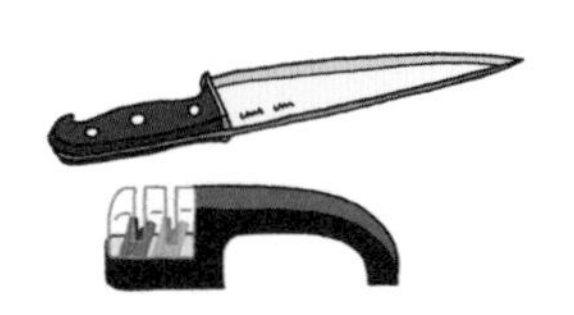

打磨厨刀

磨刀工具质量参差不齐，廉价工具或许也能把刀磨得锋利，但刀口不齐，而且还可能磨掉过多的金属，缩减刀具的使用寿命。如果恰当使用优质的现代磨刀工具，结果往往能出乎你的意料。大多数刀具以22°左右的角度进行打磨，如果想稍稍改变角度，那么一定要在打磨整个刀刃的过程中保持同一角度。磨刀是一项熟能生巧的手艺，但仍有一些方法可以提供帮助：你可以用记号笔在刀刃边缘标记一道线，或者用某种器具保持刀的角度。如果你要购置刀具和磨刀工具，一定要注意：后者的金属硬度要大于前者。

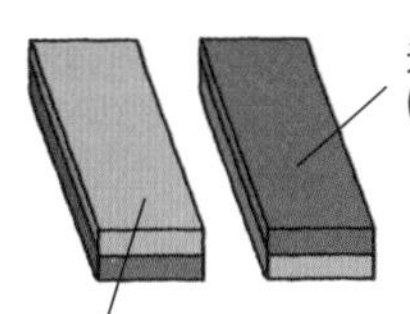

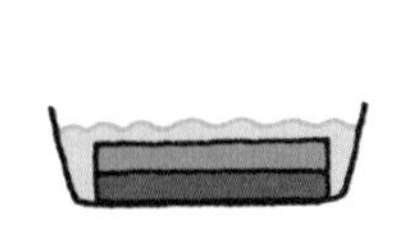

磨刀石使用方法

在一把刀的使用寿命中，至少会有那么一回要用到磨刀石，除非你不断用磨刀棒或其他器具保持刀刃锋利。磨刀石的正反两面通常粗糙程度不同，需要用油或水来进行润滑。需要注意的是，一旦你在磨刀石上使用了油，那么接下来就只能用油来润滑，因为水会被油阻挡，也就渗透不到石头之中了。如果你选择使用水，就要在使用之前先将磨刀石在水中浸泡30分钟，再把它放在一个石头不会滑动或移动的平面上。如果你选择使用油，可以在开始磨刀前向石头滴几滴油。

除非你的刀已经非常锋利，只需保养，那么一定要从磨刀石粗糙的一面开始磨刀。一手握住刀柄，另一只手的手指轻轻按压刀片，按照从刀柄到刀尖的顺序，沿着石头前后推动。有些人习惯刀刃冲外，并将刀拉向自己；有些人则把刀背向外推。我的建议是，找到能保持打磨角度的最适合你的方式。开工之前，你需要检查刀刃上是否有凹槽、缺口。打磨时保证磨掉足够多的刀刃，以去除这些不平滑之处。这一道工序应在粗糙面进行。完成所有修整工作后，就可以将刀具翻面，用细腻的一面来进一步润色刀刃。

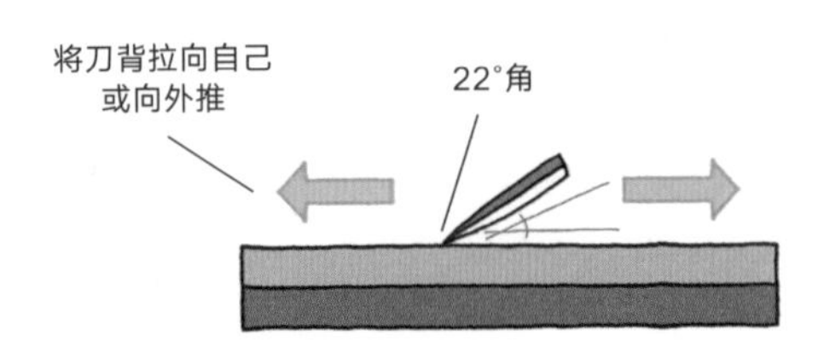

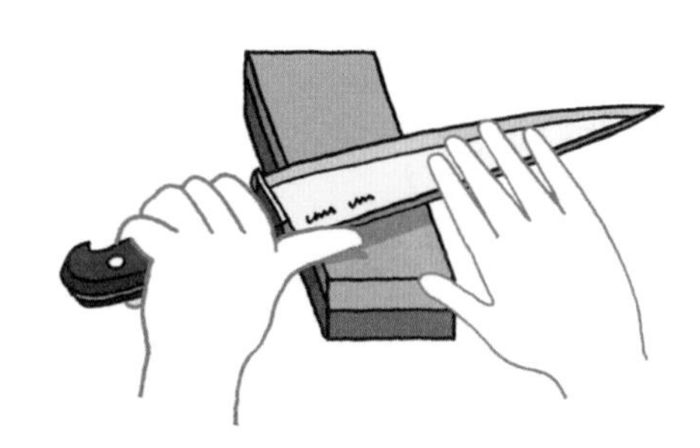

磨刀轮使用方法

磨刀轮通常由两个石轮（一个粗糙、一个光滑）与一个配套水槽组成。使用时，将水注入水槽，把刀置于磨刀轮的沟槽中，根据需求选用粗糙或光滑面进行打磨。如果你定期磨刀，那么只需使用光滑石轮保持刀刃的锋利即可。

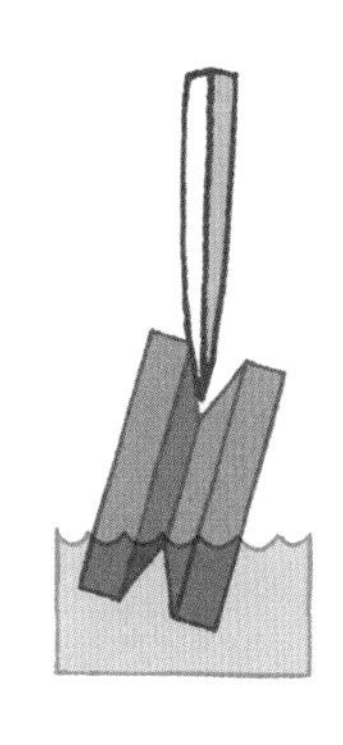

磨刀棒使用方法

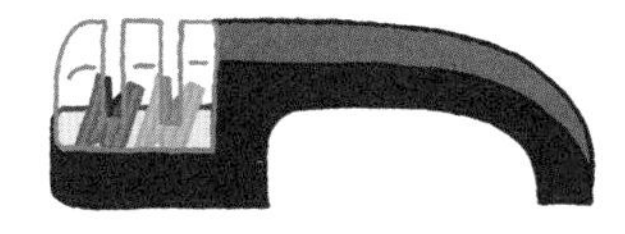

磨刀棒可以“复活”刀刃——使弯折的边缘重新变得平直，同时还能让刀刃呈现轻微锯齿状。使用时，将刀保持在刀片的原始打磨角度，来回推拉，之后用磨刀棒的另一面打磨刀片的另一面。整个过程都不必使很大力气。

临时磨刀法

当手边只有钝刀，且没有任何打磨工具时，你可以把瓷碗的碗底当做磨刀石。倒扣瓷碗，将未上釉的底边用水湿润，之后使用磨刀石的手法开始磨刀即可。

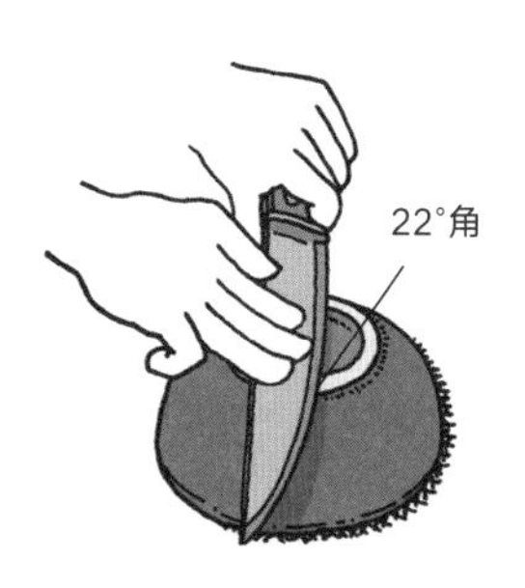

特殊刀具

厨房中有许多具有特定用途的特殊刀具，实用程度不一。

牡蛎刀

牡蛎刀是对付牡蛎的好帮手——用其他刀具很难将牡蛎撬开。可即便牡蛎刀在手，这也不是件容易事，而且如果刀一打滑，你还可能负伤，所以一定要多加小心。有的厨师会戴上锁子甲手套以保护双手。

撬开牡蛎

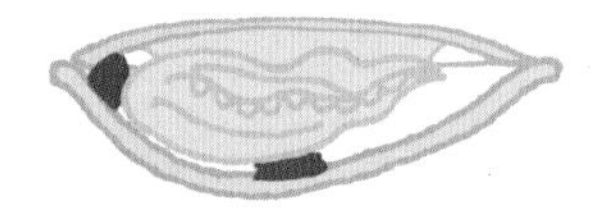

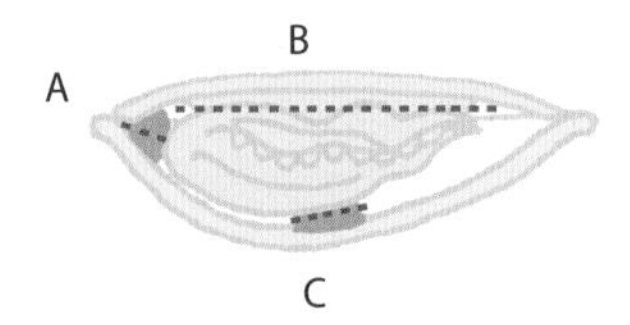

切开贝壳较厚端的连接处（A），然后将上壳（B）从下壳分离，最后切断连在下壳内部（C）的固定部位。

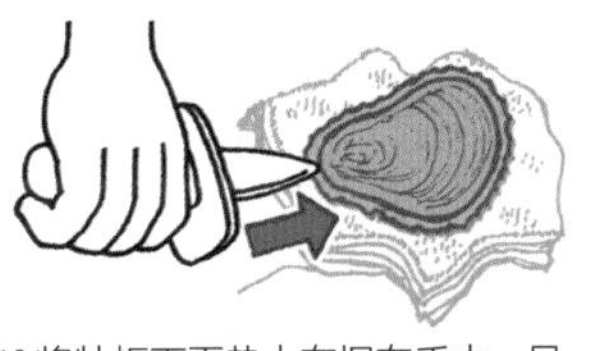

[1] 将牡蛎下面垫上布握在手中，另一只手将牡蛎刀的刀尖插入牡蛎外壳连接处。

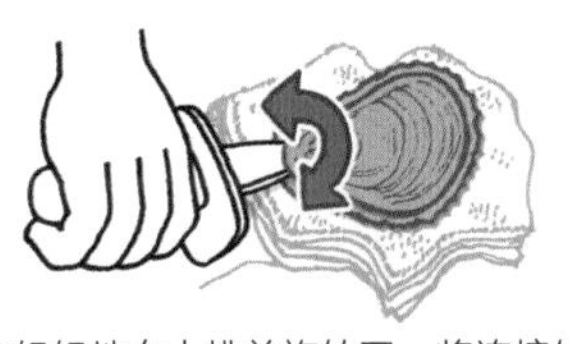

[2] 轻轻地向上挑并旋转刀，将连接处切开。

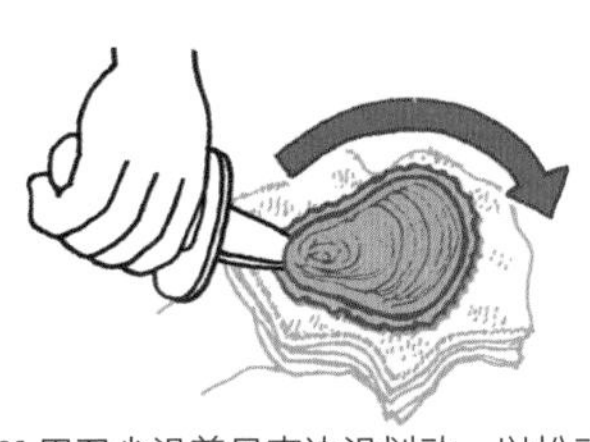

[3] 用刀尖沿着贝壳边沿划动，以松动上壳。

[4] 划动一周的同时，继续松动上壳。

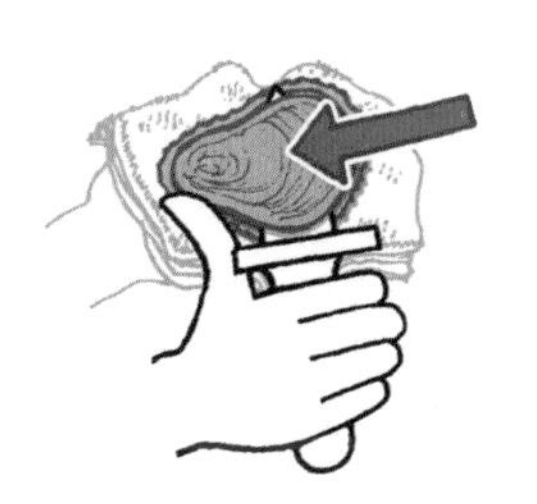

[5] 将刀横着切入贝壳，掀起上壳。

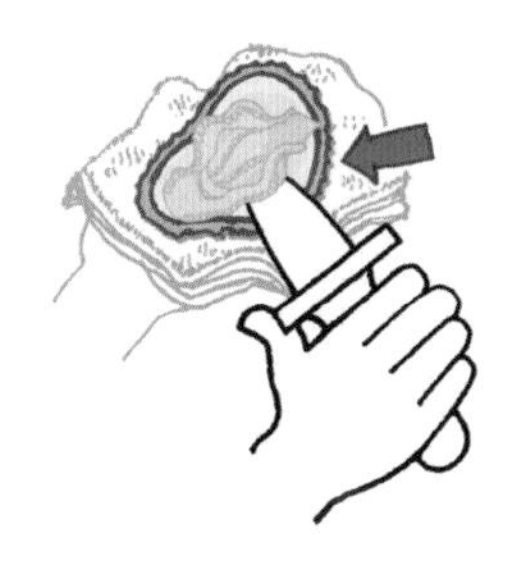

[6] 将刀插入牡蛎肉下方，切断固定部位。

半月刀

单刃或双刃半月刀用于精细切剁各种香草，其中单刃半月刀还可以用来切披萨。通常与表面微曲的特殊案板搭配使用，以避免香草的强烈气味影响其他食材。

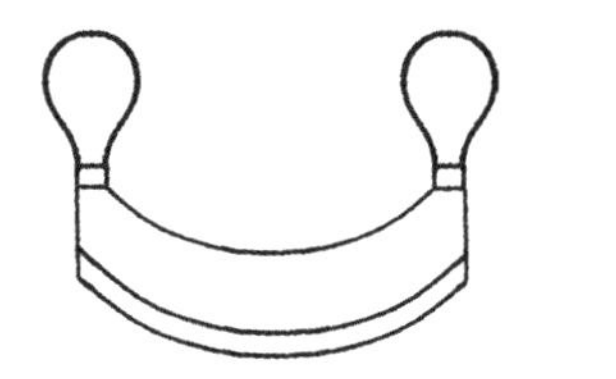

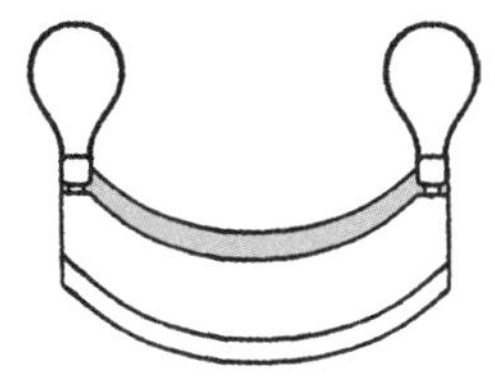

蔬菜削皮器

蔬菜削皮器是厨房中的得力帮手。尽管有多种款式以供选择，但大厨们最爱的，还是小巧、廉价的快速削皮器。使用一段时间后削皮器会变钝，而且很难打磨，所以再买一把新的是最好的选择。

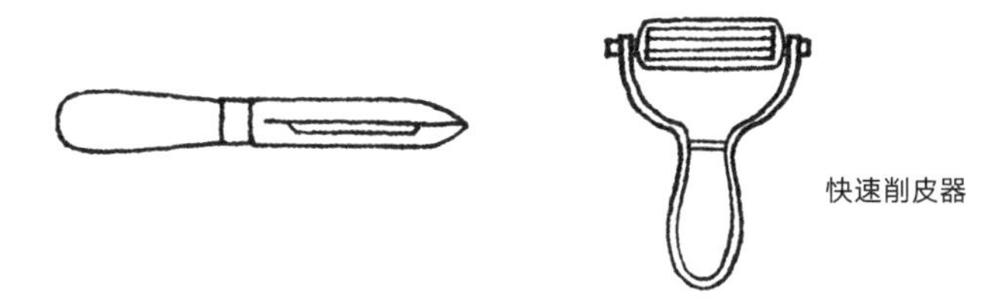

快速削皮器

奶酪刀、刨刀和擦刀

切割软质、黏腻的奶酪可以使用黄油刀，或刀片有孔洞的刀，后者能够减少奶酪与刀片的接触面积。软度适中以及硬质奶酪则可以用水果刀或锯齿刀来切割。硬质、极硬奶酪可用奶酪刨刀切薄片，或用擦刀或小型刨刀磨碎。

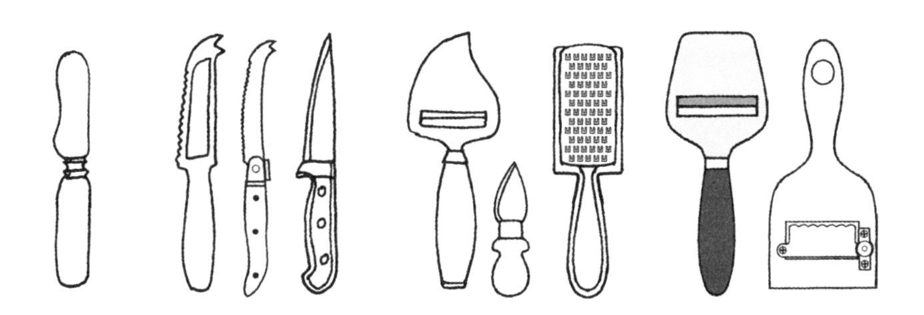

汤勺、长柄勺
铲子和打蛋器

早期的勺子由象牙、燧石或木头制成。至今仍然常见的木勺能有效隔热，但很难清洁。因此，一些自带抗菌特性的木材十分受青睐。金属很好清洁，但除非配有隔热把手，不然容易烫手。硅质厨具易清理且隔热，是比较理想的材料选择。

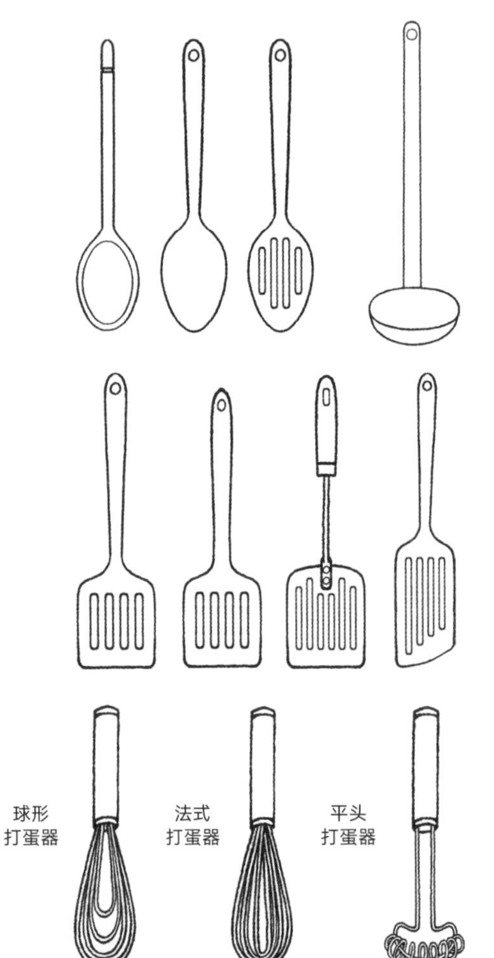

通常来说，勺子价格不贵，购置不同种类的勺子可以用于烹饪和就餐。应包括一把大勺子、一把漏勺以及一把长柄勺。

铲子适用于煎炸食物和烧烤时为食材翻面。铲子的制作材料通常为金属、塑料或硅胶。需要注意的是，金属铲子不可用于不粘锅。

只需轻微搅拌时，手动打蛋器十分实用。不同种类的打蛋器用途不一。球形和法式打蛋器外形相似，但前者更轻，多用于打蛋；后者则用于搅拌比较粘稠的酱汁。平头或称弹簧打蛋器能够触及锅的边角，适用于在平底锅中搅拌酱汁。

筛子

细网筛子是烹饪中最重要也最基础的工具之一。从筛面粉到去核软炖水果，或是去除酱汁中的结块，都可以借助筛子轻松实现。最常见的圆形筛子可以搭配大勺子或软质铲子使用，按压过滤酱汁等食物。小型圆筛还可以用来在倾倒茶等液体时过滤。塑料筛子不适用于热烫的食材。

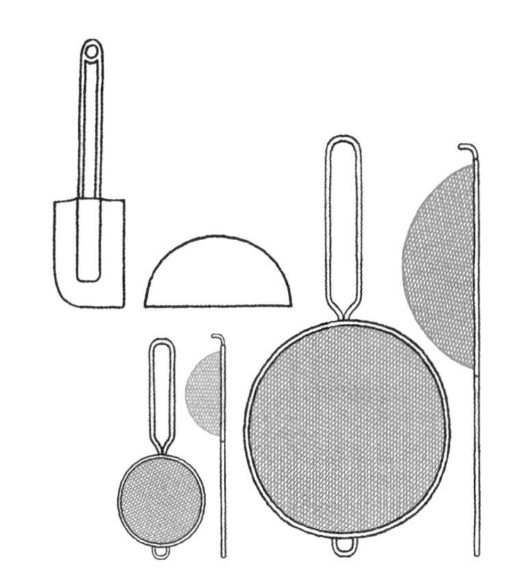

漏碗

漏碗的用途十分广泛，如滤干开水烫熟的土豆、冲洗沙拉食材等。相比只能用于冷食材的塑料材质，可承受滚水的金属漏碗更加实用。粗网塑料漏碗可用来冲洗蔬菜。

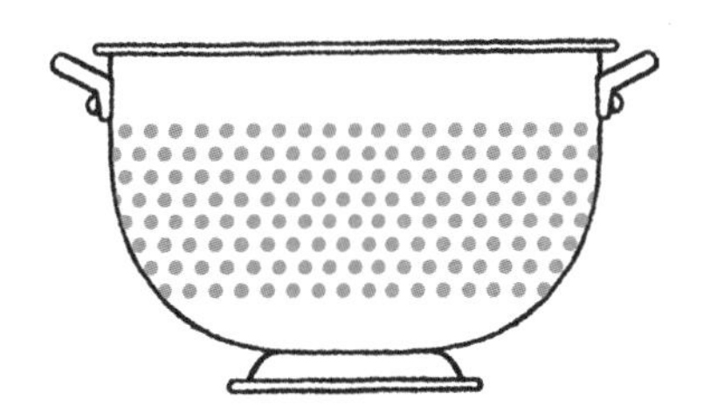

锥形漏网

锥形漏网在商用厨房中很常见，比简单的圆形筛子用途更广。漏网粗细程度不同，可用于过滤各种大小的颗粒。如果有必要，你还可以把锥形漏网放在一个细网筛子之中，从而得到两种粗细程度的食材。

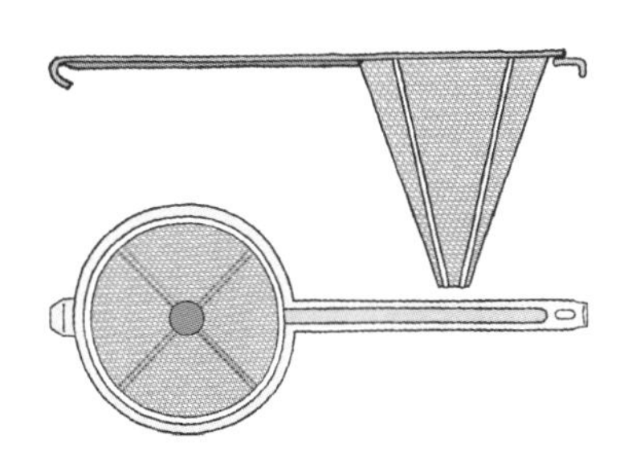

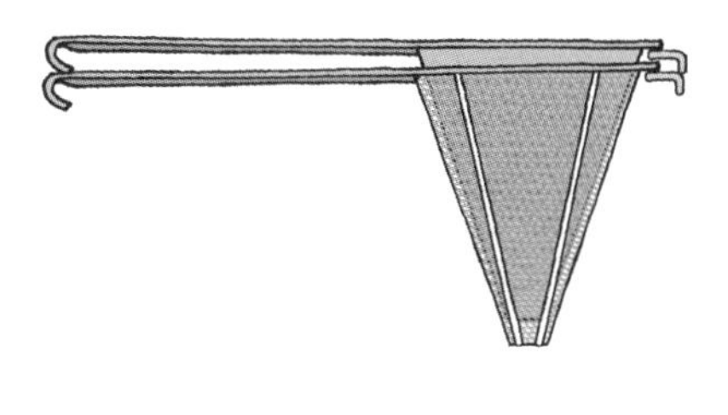

擦刀、切片器和削皮器

擦刀种类繁多，但最基本的多面擦刀就能满足厨房中的大部分需求。你购置的擦刀应质量过硬，使用过程中施力时擦刀不至弯曲；而且要够大，以便用刷子清洁擦刀内部。

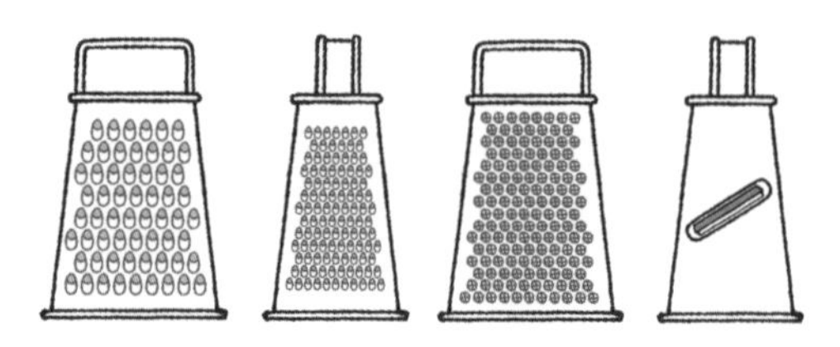

肉豆蔻研磨器

如果你喜欢肉豆蔻，那么就有必要购置肉豆蔻研磨器，因为现磨肉豆蔻比预加工产品的味道要好得多。很多研磨器自带储存空间，可在使用过程中收集磨好的肉豆蔻。

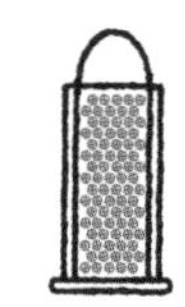

自带储存盒的擦刀

自带储存盒的擦刀很实用，但被磨碎的食物通常氧化很快，所以最好不要长时间在盒中存储食材。

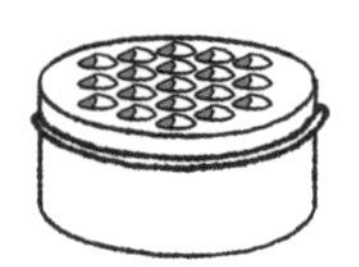

小型刨刀

小型刨刀原本属于木工工具，但如今经常在厨房中使用。小型刨刀能把食材处理得十分精细，这也就意味着它们很适合加工巧克力、椰子肉和生姜。

转动式研磨器

转动式研磨器需要通过转动把手来使用，通常用于硬质奶酪［如帕马森奶酪（Parmesan）］，但同时也很适合加工坚果。

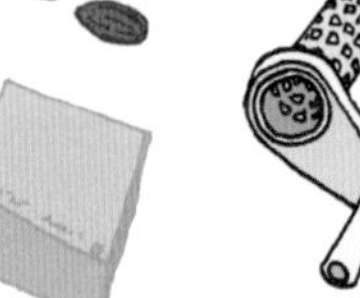

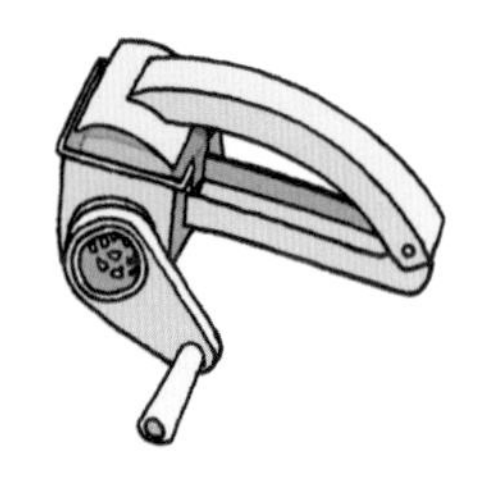

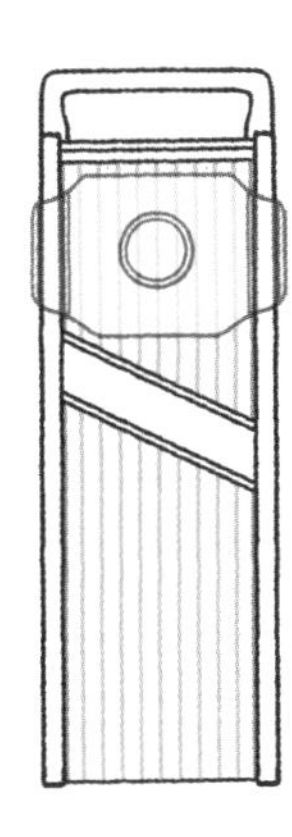

曼陀林切片机

金属曼陀林切片机曾经因价格昂贵只用于专业厨房，但还有便宜的塑料版本可供选择。这种工具非常危险，应避免儿童接触。但只要正确、小心使用，你就可以切出极为精细的食材。曼陀林切片机特别适用于处理沙拉原料、切土豆条，或其他需要炸制的蔬菜。使用前请阅读说明书，小心操作，且自行承担风险……

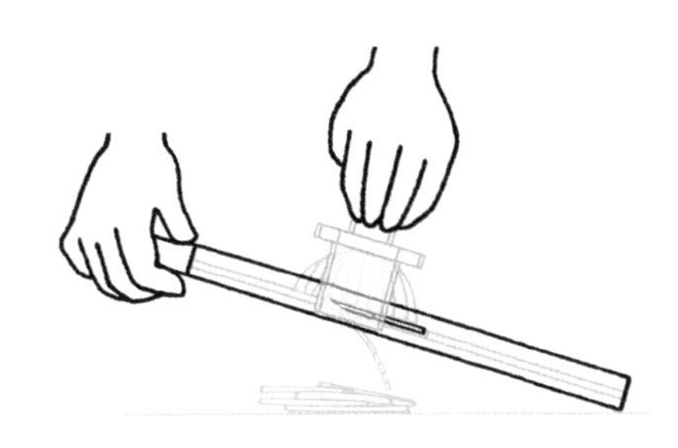

螺旋蔬菜切丝器

螺旋蔬菜切丝器近来愈发流行，它们不仅适用于切碎沙拉食材，还可以将蔬菜切成条状代替意面和面条。很多蔬菜的卡路里要比常用来制作面条的小麦粉低得多，所以有的人可能觉得购置一个螺旋蔬菜切丝器是个控制热量的好主意。但是一定要注意切丝器的锋利刀片。

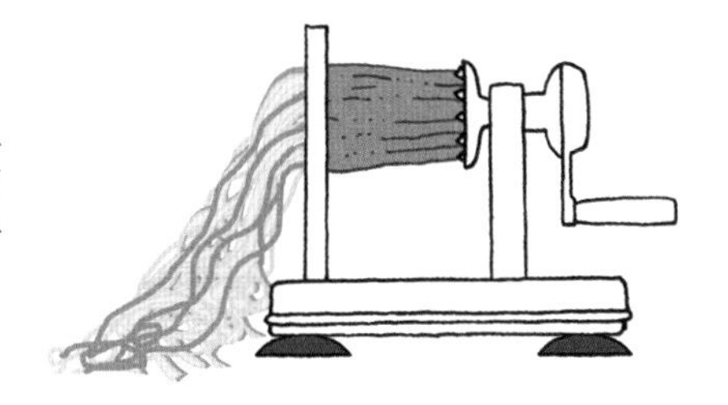

去核器和削皮器

有很多工具可用来去核和削皮。如果你想烤填馅水果且保持果型完整，那么去核器是最合适的工具，可避免用刀剜除果核的危险。如果你想为菜品搭配水果，或是为小孩子准备水果，就可以用切块器从水果上方按下，在去除果核的同时，还能将剩余部分切块。现在旋转式削皮器的价格也很低廉，形似维多利亚时期的一种工具，所以看它们如何工作有种奇妙之感。虽然刀或小型削皮器同样适用，但孩子们都爱旋转式削皮器。

厨房用秤

称量物体的方法已经使用了6000多年，或许最初萌芽于早期商贸。有些国家习惯在厨房中使用重量单位进行计量，而有些则使用体积单位。美国仍然用“杯”体系来测量干货，而欧洲则采用公制系统（千克和克），液体的体积使用毫升和升计量。在欧洲，有时也会用茶匙和汤匙作为计算少量物体的单位。专业厨房中会使用某些体积测量体系，但采用公制的情况越来越普遍。

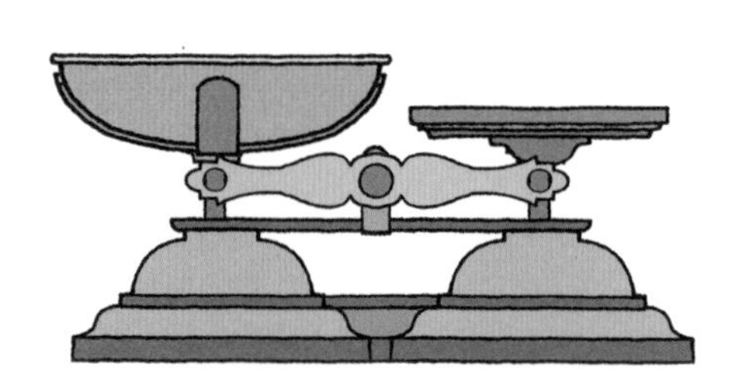

在电子秤出现之前，上面这两种秤最常用：天平秤，需要在两个平台或小盘中放入质量相等的物品；弹簧秤，记录弹簧在重物作用下的伸长长度。

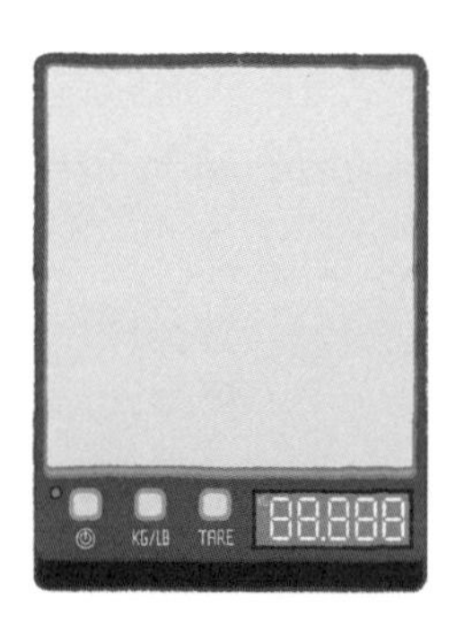

电子秤比天平秤或弹簧秤更便于使用，因为它具备称皮重的功能——在你放上一个容器后，电子秤会归零，于是就可以只称固体或液体食材的重量了。几乎所有电子秤都内置公制和英制系统。如果你是烘焙爱好者，或需要测量香料等其他调味品，那就考虑再购置一套计量精度为克的小型电子秤吧，因为较大的电子秤通常不适用于称量少量物体。

体积计量单位

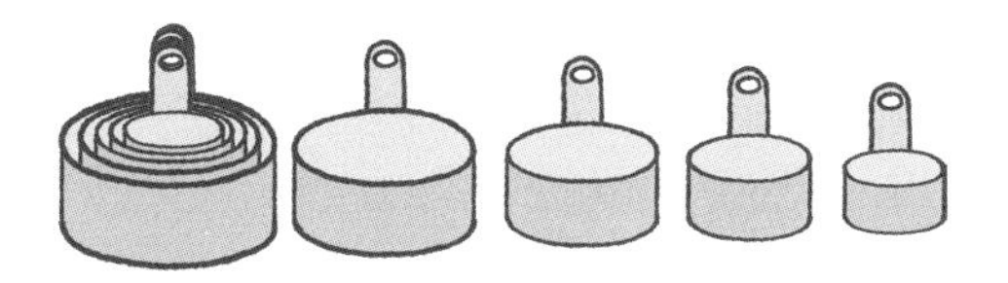

“一小撮”、“一把”应该是最早用于烹饪的计量单位，勺子等容器出现后便成为新的计量标准。标准化计量起初具有地域性，后来随着商贸的拓展而变得愈发国际化。但在世界各地仍有不少计量上的不同之处。正如前文提到的，如果你想得到一致的结果，那么以重量为单位来称重原料（尤其是干燥的食材）会更加方便。任何食物再被“处理”后体积都会发生变化，食物质地轻微不同、容器未被填满等情况也会导致体积测量不准。这一点对于烘焙来说尤为重要，因为即使再小的误差都可能造成负面影响。除非你使用书中或网上的美式食谱，但普遍的建议是，尽量不要使用美式杯制，如果你实在喜欢这个方子，那么最好把它转换成公制并作记录。

用体积计量液体

液体用体积来计量更加方便，通常来说需要用到一个量杯或量壶。如果对精度的要求比较高，可以选用锥形量杯，液体体积越少，占据的量杯底端的刻度越精细。如果还是没达到你的精度要求（通常用于烘焙），那么就需要使用一支较大的塑料注射器。带刻度的滴油管也可用来去除多余的液体。

注意：不同液体密度不同

1升水 = 1000克
1升橄榄油 = 912克
1升玉米糖浆 = 1441克
1升伏特加 = 947克
1升酒精 = 789克

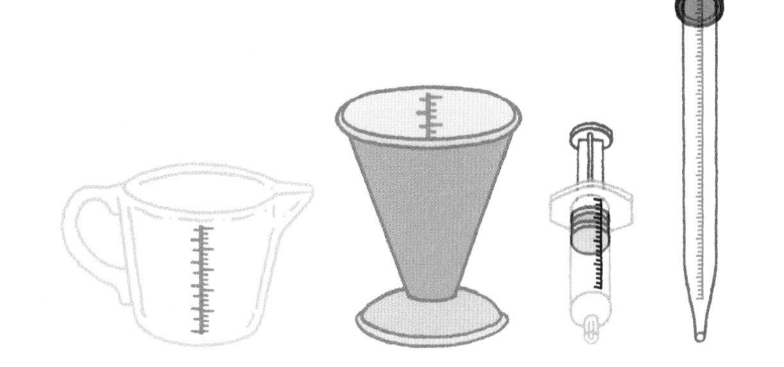

烘焙用具

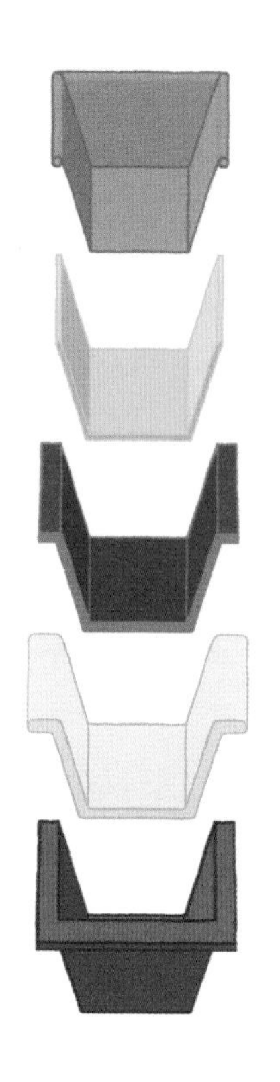

烘焙用具材质不一，每一种都有各自适于烘焙的特质。

镀锡钢是传统的烘焙用具材料。它性能良好且价格合理，但镀锡的表面会出现磨损。为了避免生锈，你需要手洗用具，不要用力擦洗，并立即擦干。

铝非常轻便，导热性能好，烘焙好的食物很容易从容器中取出，且容器易于清洗。很多专业人员青睐铝制用具。

如果你不想损坏器皿涂层，那么**不沾烘焙用具**是首选。在制作海绵蛋糕等松软的蛋糕时，应避免使用导热慢的厚重用具。

玻璃和**陶瓷**导热很慢，不适合烤制蛋糕，但非常适用于派等制作时间较长的食物。

硅胶烘焙用具非常好脱模，且易于清洗，但用于较大的蛋糕时，蛋糕液可能会因为模具变形而溢出。可以用烘焙托盘支撑模具，以避免在放入烤箱时或烘焙过程中发生溢出。

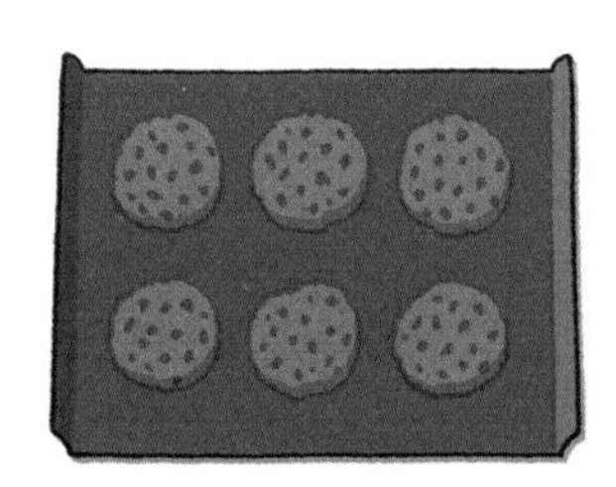

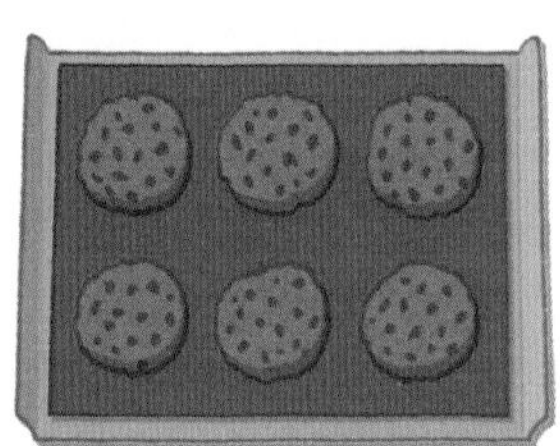

脱模

脱模方法多种多样：油脂或轻质油可用于镀锡钢等普通金属；不沾涂层器具的处理取决于所用食谱，但通常都可以试着涂一层薄薄的油；制作饼干或曲奇等食物时，可以使用防油纸，防油纸会收缩，等食物冷却后可轻易移除；现在还可以选用烘焙硅胶垫，非常实用。

烘焙容器

烘焙容器不仅材料各异，形状也是多种多样。从日本的葬礼饼干模具，到斯堪的纳维亚圆环蛋糕模各不相同。一些标准模具能够应对大多数烘焙需求。

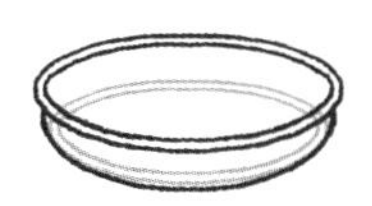

海绵蛋糕模用于烘焙薄层蛋糕，果馅饼和薄派也同样适用。如果你想制作蛋糕，那么至少需要购置两个模具。

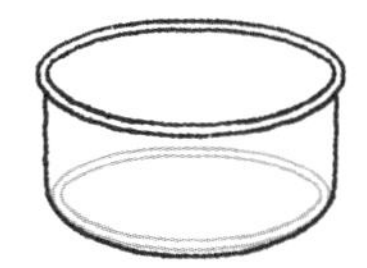

标准蛋糕模用来烘焙厚蛋糕。厚蛋糕冷却后横向切片，也可以制作夹层蛋糕。很多人会选择底部可移动的模具，便于烘焙完成后脱模。

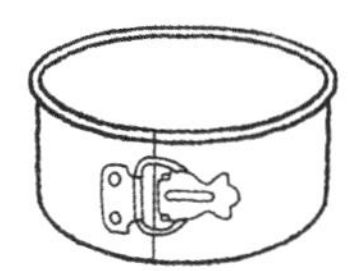

弹簧扣蛋糕模的一侧有一个松扣，打开后可以轻松脱模，多受专业人士青睐。

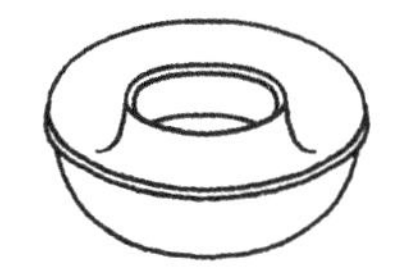

圆环蛋糕模用于制作环状蛋糕，但派或法式肉冻也同样适用。中空的环形可以减少制作时长，还能烘烤得更加均匀。

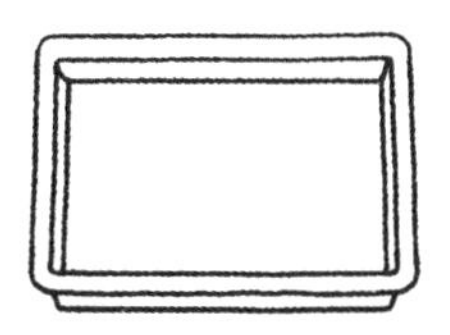

瑞士卷蛋糕模底部平坦，四周有低矮的边沿，用于烘焙薄蛋糕。薄蛋糕片经过填馅后卷起，瑞士卷就完成了。这一模具也非常适用于很多其他烹饪操作，如烤肉、烤饼干或曲奇、风干食材以及冷藏蛋糕。

玛芬蛋糕模用于烘焙玛芬蛋糕，还可用来制作小型派等食物。与杯子蛋糕、玛德琳蛋糕等其他小蛋糕模具一样，玛芬模也要刷油（不沾、硅胶材质除外），有时加入蛋糕液前还要撒入薄薄一层面粉。

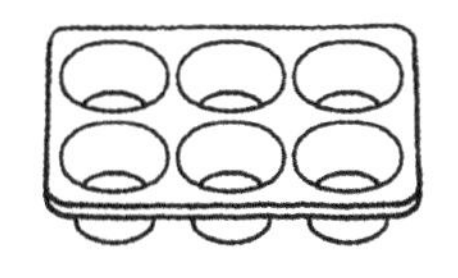

玛芬蛋糕
6连模

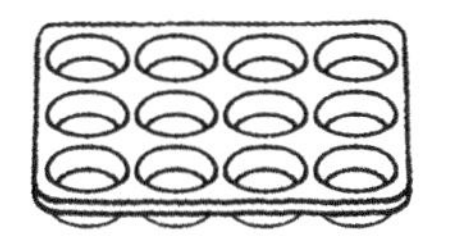

玛芬蛋糕
12连模

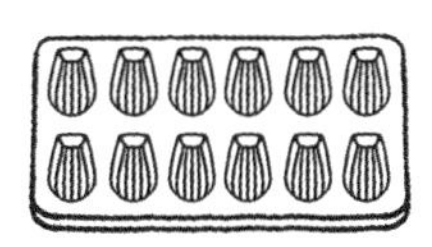

玛德琳蛋糕模

厨师机

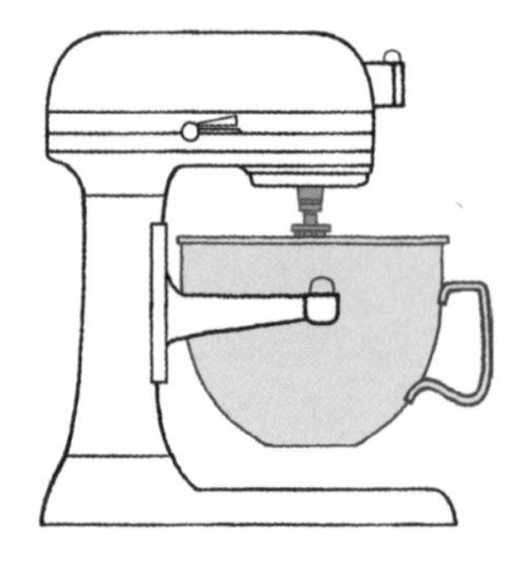
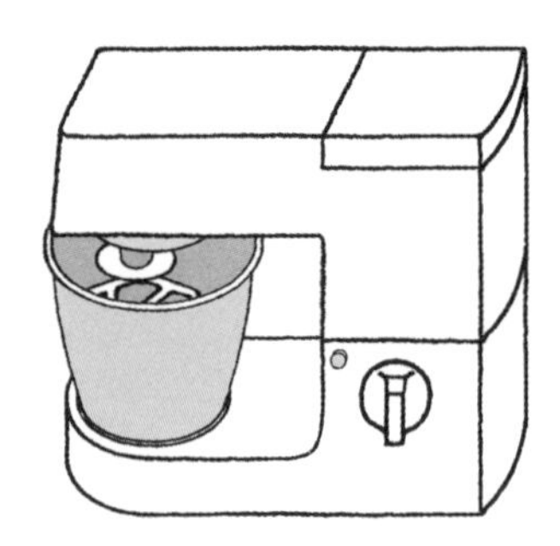

霍巴特公司（Hobart）于1914年在美国俄亥俄（Ohio）推出了现代电动台式厨师机。最初的机器体型庞大，多为商用，同时还在美国海军船舰上使用。1917年，以凯膳怡（KitchenAid）为名的小型家用厨师机面世，并于20世纪20年代风行，其中K型——现代凯膳怡厨师机的设计基础——厨师机于20世纪30年代投入生产。20世纪30年代，一名竞争品牌阳光公司（Sunbeam）旗下的工程师发明了第一台双搅拌头厨师机，这台名为搅拌大师（Mixmaster）的厨师机成为20世纪50至60年代最受欢迎的型号。但到了20世纪90年代中期，阳光公司业绩下滑，于是凯膳怡一跃成为世界大部分地区的主流厨师机品牌。20世纪50年代初期，凯伍德（Kenwood）厨师机在英国亮相，并一直占领市场，直到20世纪90年代凯膳怡风靡全国。现如今市场上有各种各样的厨师机，但大部分都参考了这两种原始机型。

配件

厨师机有大量不同种类的配件，一些用起来很顺手，而有的则仅仅是个摆设。可与主驱动装置搭配使用的部件有打蛋器和面团钩，碎肉器和搅拌头也很实用。如果你还想入手其他配件，那就得下功夫研究一番：比如，某些压意大利面的配件并不好用，因为真正的意面机需要超强的马力才能压扁面团。

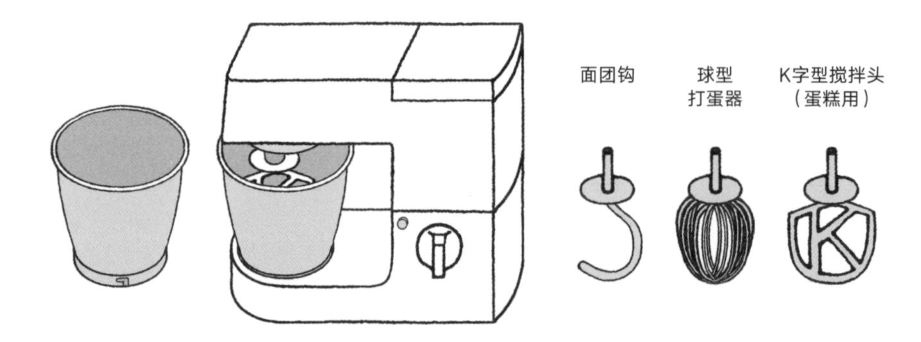

食物料理机

食物料理机与台式厨师机很有多相似之处，但通常从底部而非上部驱动，从这一点来说，它们更像是底座更宽、配件更丰富的搅拌机。“食物料理机”这一名称起初不仅限于电动设备，手动机器也包含其中。1947年，第一台电动食物料理机在德国诞生，由一个搅拌机和众多配件组成。1960年，法国罗伯特（Robot Coupe）公司开始向餐饮承办业出售工业质量的食物料理机，至今在世界范围内仍很流行。1972年，罗伯特公司推出了一款家用食物料理机——“神奇搅拌机”（the Magimix），迅速风靡开来。1973年，神奇搅拌机出口到美国，卡尔·松特海默尔（Carl Sontheimer）将其纳入美膳雅（Cuisinart）品牌名下进行改造与销售。在此后的15年间，松特海默尔不断改进料理机，直到他将公司出售。

食物料理机最初的功能是切碎、切片，但配备了搅拌甚至打蛋配件。一般来说，料理机比厨师机体量更小、价格更低，所以，如果你不经常烘焙，那么购置一台料理机是个不错的选择。反之，那么台式厨师机更适合你。

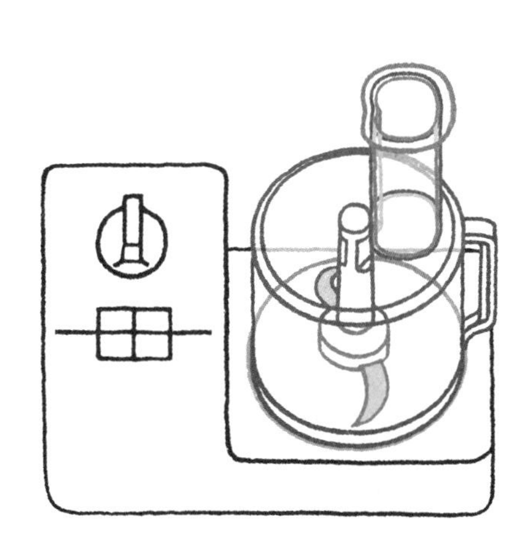

手持搅拌机和打蛋器

手摇式打蛋器

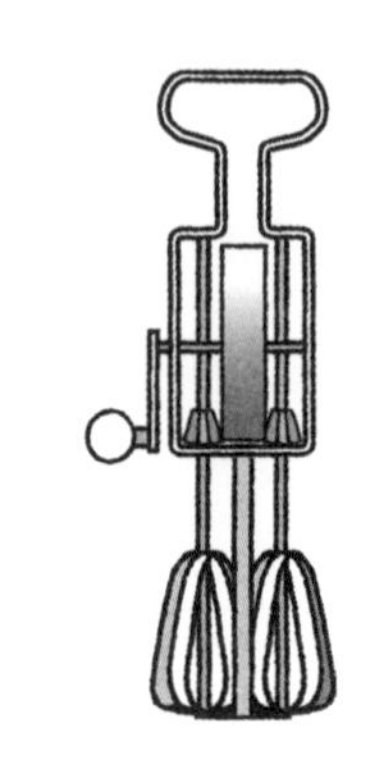

手摇式机械打蛋器发明于19世纪，不同供应商推出了上百种型号，是当时日常生活中的必备用具。直到今天依然可以在世面上看到手摇式打蛋器，且价格便宜，适合打蛋需求不多的人入手。不过一支最基本的球型打蛋器也能满足你的日常需求。

手持电动搅拌机或打蛋器

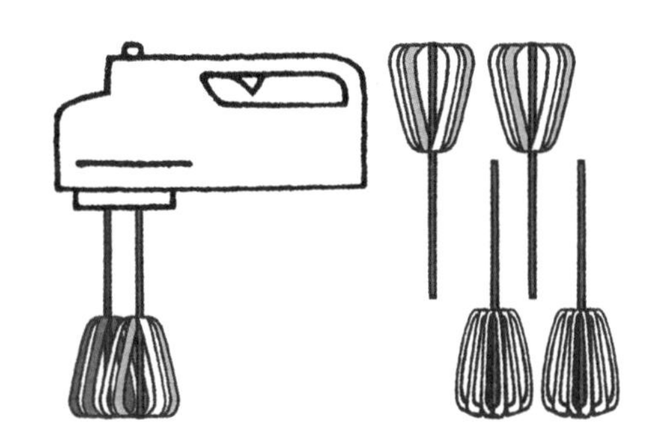

阳光公司在搅拌大师型号的基础上推出了电动双头打蛋器，并同时配有其他用于搅拌和揉面团的配件。搅拌头也可以取下作为手动搅拌器使用。手持电动搅拌机比食物料理机或台式厨师机更省空间，且价格低廉，基本能胜任后两者的大部分功能。手持电动搅拌机非常实用，但对于烘焙迷来说还不够完美。

手持料理棒

料理棒通常附有两个配件：搅拌臂和打蛋器。需要搅拌热的食物时，搅拌臂就可大显身手，可以将它直接伸入锅中，而不必将锅内食物倒入搅拌容器中再进行操作。十分适于制作柔滑的酱汁、蛋奶沙司和汤，但不适用于大块食材。在商用厨房中经常可以看到搅拌棒。一些搅拌棒可与大量配件组合使用，但这些配件通常尺寸较小。

需注意的是，一定要把搅拌头伸入待搅拌食材之中以避免喷溅。打蛋器头也可以用来制作蛋奶面糊和打发蛋白。

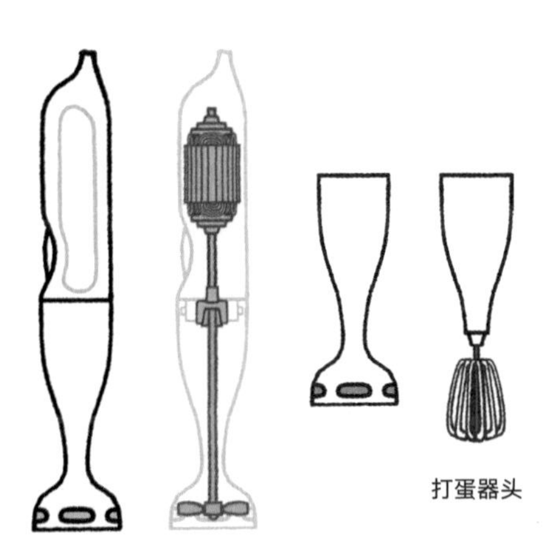

温度计

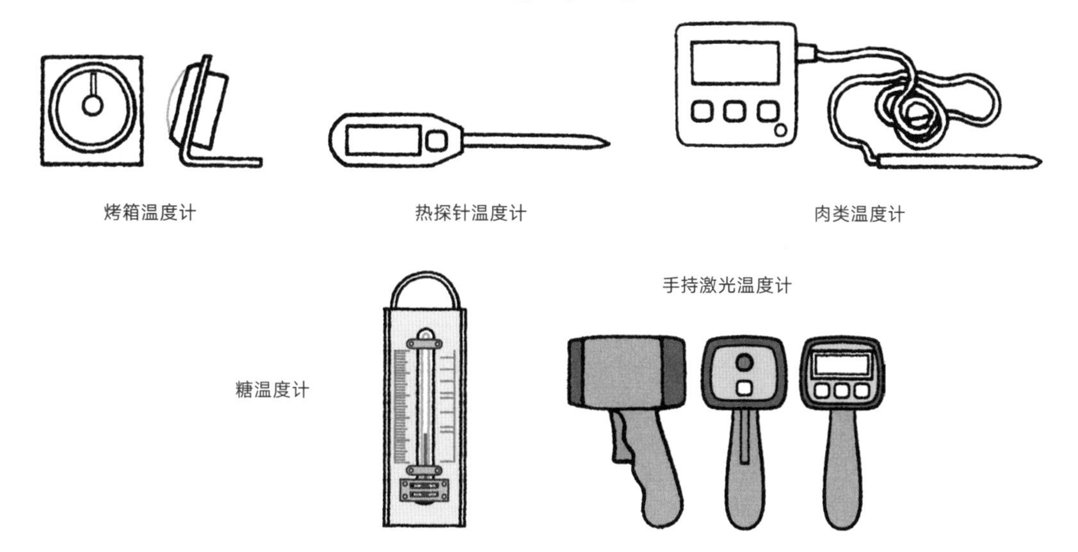

温度计十分实用，且可能是提升烹饪体验的最实惠的小型工具。

一个合适的烤箱温度计可以让你更加准确地知晓烤箱内的温度，以及烤箱内部不同部分的温度变化。

烹饪过程会使食物的化学结构发生改变，这类变化通常会在特定的温度下发生。细菌也受温度影响，你可以通过测量食物的温度来判断相应的细菌是否已经减少或彻底去除。你需要从食物内部测量其温度，因为不同的厚度以及脂肪、糖或水的含量，意味着食物的升温速度是不同的。为此你可以选用热探针温度计刺入食物进行测量。如果已经有了手持探针，你还可以再购置一些插入食物中使用的探针，它们能在达到设定温度时发出提示音，同时在烤箱外部的小屏幕上显示实时温度。

糖温度计用来测量含糖液体的温度（如果酱或糖浆），随着温度上升、水分蒸发，温度计可以指示食物冷却后的稠度。在较高的温度范围内，温度计能测量何时糖开始焦糖化并变成棕色。

如今，手持激光温度计的价格越来越实惠，可以用来测量糖溶液的温度、烤箱的温度，以及其他任何无需刺入测量温度的食物。这种温度计还是逗孩子开心的好玩具。

食物研磨机和磨粉机

杵和臼

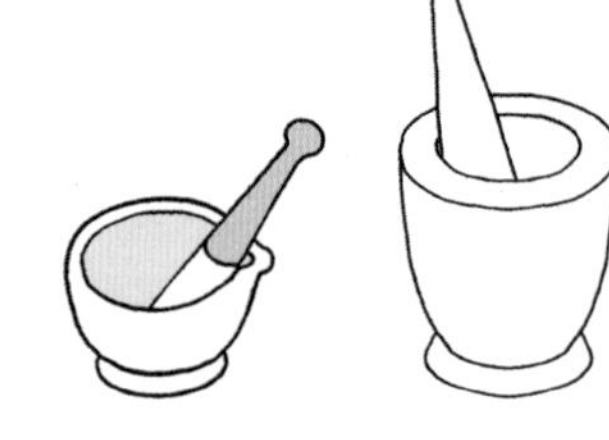

杵和臼可以说是全世界通用的工具。西方的杵和臼表面通常很光滑，而东方的杵和臼则会粗糙一些。后者应该更加实用，因为现代西式杵和臼的原型是药房用来研磨精细药粉而非食物的工具。

胡椒研磨机

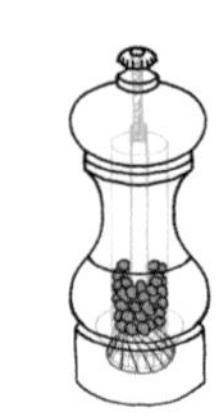

现代胡椒研磨机的原型参考了法国标致家族（the Peugeot family）的设计（该家族在成立汽车公司之前，还设计了咖啡研磨机和自行车）。他们的研磨机至今仍被归为上品。在这之前，研磨胡椒使用的也是杵和臼。胡椒研磨后很容易被氧化，建议大家随用随磨。

墨西哥磨石

墨西哥磨石是一种传统磨具，在南美洲和中美洲已有1000多年的历史，在包括印度在内的世界其他地区也曾发现过相似的磨具。这种工具由两部分组成：一块可以前后移动的石头，以及一个平面或凹面的基座。最初的用途是研磨玉米和巧克力，不过现代版本则可以用于各种食物。磨石体量大、重量沉，使用起来还很费力。

刀片研磨机

刀片研磨机价格实惠且用途广泛，不仅能够用于咖啡，还可以研磨香草、硬质香料等。有些防水的刀片研磨机基本等同于一个小型料理机。如果你是个重度咖啡爱好者，最好再准备另一个研磨机以供他用，避免影响咖啡的味道。

榨油机

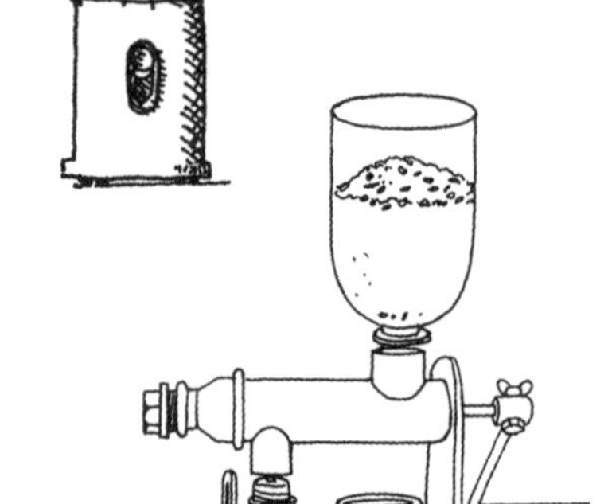

手摇式榨油机非常适合在家中制作高品质油。荷兰皮特巴（Piteba）的一款家用榨油机能够从谷物和坚果中提取高达70%的油量。当然，这需要时间和体力，但最后产出的油，其质量相当高。

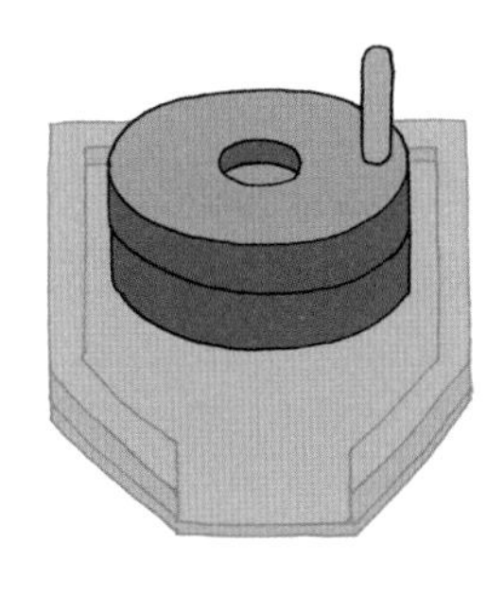

谷物磨

谷物磨已经有好几千年的历史，贴近最原始设计的版本至今仍在使用。在日本，谷物磨可以从网上买到，一些家庭和饭馆还在用它们磨粉制作面条。

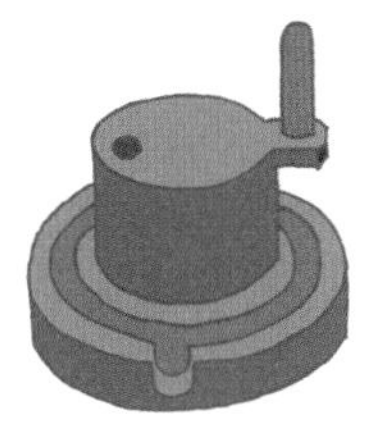

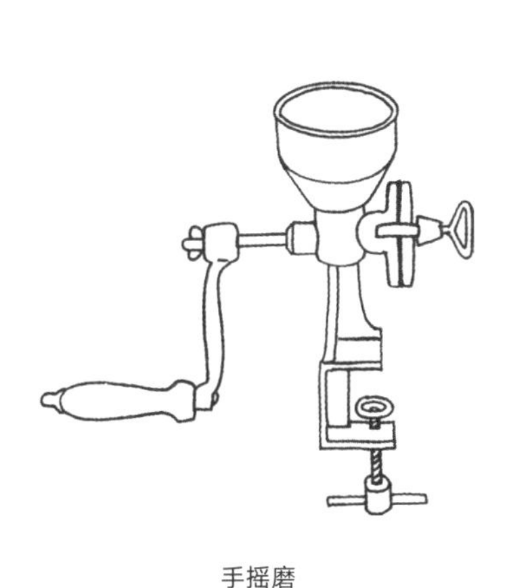

手摇磨

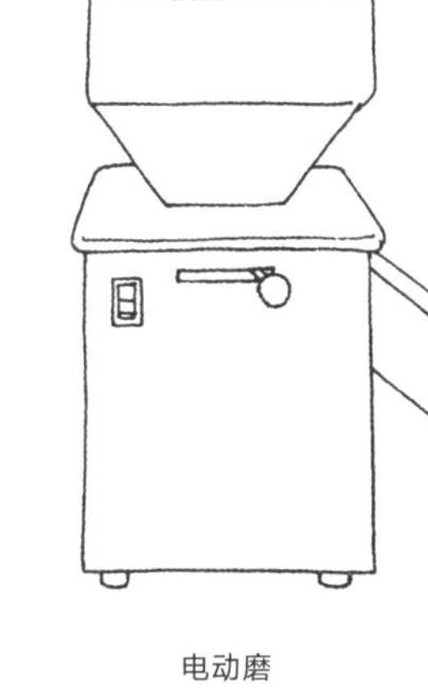

电动磨

金属手摇磨至今仍能买到，但用起来十分费力。在北欧，有专门家用的电动石磨出售，如果你喜欢全麦面粉，在家中置办一台还是很方便的。无需称量面粉，你只用称出同样重量的谷物，倒进电动石磨，等待片刻即可得到面粉。石磨有面粉粗细程度选项，你可以设定想要的面粉精细度。新鲜研磨的面粉有明显的优势，有研究显示，面粉被磨成粉仅48小时后，就会有极大的营养流失。

湿磨机

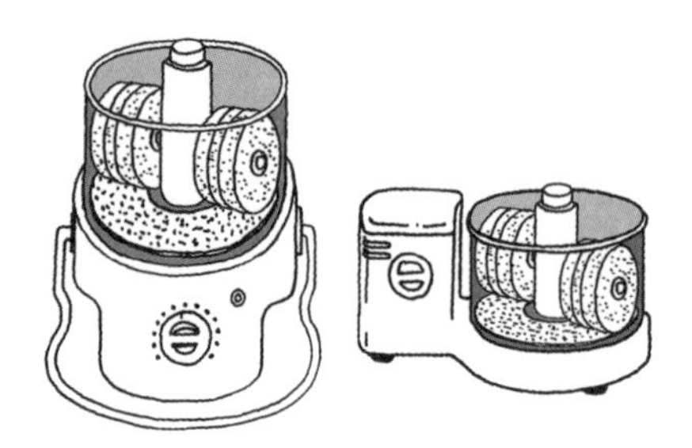

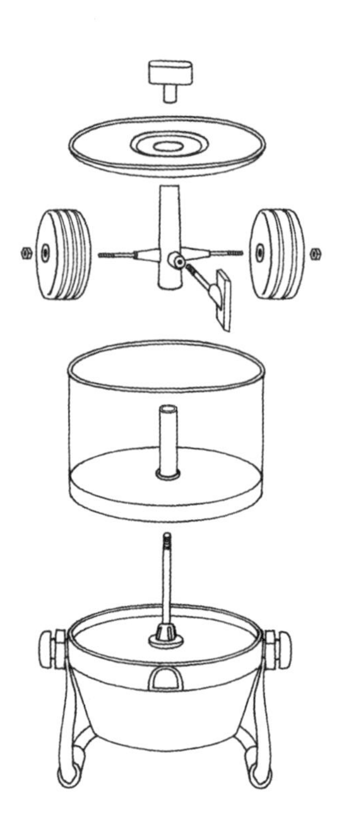

湿磨机来自于印度南部，但正在西方愈发流行起来。湿磨机可以用来研磨制作豆羹（dhal）用的豆子、小扁豆或大米，还可以调制做印度薄饼（dosa）的面糊原料，且通常配有面团钩以揉制各种面包需用的面团。它们在功能上与巧克力加工研磨机相似，所以能用于全流程制作巧克力，最后产出的巧克力可以直接进行塑形。此外，湿磨机还很适合用来制作坚果酱。

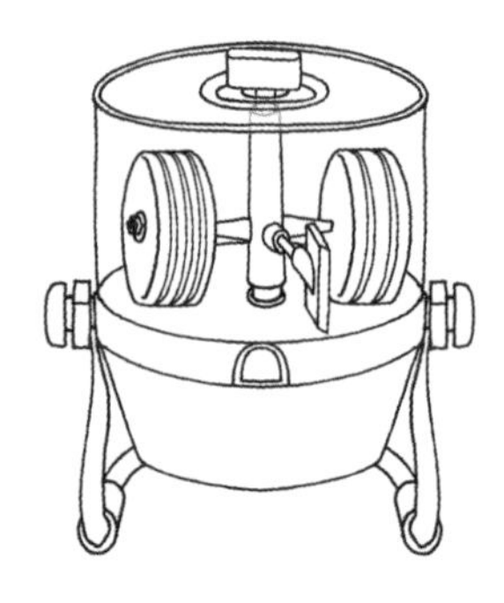

湿磨机由以下构件组成：一个配有强劲马达的底座，一个花岗岩研磨碗，两个砂轮（也由花岗岩制成），一个用来固定砂轮的、连着刮刀的中心柱以及一个顶盖，顶盖上的螺丝用来固定中心柱的位置。湿磨机坚固耐用，但也别期望它能研磨大块的硬质食物。在将体量较大的食物放进湿磨机之前，最好事先粉碎。

制作巧克力

以可可碎粒为原料制作巧克力，使用湿磨机会非常简单。网上有很多相关食谱，但要制作口感上乘的巧克力，最好把巧克力的脂肪含量控制在41%~45%。如果你用的是奶粉，其中的乳脂也要算入其中。

为了减轻湿磨机的压力，先将可可碎粒放入料理机进行初步研磨是个不错的选择。你可以只用可可，也可以在其中加入融化的可可脂（用微波炉加热或隔水融化）。分次少量研磨，再分别将其慢慢倒入运行的湿磨机中。大多数湿磨机的最佳工作负载量是1~2千克。当里面的可可碎粒开始变得光滑时（大约1小时），再加入剩下的可可脂。同时，你还可以加入香草荚或香草豆（如果你使用的是无需研磨的香草精，那么可以晚些时候再加）。

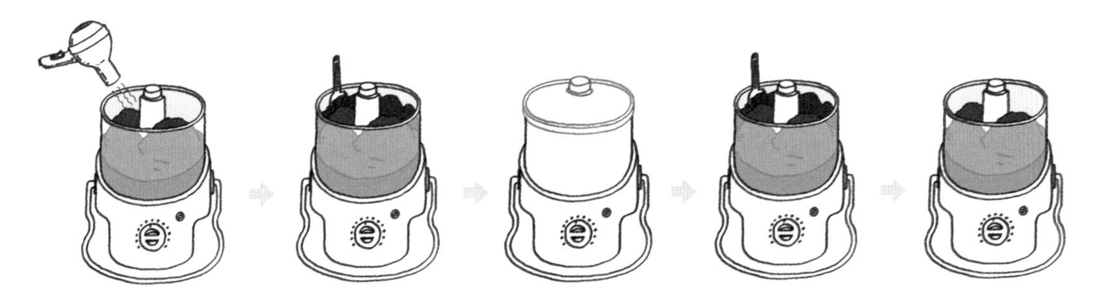

如果温度比较低，混合物有可能会粘连在砂轮和中心柱上，这时可以用吹风机加热混合物。湿磨机运行顺畅后，会产生足够的热量保持混合物的温度。你需要定时查看，并处理混合物中的凝块。18个小时后，巧克力就可以食用了，但还没有那么顺滑。你可以继续研磨36个小时。取少量混合物晾凉后品尝，达到理想的质地后，把巧克力倒入容器中进行冷却，随后就可以进行调和与塑形了。也可以在调和过程中加入卵磷脂。

其他烹饪设备

电饭锅

电饭锅使用起来非常方便，是快速烹饪米饭的可靠帮手。电饭锅来自日本，不仅可以用来蒸制日本人喜欢的“黏”米饭，还能制作印度式米饭（但取决于你的电饭锅，使用前请查说明书）。首先，将称量后的大米放入锅内并加入适量水，选择合适的档位，米饭就开始制作了。电饭锅还有保温的功能。

电饭锅还可以用来烹饪其他食物，包括面包、蛋糕、豆子以及蔬菜等。保温档甚至还可以制作黑蒜（焦糖化的蒜），不过所需时间较长（约9天），过程中会散发出强烈气味，而且蒜味可能永久驻留在电饭锅中。

多士炉

电多士炉于1893年在苏格兰发明，起初只能一次性烘烤面包的一面，使用者必须手动翻面。后来一家美国公司在其中加入了自动翻转面包器，但很快被双面加热装置取代。1919年，出现了可以让烤好后的面包自动弹出的装置。

如今一些多士炉的面包槽很宽，当中配有可以夹住三明治的网状支架。还有的多士炉能够在上方支起支架，烘烤羊角面包等食物。

在多士炉通电状态下，千万不要用任何金属物品捡拾掉在或卡在其中的食物。可以准备一把硅胶或木质钳子来清理残渣，但还是注意要谨慎操作，否则依然可能损伤零部件。

便携式电烤架

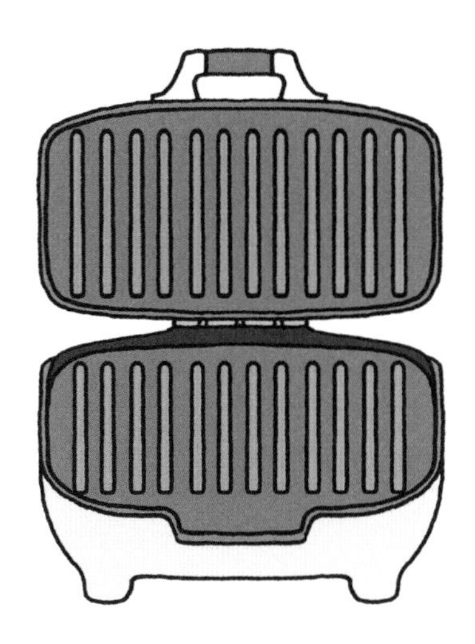

迈克尔·波姆（Michael Boehm）在1994年发明了可以在室内使用的便携式“乔治·福尔曼电烤架”（George Foreman Grill），烤制食物时产生的油脂会聚流到一起（与一个储油盒配套出售）。在乔治·福尔曼（George Foreman）影响力的带动下，电烤架很快流行起来，至今累计销量已过亿。乔治·福尔曼电烤架还有另一大卖点：为穷人提供了一个廉价的厨具选择，只需走进电器商店就能买到。

这款便携式电烤架可以烤制肉类和蔬菜（底面和顶盖配有加热装置以保证食物两面均匀受热），加热三明治也不成问题。电烤架呈倾斜角度以收集油脂，所以除非将前部垫高，否则很难烤制鸡蛋等液体状食材。

乔治·福尔曼电烤架模仿者众多，但销量都没有超过原版及其后续型号。

华夫机

华夫机的结构与便携式电烤架相似，但体量更小，烤盘呈华夫饼格子状。有的华夫机配有多个可更换烤盘，用于制作不同食物，如烤三明治、圆筒冰激凌的脆皮华夫、土豆华夫、美式炒鸡蛋以及扁面包等。

油炸锅

在家用厨房中，油炸可能会造成危险，且油烟久久不散（不排除一些家庭厨房配有强劲的通风系统），但只要谨慎操作，就能享受到油炸带来的独一无二的风味。你可以用一口又大又深的锅来炸制食物，但锅很容易着火，所以选用开放式电炸锅或封闭式电炸锅会更加安全。

无论你使用哪种设备，都要使用高烟点油，如花生油或葡萄籽油。在说明书允许的情况下，你可以尝试使用牛油，但牛油冷却凝固后不太容易清除。

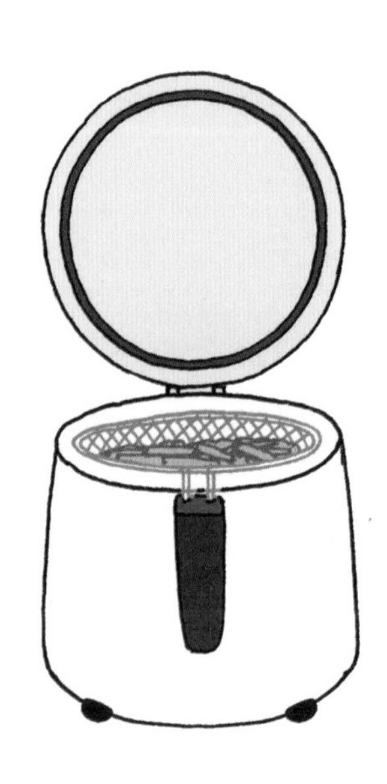

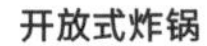

开放式炸锅

封闭式炸锅

开放式炸锅操作非常简单。购置一台带有调温钮的炸锅，以便根据所用油的种类调节温度。注意避免用油过少或过多，因为过少意味着放入食物后油温会迅速下降，过多则可能会溅出热油。不小心碰到炸锅很危险，因为热油比开水的温度高很多，即使接触炸锅外部也能造成严重烫伤，所以在家中更适合使用外壁绝缘的封闭式炸锅。封闭式炸锅还有其他优点，如热空气通过过滤器排出，减少油烟气味，且滚油不会四溅。炸锅顶盖上开有窗口，无需打开炸锅便可以随时查看食物的烹饪程度。

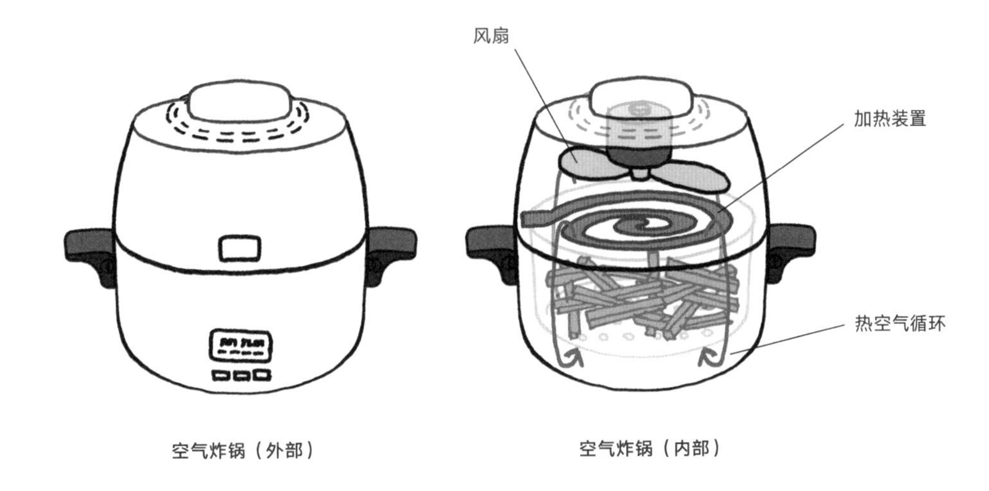

空气炸锅（外部）　　空气炸锅（内部）

空气炸锅通过在内部循环的超热空气烹制食物。可以加入少许油来增添风味，但如果你要做薯条，通常最终的味道与口感更像是烤薯条而不是炸薯条。除了土豆，空气炸锅还能制作各种食物。这种炸锅的优点是安全和健康，烹饪过程中无需使用大量易燃的脂肪，同时你的脂肪摄入量也会随之减少。

甜甜圈机

传统甜甜圈是油炸的，可以用开放式或封闭式炸锅烹制。但现在市面上出现了和华夫机相似的甜甜圈机。首先要在底座和顶盖刷油，然后将稠面糊倒入凹陷的模具中，盖上盖子，等待片刻即可。最终成品更像用少许油炸过的蛋糕而不是甜甜圈，但其实味道也不错……

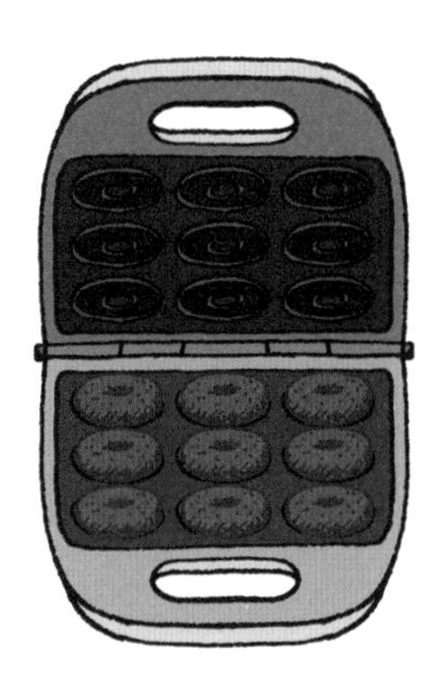

可丽饼机

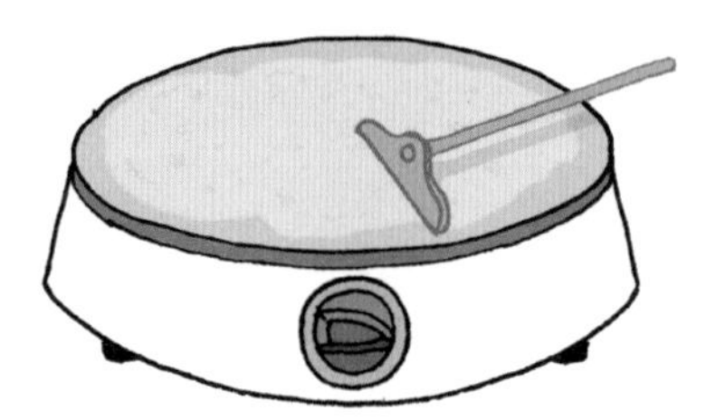

可丽饼机有电或燃气（使用燃气管）两种选择。虽然购置一台专门做可丽饼的机器看似有些多余，但可丽饼机的用途其实很广泛，可以用来制作印度薄饼、印度烤饼、玉米饼，甚至加工鸡蛋和培根。如果你还想用可丽饼机制作其他食物，那么就需要注意你的设备是否能接住从平面操作板上溢出的液体。可以考虑购入一台表面为不沾材质的机器，因为糖受热后会粘在操作板上，非常不好清理。

面包机

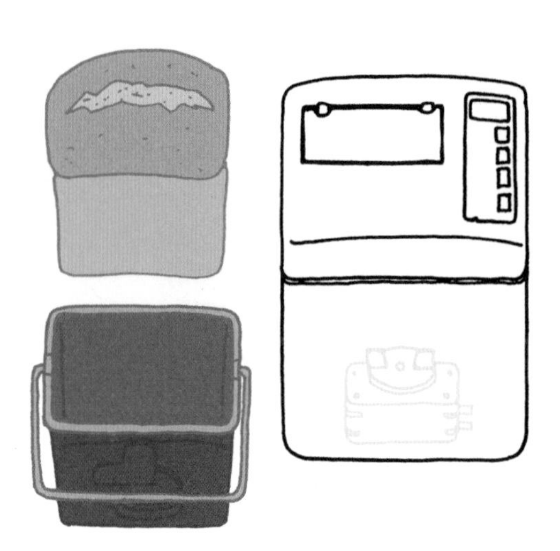

如果你家附近买不到新鲜出炉的面包，或是你没有时间亲力亲为制作面包，那么面包机非常值得入手。几乎所有面包机都配有搅拌面团的刀片，但在烘焙过程中刀片无法收回，所以最后的成品底部会有一道沟槽。面包机通常都有快速烘焙程序，将制作时长从1.5~2小时缩短至40分钟。有些机器可以在揉面时打开，便于中途放入其他原料，避免新原料被搅打得过碎。面包机还可以用来制作蛋糕和披萨面团。购买新机器之前，最好查看一下评论（如果面包机顶部有窗口，那么一定要提前了解评价，因为凝结在窗口的水珠会滴到面包上）。

熟悉操作后，1分钟之内就可以加入原材料并启动面包机。如果你想加一些油来软化面包并延长保质期，无需使用昂贵的初榨油，选用普通橄榄油即可。

电锅

混合料理机

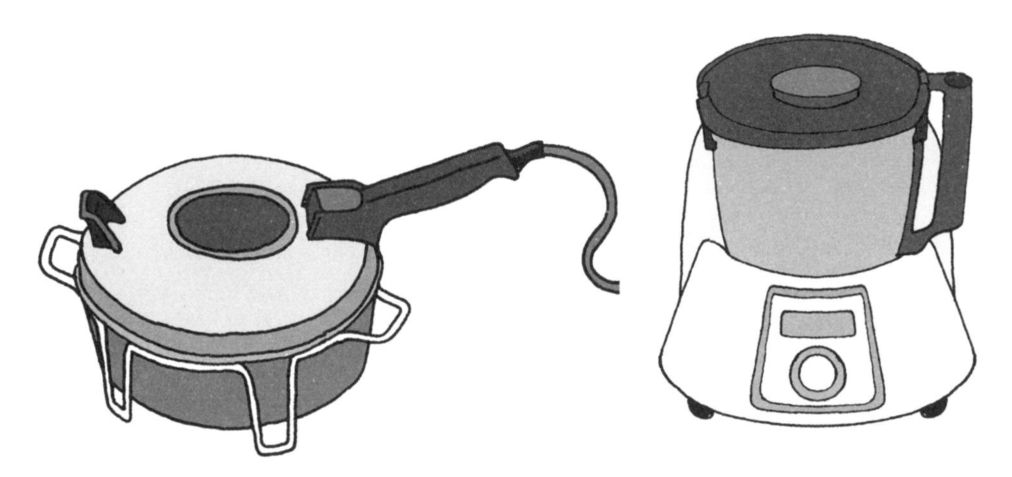

20世纪50年代，捷克斯洛伐克的电气工程师奥德里希·霍姆塔（Oldřich Homuta）在当地发明了单锅电锅，首款产品名为雷莫斯卡烤炉（Remoska oven）。锅盖配有加热装置，工作原理类似于烤箱，但只有一个开关，所以烹饪温度是固定的。最近这几年，电锅在欧洲和北美愈发流行。电锅比传统烤箱更节能，据说可以减少三分之二的能源消耗。

电锅可以用来制作各种食物，比如炖菜、烤肉、土豆、蛋糕、甜点和面包等。如果你没有足够的空间放置烤箱，那么入手一口类似雷莫斯卡（Remoska）的单锅电锅是个不错的选择。

混合料理机应该是德国公司美善品（Thermomix）的发明，该公司自20世纪60年代开始生产并售卖这一烹饪电器。混合料理机由一个内置混合器或搅拌器构成，同时还可以称重、加热食材至特定温度并精确计时。加热与搅拌功能的结合可以避免食物被烧糊，还能将从准备食材到烹饪的整个操作流程一次性解决。混合料理机易于操控、功能多样、结实耐用，深受厨师欢迎，其他公司也开始陆续推出相似产品。

有些食物使用混合料理机来制作能够省去很多麻烦，比如意大利炖饭，甚至蛋糕。由于在烹饪过程中水会受热，美善品公司还提供可以固定在料理机上方使用的蒸笼，进一步拓展了料理机的功能。但烧烤、烘焙和油炸是混合料理机胜任不了的。

蒸锅

蒸制食物有很多优点。由于食物没有浸在液体中，风味和营养都不会流失，且烹饪过程中无需加油。精心调味后的食材，采用蒸制能比其他方式更好地保留味道，还可以通过在水中加入调料来为食物增添风味。

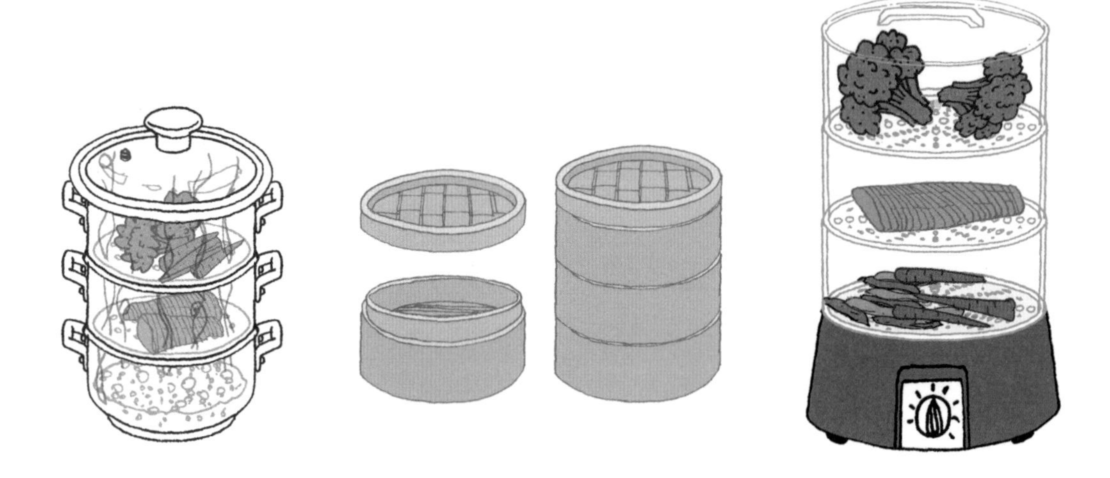

蒸锅分为几种，包括蒸锅、竹蒸笼和独立式电蒸锅。蒸锅非常好用，与其他种类一样，通常有几层叠放的蒸屉。价格低廉的竹蒸笼的最大优点在于，你无须在食物下方使用间隔物来避免粘连。如果你不经常蒸制食物，那么便宜的竹蒸笼是很好的选择。如果你使用蒸笼的频率比较高，最好在笼屉底部铺上油纸，或把食物盛放在隔热盘中。

电蒸锅十分实用，一些还配有延时功能，只需提前设置好烹饪时间，即使你不在家也可以制作食物。但电蒸锅不便于清洗（蒸锅可以放入洗碗机或手洗），而且会占用较大空间。

奶酪火锅

奶酪火锅的锅具基本上是现代发明，由一口公用的深锅和下方的气焰组成。但奶酪火锅这一吃法出现于17世纪末。原来的配方跟现在的不一样，内含红酒和奶酪。20世纪30年代，为了增加销量，瑞士奶酪制造商将芝士火锅打造成瑞士国菜。当时，价格高昂的格鲁耶尔奶酪（Gruyere cheese）大部分流向出口市场，但这并没有阻碍销售的成功。到了20世纪60年代，在世界各地都可以买到奶酪火锅锅具。为了避免奶酪变稀，最好在其中加入少量玉米淀粉。为了推销瑞士三角巧克力（Toblerone），于20世纪60年代发明了巧克力火锅。

在日本、中国及其他亚洲国家，这种锅具也被用来加热油或清汤以烹饪食材。

拉可雷特

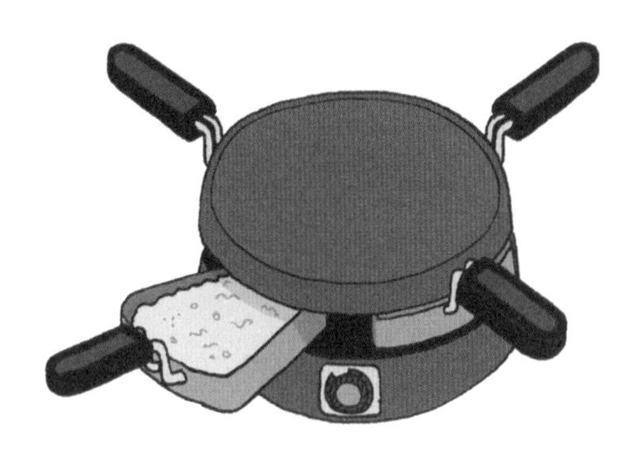

拉可雷特（Raclette）是瑞士特产奶酪，传统的食用方法是融化后从整块奶酪刮取部分搭配土豆和风干肉。如同奶酪火锅，这已经成为了分享式餐食社交传统的一部分。如今市面上出现了拉可雷特干酪专用电器，奶酪放入从下方加热的几个小盘中，以保持融化状态。

旋转式蒸发器

旋转式蒸发器是蒸馏釜的一种，用来提取新鲜食物的味道。将要蒸馏的食物放在烧瓶（源烧瓶）中，随后烧瓶在加热水浴中旋转，同时一个真空泵负责降低压力。如此一来，液体可低温沸腾（通常低于40℃），蒸汽在设备中流动，通过冷凝器后以液体的形式滴落到另一个烧瓶中（收集瓶）。

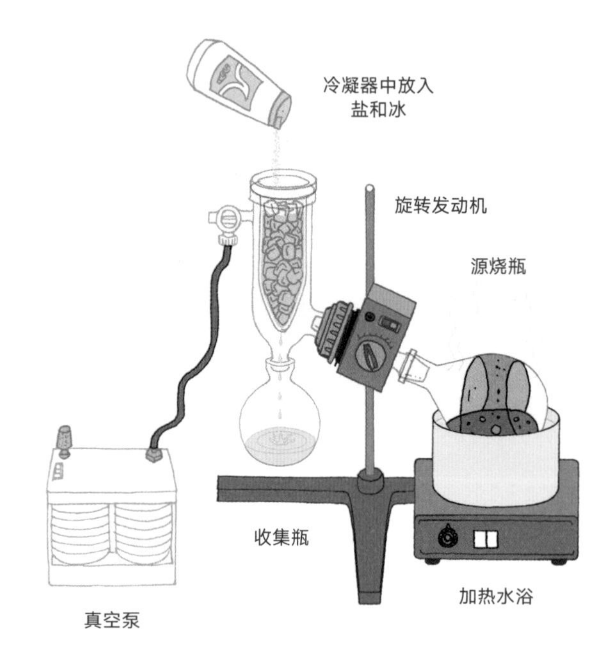

冷冻干燥机

冷冻干燥可以将食物中的水分去除而不破坏其基础结构。先冷冻食物，随后放入一个连着真空泵的容器中。因为食物是在真空中解冻，所以其中的水分会变成蒸汽而非液体，能够减少对食物结构的破坏，同时也能使食物比在正常压力下更加干燥。处理后的食物可以长时间储存，烹饪前可以重新补充水分或直接使用（干燥形态或磨成粉末）。含糖量高的食物即便使用冷冻干燥机也很难烘干，因为糖吸水性强（也就是说，糖会吸附在水中）。

干燥过程确实需要热量来使冷冻食物“脱水”，但因为真空不能导热，需要透过容器壁接受热量，有时还会通过传导元件或是红外线灯辐射导热。

离心分离机

离心分离机以极快速度旋转物体，并产生约4000倍于地球重力的离心力，有些重型离心机甚至可以产生55000倍重力。离心过程可以将食物分层，比如，充分混合的食物可能被分离成脂肪、纤维素、水以及水溶性化学物质。虽然离心分离机只在很少的餐厅厨房中使用，但早在多年前就开始在许多食品厂中使用。

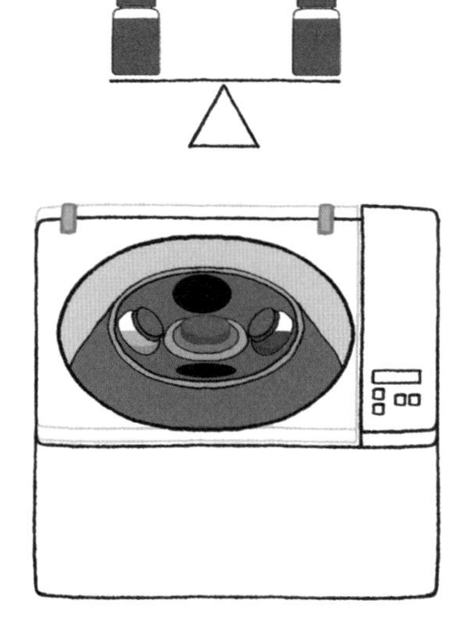

旋转时，分离机中食物的重量会急剧增加，所以必须提前仔细称重、配重，以避免损伤甚至毁坏机器。

快速冷却机和急速冷冻机

快速冷却机是性能强劲的制冷装置，能够快速冷却或冷冻食物。使用冷却机有以下好处：热的食物可以快速通过细菌滋生的温度范围，极大地降低细菌滋生的可能性；第二大优势在于，在冷冻过程中，会在食物内部形成微小冰晶，减少了对食物结构的破坏并保持食物口感，同时还能大大提高在繁忙环境中处理食材的速度。

有些机器只有冷却功能，有些则也能急速冷冻食物。

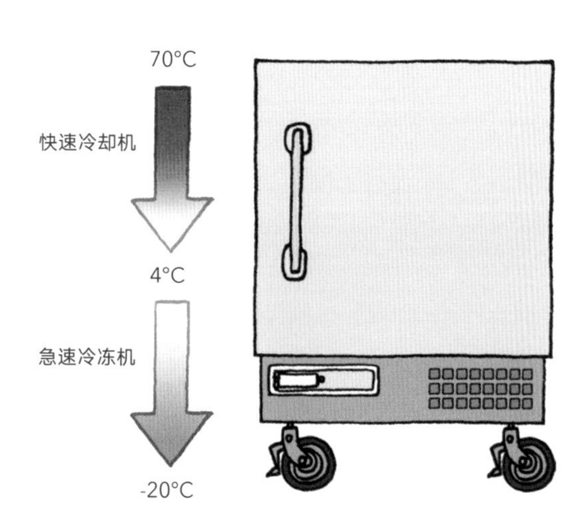

刮鳞器

虽然大部分市场售卖的鱼已经去鳞，但如果你能买到鲜鱼，那么值得购置一把刮鳞器，因为鳞片的口感实在不佳。一手抓住鱼尾，一手将刮鳞器从身子向鱼头刮，直到所有鳞片都被去除，然后再翻面重复操作。刮鳞后将鱼冲洗干净。

马铃薯捣碎器和捣碎器

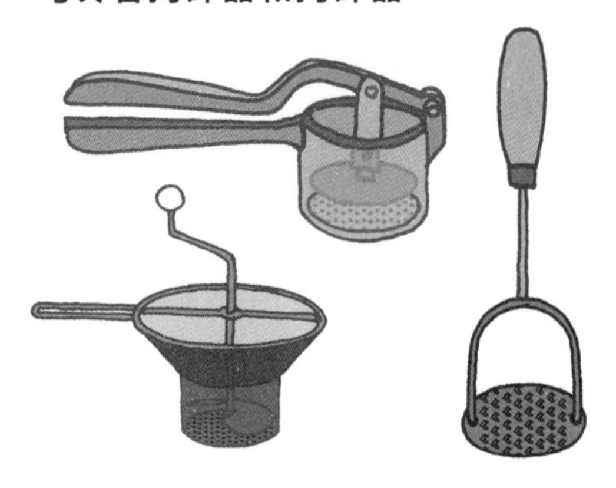

马铃薯捣碎器和捣碎器适用于制作顺滑糊状物，或为孩子制作辅食。下压式捣碎器便能够胜任这些任务，手摇式捣碎器用起来比较费力且应用范围有限。

陶土器皿

陶土器皿已经有数千年的使用历史了，能够在烹饪过程中有效保存食物中的水分。在放入食物前，需要将陶土容器用水浸湿，然后放入冷却的烤箱中，再进行加热（以避免强烈的温度变化使器皿碎裂）。水分以蒸汽的形式溢出，但不会影响食物褐变。

塔吉锅

最初的塔吉锅由赤陶砖制成，直接架在明火上烹煮食物。锥形盖子可以收集所有从食物中产生的水汽，随后水汽落回，食物始终保持湿润。塔吉锅也可用于烤箱，但一定要慢慢加热，否则锅可能碎裂。因此塔吉锅通常被用来盛放由其他锅具做熟的食物。不过现在你可以买到烤箱和炉灶用塔吉锅。

意大利面

手工制作意面已有数百年的历史。在台面上揉制好面团，经过醒发后，用超长擀面杖（有些由扫帚把制成）擀成片状（大多数意面的操作方法，但并非全部）。面团擀开后的面积很大，因此桌面比狭窄的案板更好用。随后将面片切成不同的形状。有时直接手工切条，有时则借助“吉他”——捆扎有铁丝的架子，将面片放在铁丝上，用擀面杖擀压，面片就变为面条了。

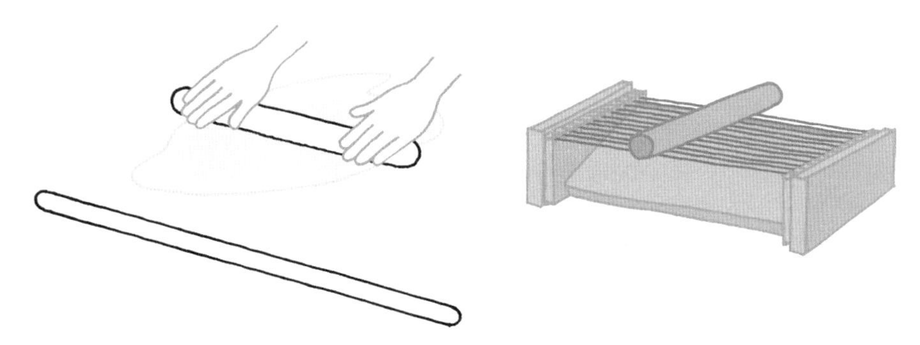

手摇式意面机可以将面团制成面条。面团经过各个滚轮的挤压，直至变成质感光滑、厚度适宜的面片。意面机的不同配件可以将面片切割成粗细程度不一的意面，如扁面条或特殊形状的意面。

近年来家用电动意面机面世，机器可以自动混合原料、揉面，最后将面条从带孔金属片中挤出。意面机带孔金属片的材质通常为铜，并标注在包装上。铜质带孔片会在面条表面留有微微粗糙的痕迹，利于酱汁附着。

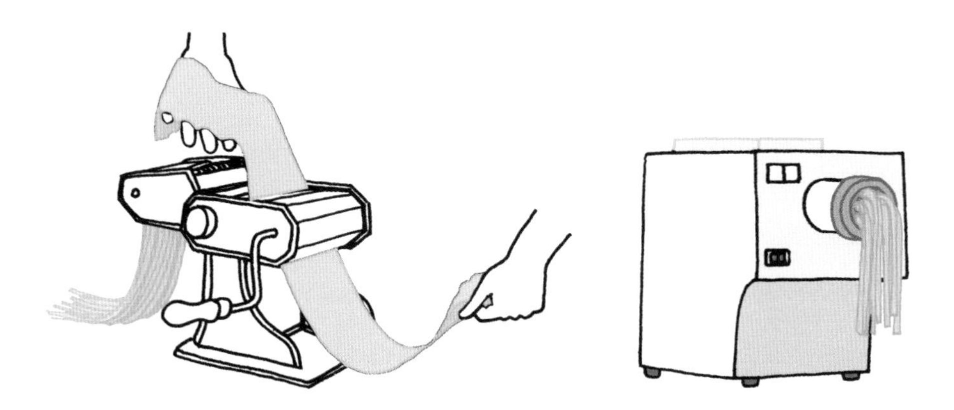

烹饪

准备工作

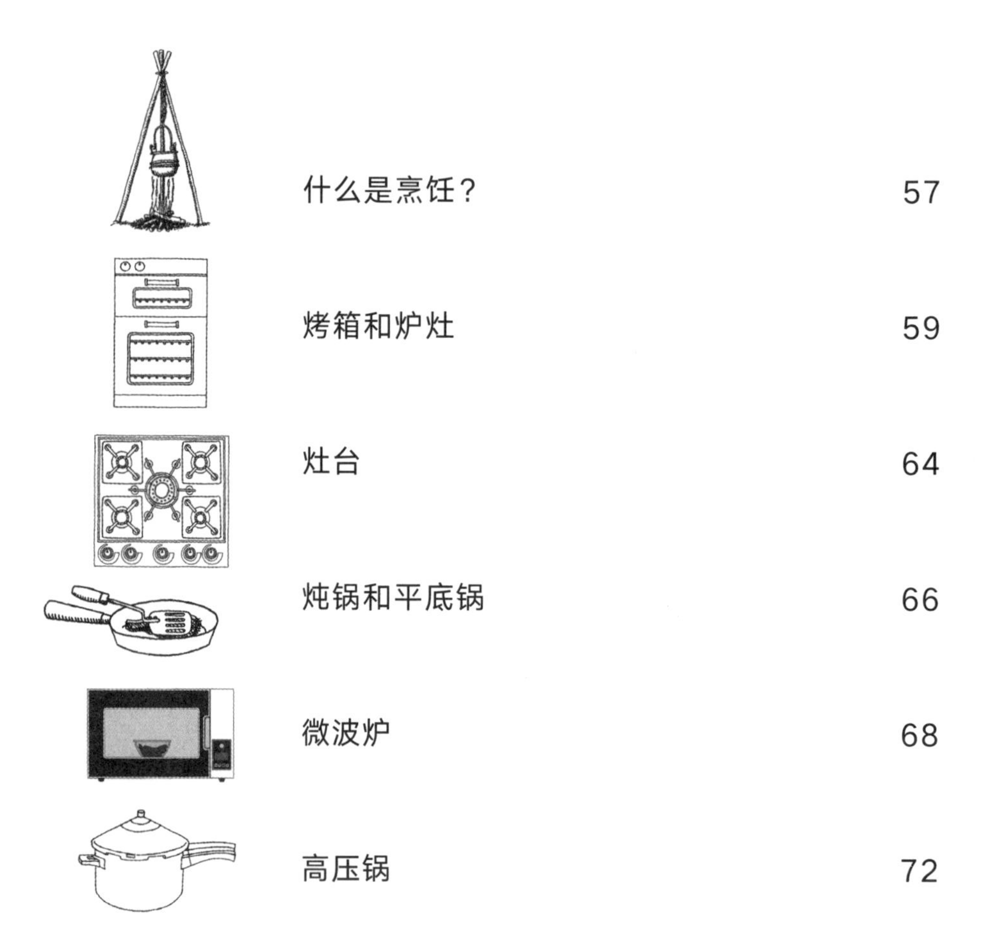

什么是烹饪？ 57

烤箱和炉灶 59

灶台 64

炖锅和平底锅 66

微波炉 68

高压锅 72

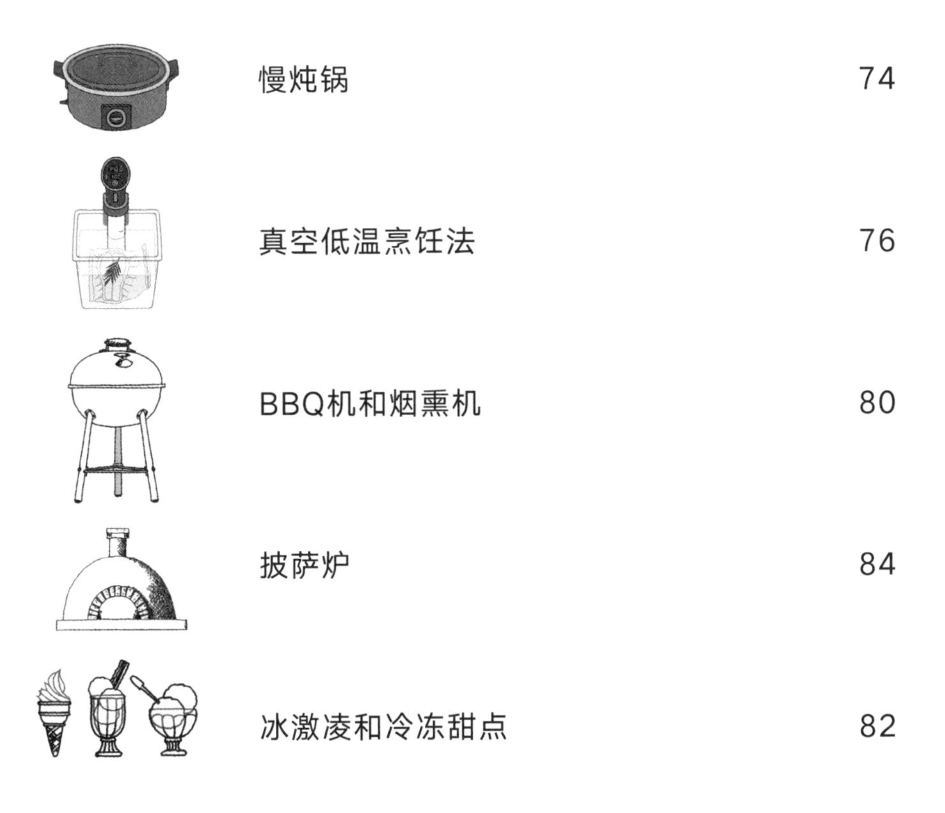

慢炖锅 74

真空低温烹饪法 76

BBQ机和烟熏机 80

披萨炉 84

冰激凌和冷冻甜点 82

140.0
140.0

什么是烹饪？

烹饪是文化的一部分，被视为处理食材的手艺甚至艺术。从技术角度看，烹饪是用热量改变食物的不可逆过程。在高温作用下，食物中的蛋白质和其他大型分子的结构发生改变，新的分子产生。酸、碱和酶也能促成这一变化（如在制作酸橘汁腌鱼时，青柠汁中的柠檬酸通过改变生鱼肉中的分子结构进行“烹制”；酵母中的酶促使面包中面筋的形成）。热量可以产生美拉德反应（Maillard）和焦糖化反应。在这两种反应的作用下，新的复杂化学物质出现，使食物褐变并产生新风味。美拉德反应需要氨基酸，而焦糖化则需要复合糖，并将其化解为单糖。

烹饪可以消灭细菌、去除食材中的毒素，通常会让食物变得更加安全且易于消化、更有营养、更加美味。

AGA

烤箱和炉灶

从狩猎发展到农业之后，人类开始定居，开放式火炉出现，而火炉就来源于此。火炉成为家中的固定设施，并开始不断演变。空气从火源周围的管道引入，用于摆放食物的台面固定下来，锅开始被当做炊具，人们开始试图驱除做饭时产生的烟。有些炉子的火源是封闭式的，这便是早期的炉灶。

古埃及人、中国人、印度人和罗马人都使用炉灶或烤炉，由这些炉具改良而来的设备成为工业革命前的烹饪基础。金属锅具出现后，烹饪时锅被置于火源架子之上，甚至直接埋入燃烧的煤中。

炉灶在木柴稀缺的国家和地区更常见，因为炉灶比开放式火炉更加节省燃料。人们摸索出了各种快速烹饪食材并节省燃料的方法，如先将食物切成小块再进行烹制（传统中式烹饪中经常把肉类和蔬菜事先切成条或块）。

1785年，伦敦的罗姆福德伯爵（Count Romford）开始研制能够清洁燃烧燃料的烟囱，为此，他把深膛开放式火炉排除在外，铸铁炉灶流行起来。罗姆福德伯爵又开始设计能够内嵌在炉灶中的烤箱，并迅速风靡开来。到了19世纪末，家用煤气已经实现，无需每次烧火的煤气灶受到大众欢迎。不久之后，第一款电炉面世。但电炉没有很快流行，因为当时电的适用范围比较小，即便是通电的地区，电费也很贵。从那时起，各种品类的烤箱、灶台、炉灶不断面世，其中也包括应用了第二次世界大战时雷达技术的微波炉。

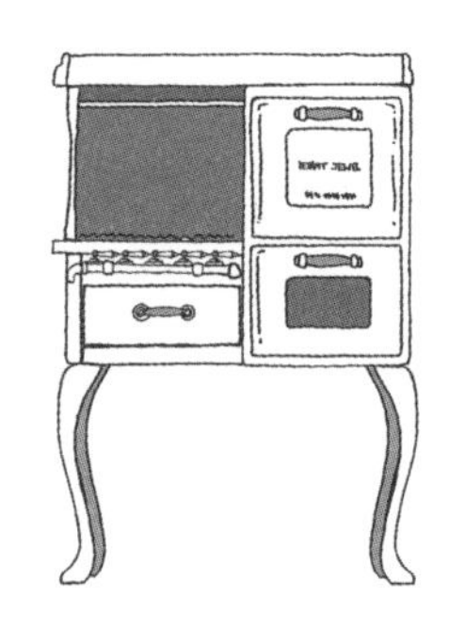

烤箱

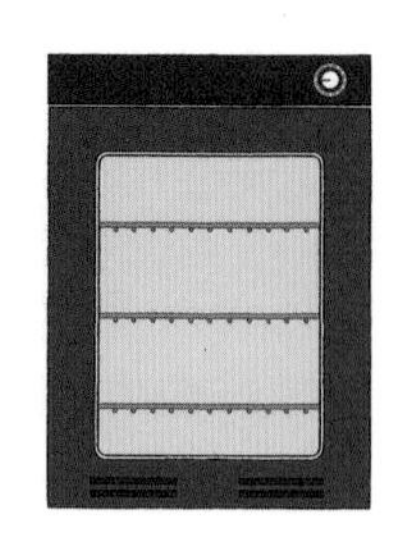

虽然燃气烤箱价格低廉且易于使用，但与电烤箱相比，灵活性更差，还可能加热不均。电烤箱一般附有烤架等配件，以便烹制不同风味的食物，通常加热更加均匀。内有风扇的烤箱能达到更高的均匀度。

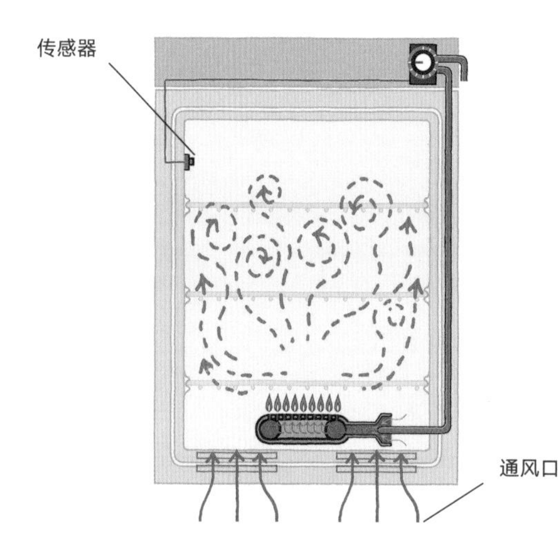

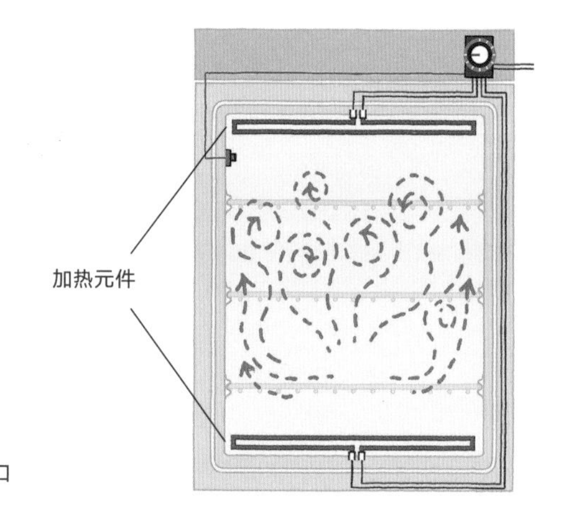

燃气烤箱

燃气烤箱的加热器通常置于底部，新鲜空气（加热必备）可通过通风口进入烤箱。由于热气会上升，烤箱内的温度不均，内置的传感器会根据旋钮的位置调节温度。

电烤箱

电烤箱通过内部的传感器调节温度（类似于燃气烤箱，但因为电烤箱无需通风，所以加热更加均匀）。打开烤箱门会导致温度骤降，需要花费很长时间重新加热至原来的温度。所以，应尽量减少开门的次数。显示屏上的温度可能并不准确。

风扇烤箱和风扇辅助烤箱

风扇烤箱中配有一个安置在加热元件后的风扇。启动烤箱即可加热。风扇搅动内部空气并将热量更加均匀地分散至烤箱内的各个部位。无论设定温度高或低，食物都能以更快的速度变熟，所以风扇烤箱的烹饪时间更短。在没有风扇的烤箱内部，温度差可达12℃之多。

风扇烤箱内有两个加热元件，一个在顶部，一个在底部，风扇在后部。风扇烤箱达到预设温度的时间与普通烤箱无异，但能更有效地加热食物，所以烘烤温度通常更低。

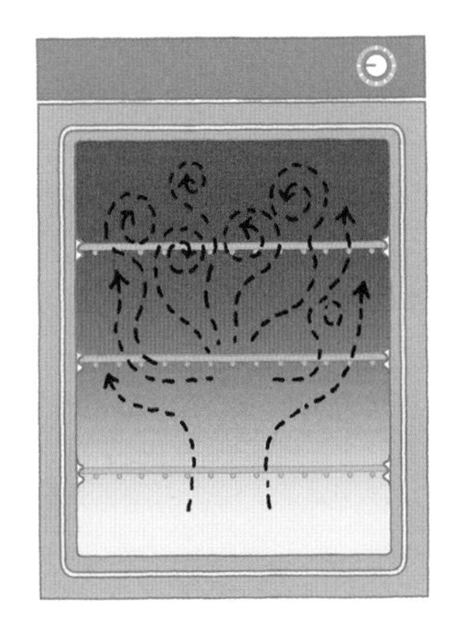

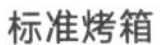

标准烤箱

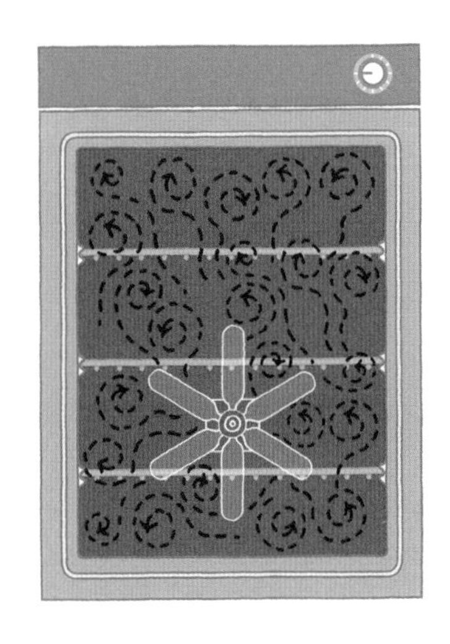

风扇烤箱

注意：在烤箱门把手上放置毛巾或隔热手套十分危险，有可能影响空气流通，从而造成火灾。

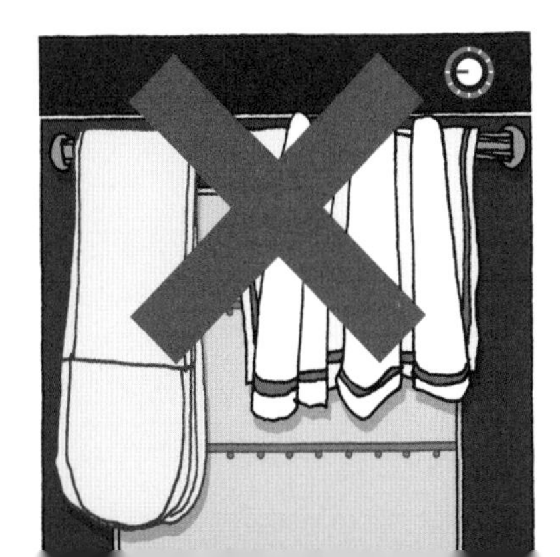

温度、温度计和探针

大多数烤箱不仅内部温度不均，而且还没有精确的控温机制和屏幕显示（有时误差可以达到25℃）。最实惠的改善措施是在烤箱中放入一个温度计，以弥补烤箱功能缺陷。

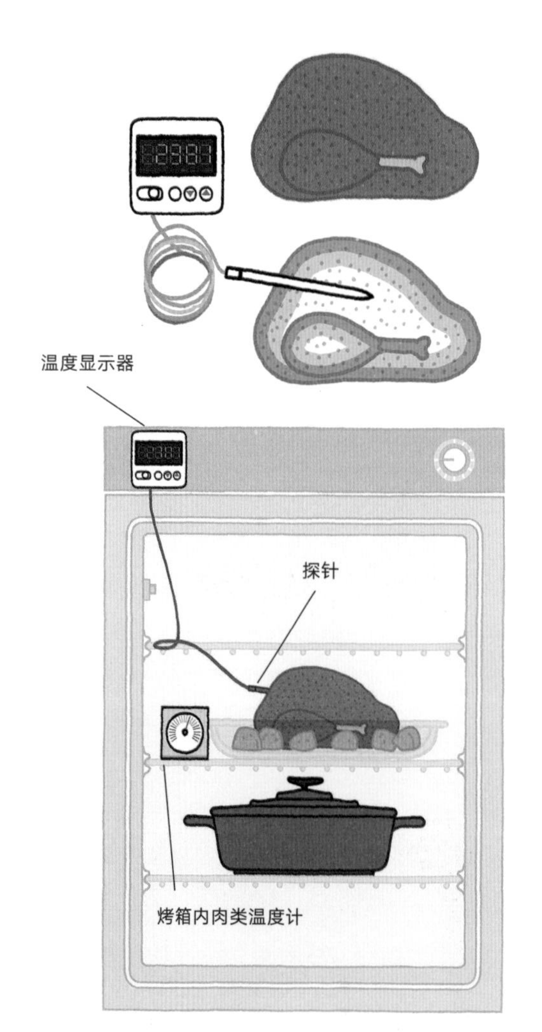

配有探针的电子温度计可以帮你更好地控制烹饪过程，而且价格低廉。

烤肉时探针能派上很大用场，因为“火候”取决于肉类所达到的温度。你只需把电子探针刺入肉最厚的部分，以判断食物是否可以出炉。

有些探针式电子温度计配有一个可以固定在烤箱外部的显示装置，通过绝缘电线与烤箱内置于肉中的探针相连。通常这种温度计在食物达到预设温度时都会响起警报。

操作建议

烤肉

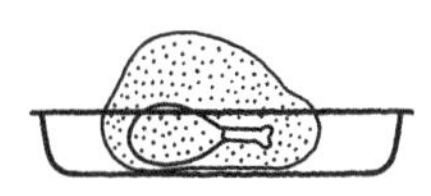

选择一个比你要烤制的肉稍大一点的烤盘，以收集肉汁并避免汁水滴落后形成的蒸汽破坏肉的口感。如果烤盘过大，肉汁有可能会被烤干甚至烧焦。肉量和火候之间的相对数值有很多版本，但如果你使用了探针式电子温度计，就可以很容易地达到你想要的效果。提前腌制要烤制的肉使之入味，并煎至表面微黄后再放入烤箱，能够最大程度地提升风味。

炖菜

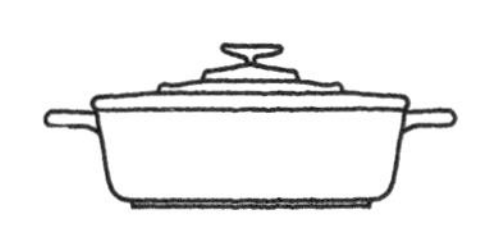

虽然炖锅和砂锅都可以直接用于灶台，但把它们放入烤箱，烹制食物会更加简便，因为能够避免直接加热器皿底部可能造成的烧焦。以相对较低温度长时间烹制后，即便再硬的肉块也可以变得软烂入味。纯素食材比有肉的食材所需时间更短，但如果你加入了浸湿的生芸豆，一定要保证开启烤箱前至少将豆子煮上10分钟，以去除其中的毒素。

面包

普通和花式面包都需要较高的烘焙温度（通常在220℃左右），因此烤箱需要足够的时间来预热。在烤箱底部放一盘水，可以产生蒸汽以提升面包皮的脆度。还可以使用披萨石或其他烘焙石来帮助烘烤面包底部。

蛋糕

烘焙蛋糕可以说是所有烹饪种类中要求最精确的。选择一个好方子，按照步骤操作，准确称量原料，并使用尺寸合适的烘焙用具。模具的大小对烘焙时间的影响很大。烤箱应提前预热，蛋糕糊应该在搅拌好后立即送入烤箱。烘焙温度和时间非常重要，所以你需要使用性能良好的温度计测量烤箱是否达到了理想温度。而且要避免在烘焙过程中打开烤箱门，只需在接近尾声时开门查看蛋糕是否烤好即可。

灶台

价格、便利度以及是否易于清洁是选择灶台时要考虑的因素。燃气灶在调整大小火时反应速度快，因此仍然是大多数厨师的首选，但电磁炉灶正在变得越来越受欢迎。

燃气灶

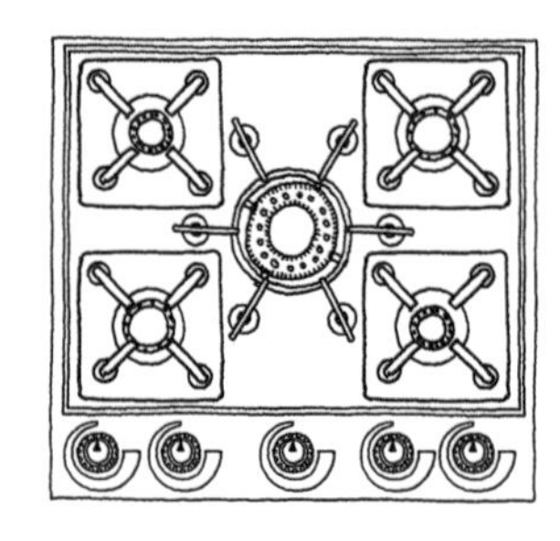

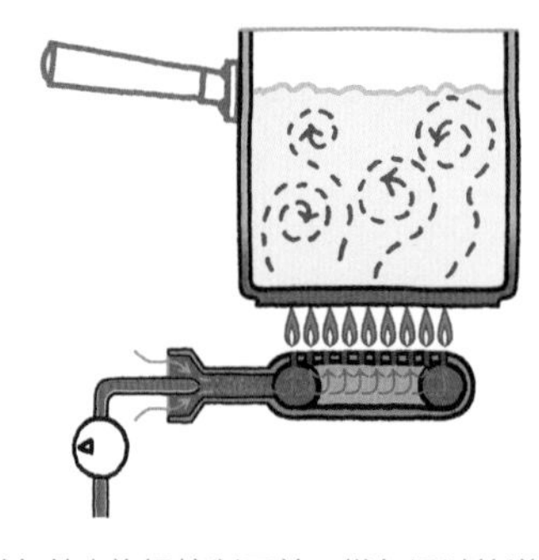

燃气灶由旋钮控制开关。燃气通过管道传输，运送至喷嘴，喷嘴从通风口吸入空气，并将燃气和空气混合，最后混合气体点燃环形灶眼。

优点

- 中低价位
- 点火快、调火快
- 适用于中式炒锅

缺点

- 不易于清洗

电线圈灶

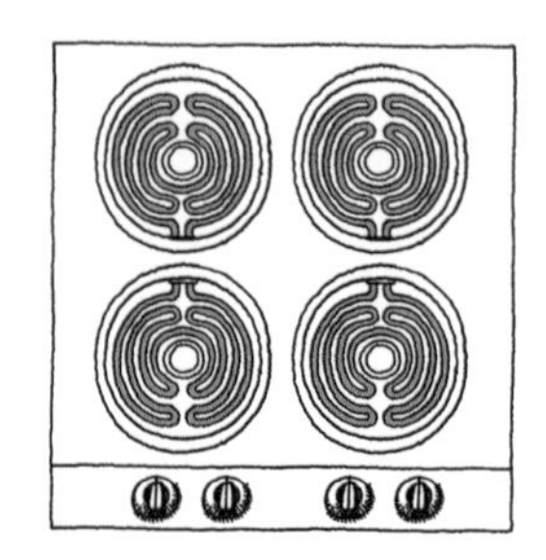

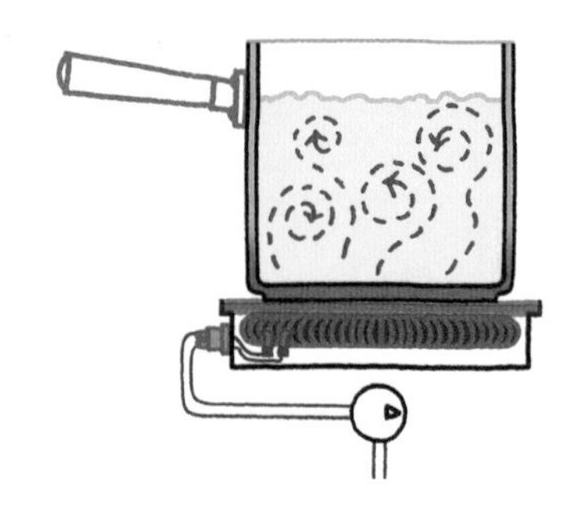

电线圈灶，也叫盘灶，都由旋钮控制，转动旋钮可以调节电流大小。电线圈对通过的电流绝缘，并随之发热。

优点

- 价格低廉
- 结实耐用

缺点

- 不易于清洗，和其他类型的灶台相比，调节温度时反应较慢。

燃气灶和电灶旋钮

燃气灶旋钮

电灶旋钮

燃气灶旋钮逆时针转动，而电灶旋钮顺时针转动。既有燃气灶眼也有电灶眼的灶台使用起来可能会有些不便。

卤素灶

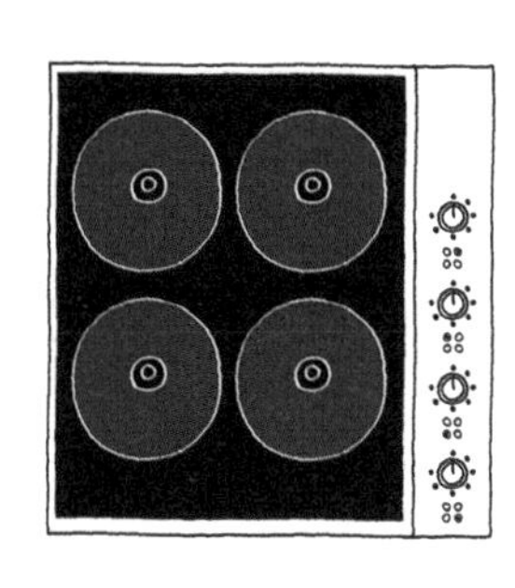

卤素灶使用辐射热烹煮食物。旋钮控制电流流向一个钨元件，该元件发热时会发亮，并散发红外热。少量的卤素可以防止钨失效。

优点

- 升/调温快
- 易于清洁

缺点

- 中高价位

电磁炉灶

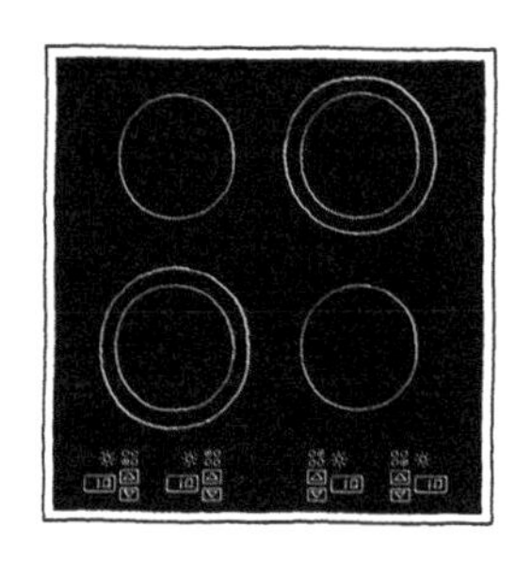

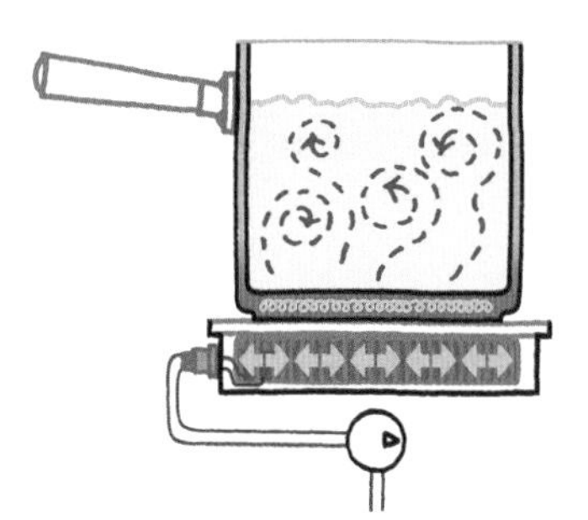

铜线圈制造磁场，底部经过磁化的锅能快速被加热，使用起来非常安全。

优点

- 升温、调温快
- 耗能少、效率高
- 安全、易于清洁

缺点

- 中高价位
- 最好使用钢或铁底的锅具

AGA炉灶及类似炉灶

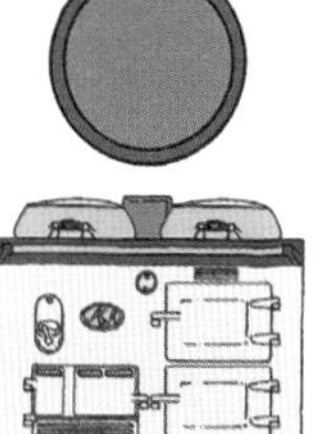

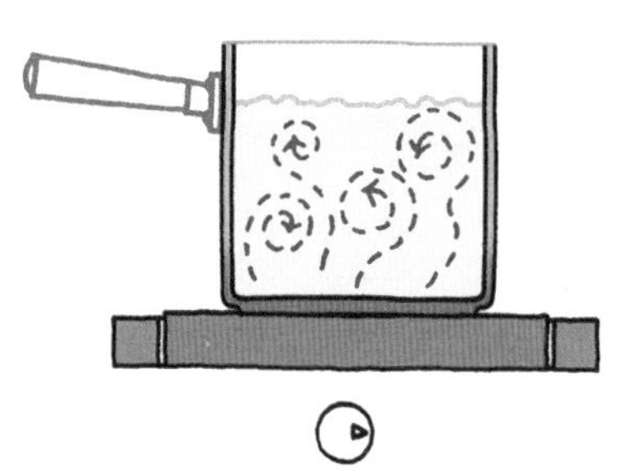

几乎整个AGA炉灶都是导热体，因此调温很慢，但恒温效果很好。锅具基本上只靠传导加热，所以最好使用平底锅。

优点

- 热量分配十分均匀

缺点

- 升温很慢
- 需要使用平底锅

炖锅和平底锅

锅具材料

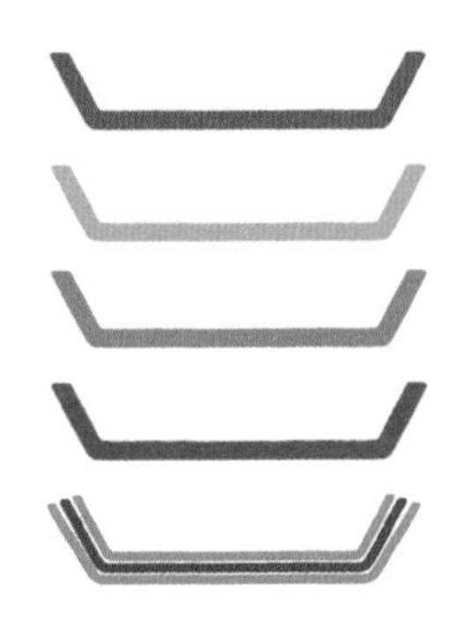

铜升温快、受热均匀，但热量失散得也快，因此铜锅不适于用来煎肉。

铝比铜便宜很多，且同样导热性能良好。加入食材时热量会很快散失，因此使用铝锅时需要不断加热。

不锈钢的性能比较均衡，升温较快，虽然没有铁锅保存热量时间长，但足够用来煎肉。不锈钢锅用于肉类时，最好提前进行预热，使锅身均匀受热。

铁升温慢，即使提前预热，铁锅的有些部位仍然比其他区域热。铁材质多孔，因此应注意不要用水浸泡铁锅。

煎炸

煎炸的过程通常涉及脂肪或油类，应避免在锅中放入过多食材，否则会产生蒸汽，影响食物炸至金黄。通常使用中高火。

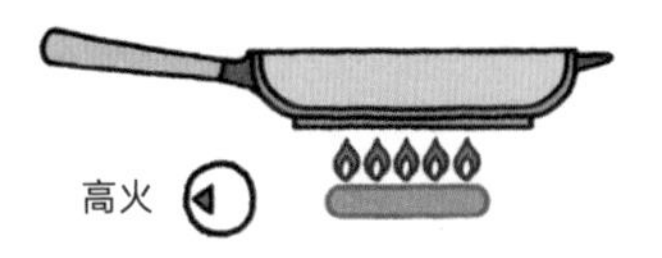

制作牛排时，最好使用一口重的平底锅，并将其预热至滚烫。擦干牛排后，用较多的盐进行腌制（大部分盐都会留在锅中）。先在锅中加少许油，之后放入牛排，在不移动牛排的前提下，煎大约两三分钟，翻面后再煎两三分钟。按照上述方法可以得到五分熟的牛排，牛排厚度在3厘米左右。

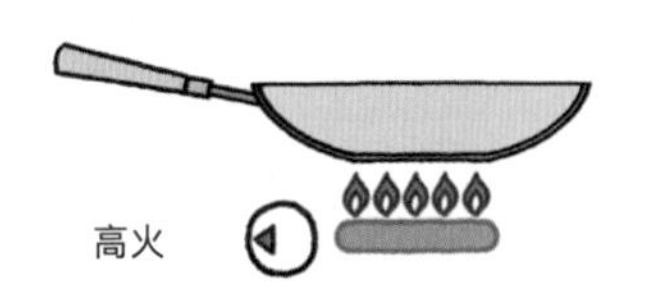

传统炒锅的材质通常是薄铁，烹饪过程中使用大火，并通过不断移动炒锅使锅和食材均匀受热。商用中式厨房的灶台火力比西式灶台的大。切记要将锅预热至滚烫，不然食物不是煎熟的，而是蒸熟的。如果你没有燃气灶，那么最好使用平底炒锅，以便更有效地利用热能。

先热锅，之后加入耐高温的油（比如花生油或葡萄籽油），当油开始冒烟后加入肉、鱼或豆腐，这些食材变成金黄色后，再加入切成相似大小的蔬菜，以便蔬菜能同时变熟。烹饪过程中需要不断地移动炒锅，让食材均匀受热。

意大利面

如果你经常做意面，那么特制的意面锅是你的好帮手。意面锅内置滤器，方便意面煮熟后从水中捞出。煮面时要放足够的水和盐。把水加热至沸腾，加入意面，直至水再次沸腾。如果使用的是干面，那么可以截取一段意面尝一尝是否火候刚好。达到弹牙质地大概需要8~10分钟。如果使用的是鲜面，那么煮熟后面条会自动浮上水面。

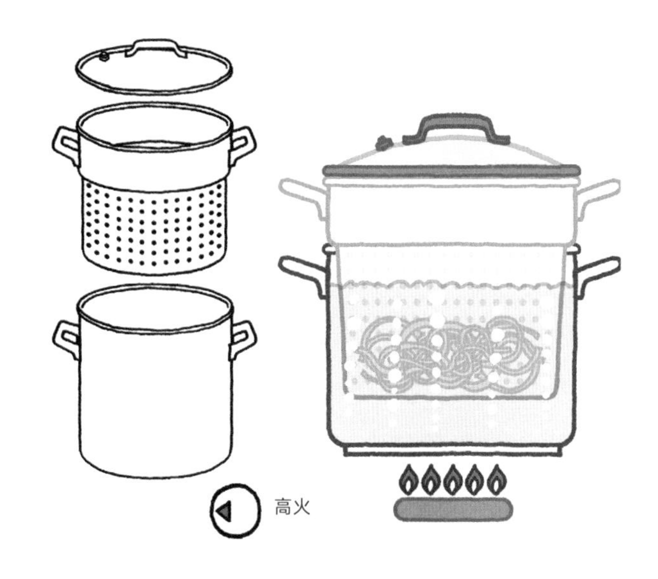

酱汁

制作面糊、调味酱、奶酪酱等酱汁最好使用中小号的带把锅具，以便搅拌时能够稳稳地握住锅具。

双层蒸锅

双层蒸锅适合制作需要温和加热的食材，由两部分组成：外部的锅用来盛水，内部的锅用来盛放食物。双层蒸锅是融化巧克力的理想用具，还可以用来制作无需煮沸的酱汁，如荷兰汁等。

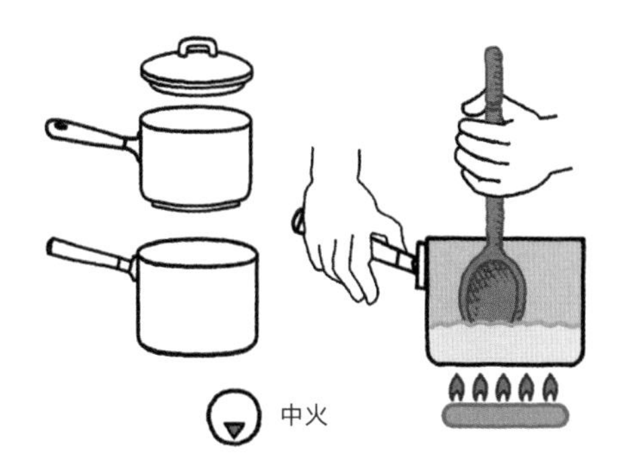

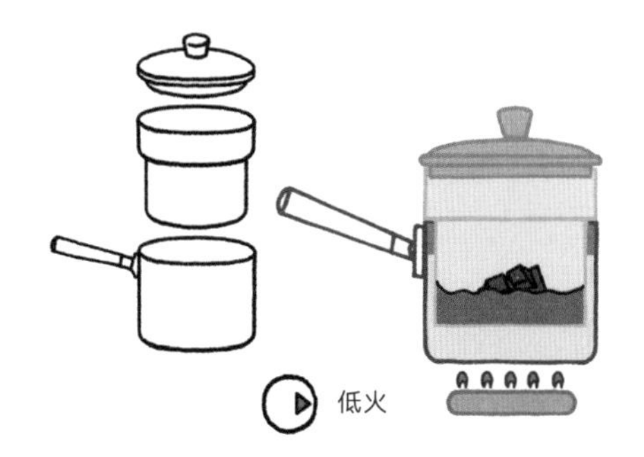

微波炉

微波炉能够快速加热食物，因此在烹饪中的使用频率很高。但使用前最好了解一下微波炉的的具体功能，以便进行充分利用。

1945年，美国工程师珀西・斯宾塞（Percy Spencer）发现，一台雷达设备发射的微波（一种波长在1毫米到1米之间的电磁辐射）可以融化巧克力棒，受此启发，他发明了第一台微波炉。斯宾塞于1945年10月8日申请了专利，波士顿的一家餐厅使用了第一台微波炉。1947年，首款商业微波炉上市，产品名为雷达炉（Radarange），高1.8米，重340千克，其外观与现代版本相差甚远。

有些营养（如维他命C）会被热量破坏，但因为微波炉加热速度快，所以相比其他烹饪方式，能更好地保留营养成分。“辐射”这一字眼会让很多人感到害怕，其实大可不必，因为光、声音和无线电波都是辐射。一台性能良好的微波炉是理想的、安全的烹饪设备。微波的长度在12厘米左右，由磁控管发射，且不会发散至微波炉之外。

微波炉内的微波加热食物时不够均匀，但有两种方法可以改善这一现象。最有效的对策是底部可转动食物的转盘。第二种解决方法是，通过安置在微波发散路径中的类似风扇的装置使微波在内部循环。但即便如此，微波还是有可能忽略小份食物，造成局部受热不均，因此定时搅拌食物很重要。

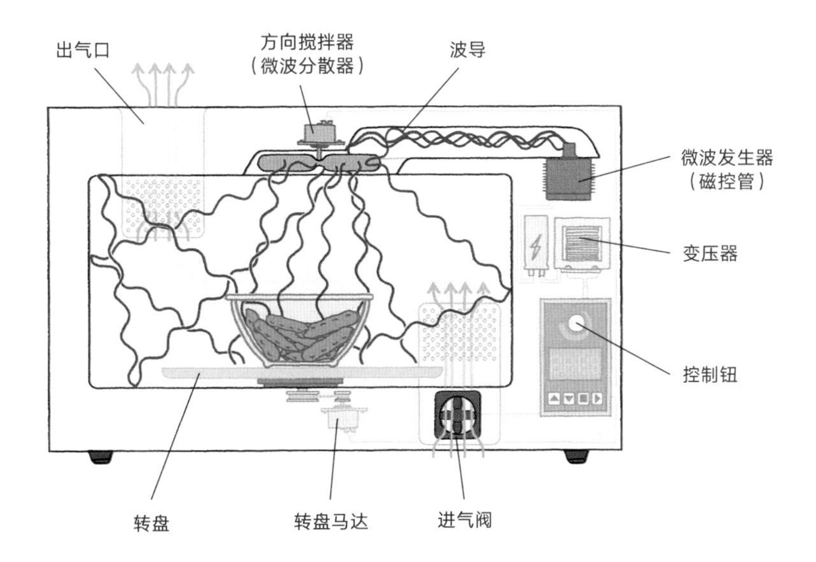

大多数情况下，微波加热的是食物中的水分和油脂，因此干物的加热效果不理想。主要由水构成的食物，会被受热的水分加热，但食物不会像放入利用传导、对流或辐射热的烤箱一样褐变。为了解决这一问题，制造商将这三种热与微波结合，推出“综合烤箱”。

大多数微波炉的控制器都起定时器的作用，同时控制微波的开关，以调整食物接收的热量。你会听到加热过程中微波炉启动、运行、关闭的声音。如果你减小功率，那么实际上只会缩短微波的运行时间，并在每个循环之间产生间隔。新款微波炉可以控制驱动磁控管的电流大小，因此能够以更小的密度持续产生微波。

食物的形状和大小

食物的形状对于微波炉来说十分重要。微波只能穿透至食物表皮下方一点，因此大部分食物都将由外向内被加热。相对比较扁平的食材受热更加均匀，因此，大块的蔬菜和肉块最好切块后再放入微波炉。

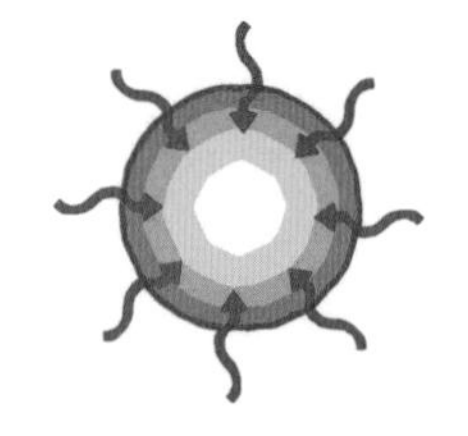

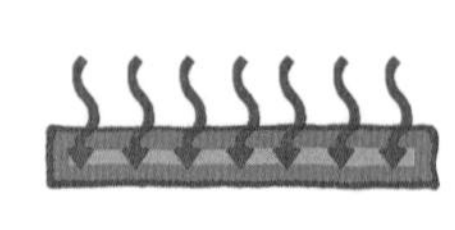

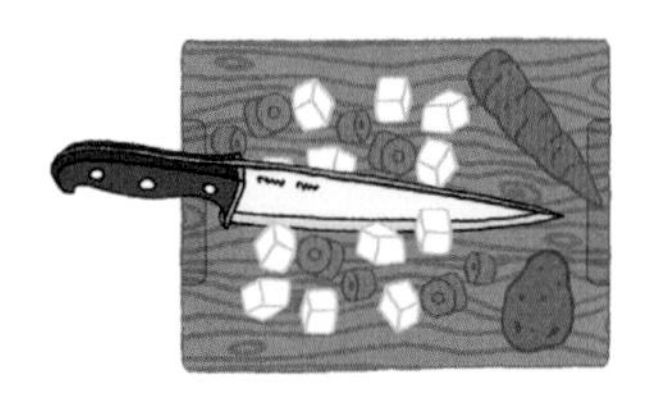

将食物切成相似的形状以便受热均匀。

将食物摆放成环状以便受热均匀。

将盛放食物的碗覆盖，使用保鲜膜时需要在其上扎孔。

在加热过程中，定时搅拌食物以便热量均匀散布。

在土豆、香肠等带皮的食物表面扎孔，以避免食材开裂甚至爆裂。

软化冰激凌时，用中火集中加热10秒，并在每次加热之间等待30秒，以使热量均匀扩散。

烘干各种香草时，你可以将其放在厨房用纸上，用低火加热，直到香草变干。

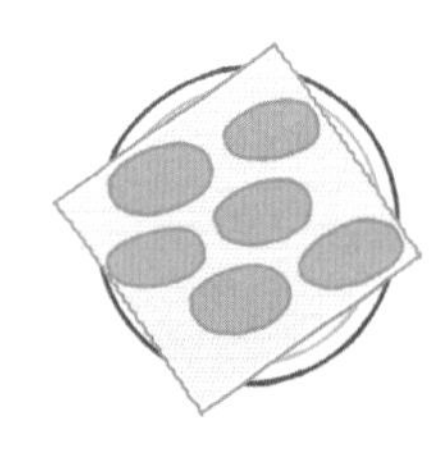

制作脆片时，先将土豆或其他蔬菜切成非常薄的薄片，之后用清水清洗并擦干，再放在厨房用纸上，用中火加热，直到食材变脆。

使用微波炉的禁忌

微波炉在正常使用的情况下很安全，但有些注意事项需要提前了解。首先，不要将任何金属物体或容器放入微波炉内，包括铝箔、外卖盒、带有金属装饰的陶制餐具、刀具，以及深锅和平底锅等。不要把完整的鸡蛋、葡萄放入微波炉，否则食物会爆炸。不要使用不适于微波炉的塑料或塑料泡沫容器。酸奶盒等容器不可受热，有些盛具在微波炉中会融化，还可能释放有毒化学物质污染食物。不要解冻冷冻的母乳，否则可能会大大增加细菌污染的可能。

应使用保鲜膜覆盖食物，但要提前查看保鲜膜是否可用于微波炉。因为食物在微波过程中可能喷溅，因此要进行覆盖，但要避免使用密封容器，因为压力会在其中积聚。如果你要热饮料（不建议），在杯子中放一把木勺或一根木筷子，可以避免饮料表面之下被加热得过烫，以及移动或搅拌饮料时液体撒溅被烫伤。

！！！注意！！！

人们有时候将老旧的CD和DVD放入微波炉中销毁，但在加热过程中，会释放出剧毒气体，不仅污染微波炉，更会危害使用者的健康。千万不要尝试。

高压锅

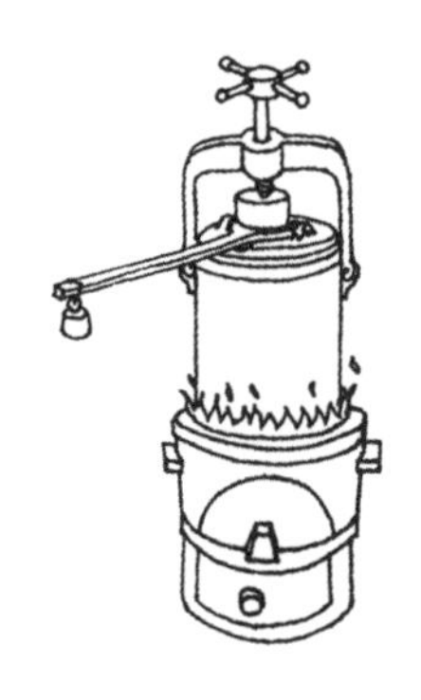

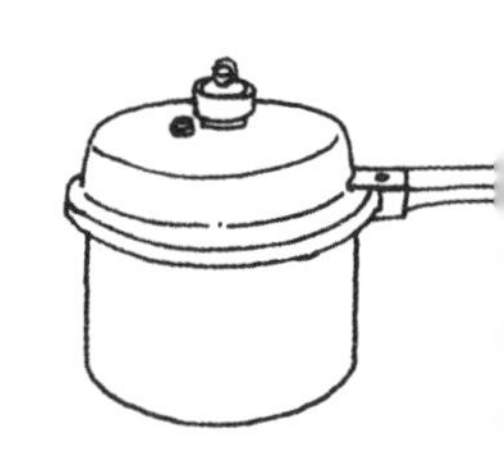

法国人丹尼斯·帕潘（Denis Papin）于1697年发明了高压锅的前身——“蒸汽蒸煮器”（Steam Digester），用来从骨头中提取脂肪。早期的高压锅非常危险，但现代版本添加了很多安全部件，在不损坏和滥用的前提下使用很安全。随着20世纪中叶不同安全机制的加入，高压锅逐渐变得流行起来。

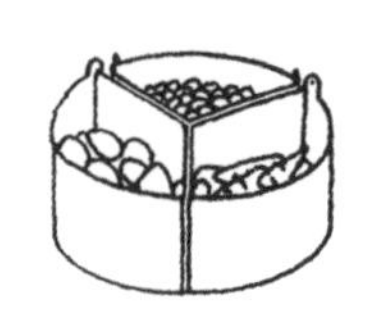

高压锅本质上就是个带有可密闭顶盖的大炖锅。随着高压锅温度升高，内部的液体形成蒸汽，内压升高，温度也随之升至沸点以上（115℃左右），以此提高烹饪速度，还能杀死可在沸点温度下存活的细菌。专业高压锅（高压灭菌器）用于为医院用具杀菌，温度可达125℃或更高。在美国，用于罐装食品的大型高压锅也可达到同等高温，以保证消灭在罐头食物中可能出现的肉毒杆菌（可造成致命的食物中毒）。

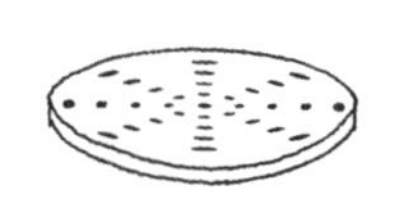

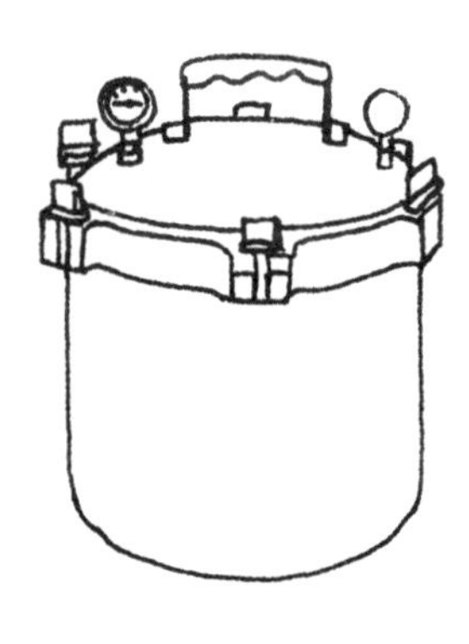

高海拔地区的压力

气压会随着海拔升高而降低，导致在高海拔地区，水在较低温度就可以沸腾，为烹饪带来了困难。因此，高压锅在这些地区的使用频率很高，包括在登山探险中也是如此。在珠穆朗玛峰山脚大本营中，水的沸点是82℃，而在山峰顶部，水在71℃时就能沸腾。

高压锅的种类

家用厨房中使用的高压锅分为三种：通风高压锅、不通风高压锅和电高压锅。

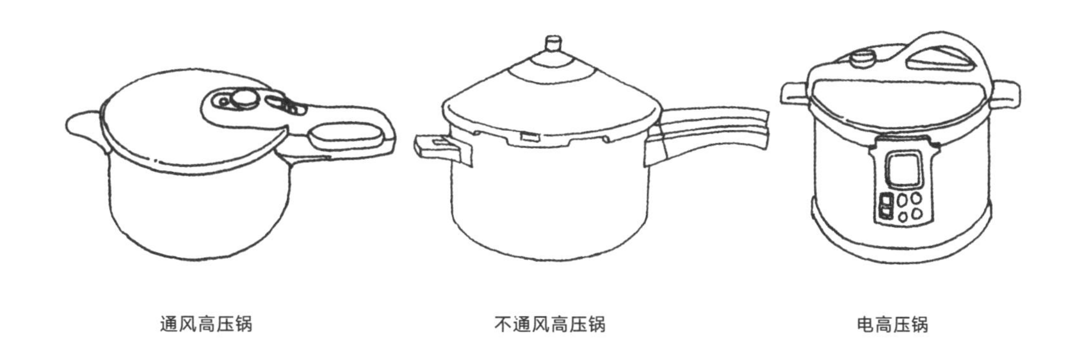

通风高压锅

通风高压锅是使用最普遍的类型，通过一个阀门排出蒸汽来控制温度。阀门由八个砝码或一条弹簧固定。

不通风高压锅

不通风高压锅需要更加小心仔细地“设置”，在没有达到预设温度之前不会排气。虽然价格较高，但不通风可以更好地保留食物的风味。

电高压锅

电高压锅分为通风款和不通风款，但都可以自动运行，内含针对不同食材、不同烹饪方式的不同程序。电高压锅的压力比前两种用于炉灶的高压锅的压力稍低。

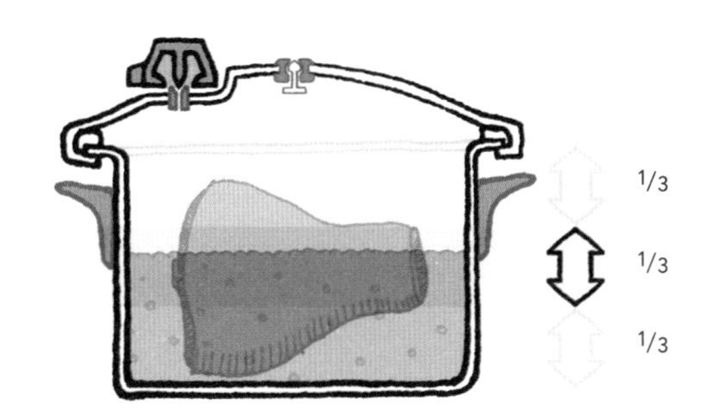

安全使用高压锅

遵循产品说明书的使用指南及清洗方法。通常来说，建议食材的体积上沿占高压锅的三分之一至三分之二。切忌干烧高压锅。

慢炖锅

慢炖锅价格实惠，适合长时间的烹饪过程。时长可以是几个小时甚至一天，因此你可以在外出工作时用慢炖锅烹煮食物。锅内温度低于沸点，由于锅盖是密封的，食物中的液体不会消散，通常会将汁水调稠做成酱汁。因此最好不要加入太多液体。

慢炖锅的构成

慢炖锅有三个主要组成部分：装有加热器的底座、一个测量温度感应器以及一个控制器。通过控制器可以设定烹饪程序或时长。大部分程序的开始阶段温度很高（以便减少细菌滋生），随后的过程中温度降低。

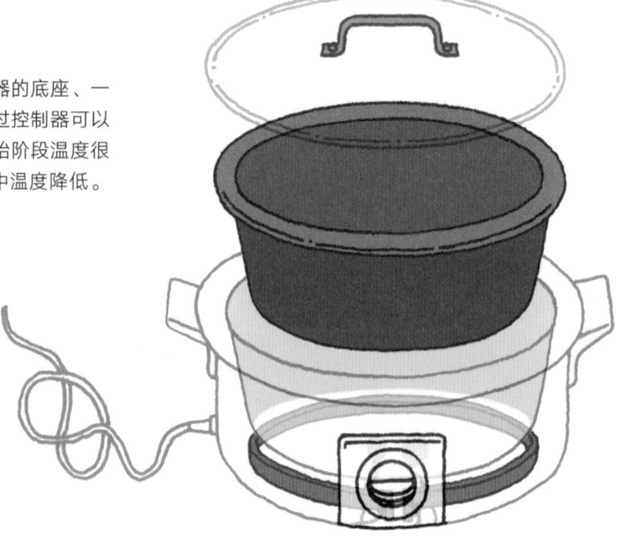

慢炖锅的使用方法

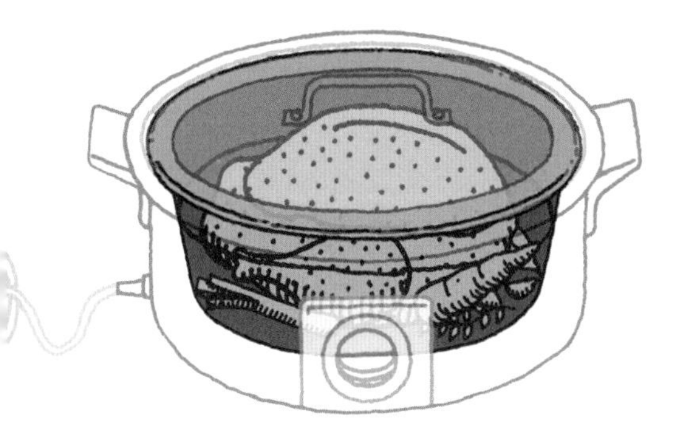

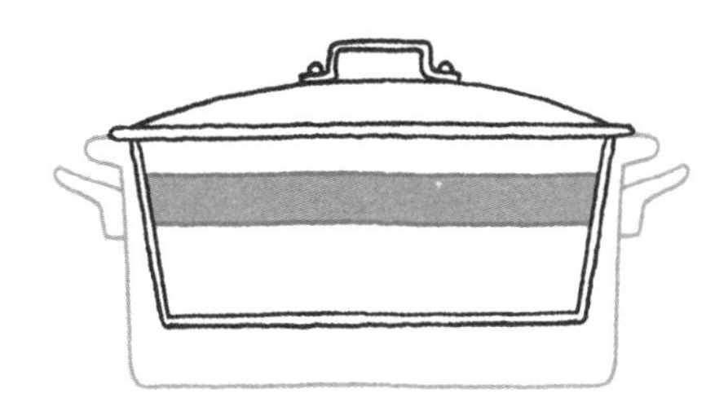

食物应占锅中空间的
一半或四分之三

慢炖锅适用于多种菜品。以下是一些值得注意的使用建议。第一，在把肉放入慢炖锅中之前，需要将其煎至金黄；加入的液体最好少于砂锅或咖喱菜谱中的用量，因为锅内液体不会在烹饪过程中损失；确保所有香草、调料都位于液体表面之下，以便食材更加入味；蔬菜大块放入即可，以避免过于软烂。

制作肉类菜肴时，无需加入很多油脂。慢炖锅很适合炖煮便宜的硬质肉块，因为长时间的烹饪过程会破坏肉的结构，可以制作出多汁入味的肉类菜肴。

适合慢炖的肉类有：

- 牛颈肉
- 短肋骨
- 猪肩肉
- 羊小腿
- 牛尾

使用建议

- 使用前在锅内淋洒或擦一些油。
- 将硬质蔬菜放在底部，并确保它们被液体淹没。
- 少加盐，在盛盘之前调味。
- 先解冻食材，再放入锅中进行烹制。

真空低温烹饪法

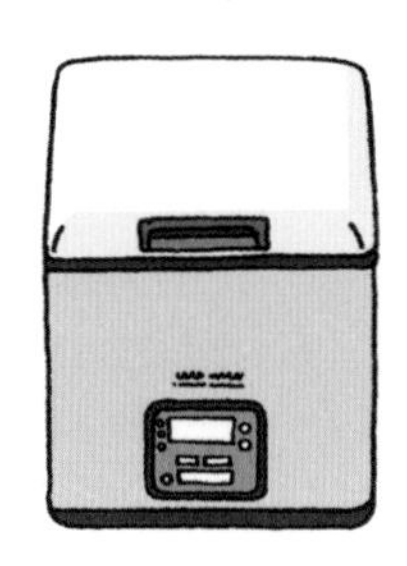

真空低温烹饪法（也称舒肥法）指将食物装入密封的真空袋中后，以控温水浴法进行烹饪。你也可以不使用真空袋——可用自封袋或有颈夹的袋子代替，不过要确保袋子完好无损。真空低温烹饪法的好处，是能够应对非常精确的烹饪要求，食物受热均匀且可以达到你想要的成熟度。烹饪过程中的很多化学变化都发生在沸点以下的不同温度，真空低温烹饪法可以为这些变化提供适合的温度环境。

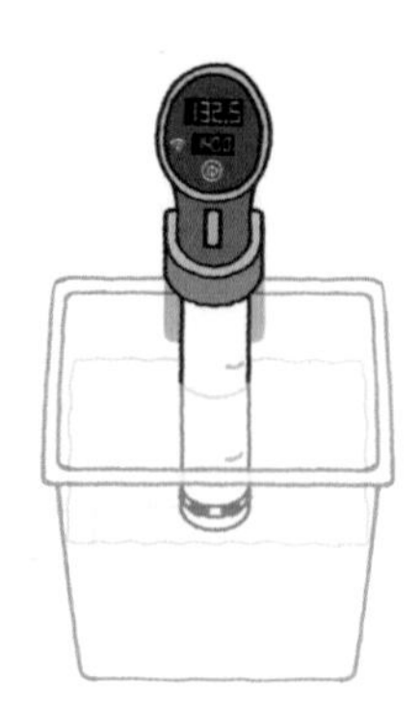

真空低温烹饪法的不足之处：

1. 安全隐患。细菌在10℃~50℃非常活跃，可能无法在真空低温环境中被消灭，无论是准备阶段还是烹饪过程中都要特别注意卫生，以避免滋生细菌。

2. 真空低温烹饪法无法让食物上色或产生脆皮，因此在烹饪之前或之后可以煎一下食材，以增加风味、优化外观。

最常见的真空低温烹饪机有两种：加热水浴箱和浸入式慢煮机。水浴箱通常配有一个水浴箱、加热器、控制器、顶盖，以及箱内水循环的程序。而使用浸入式慢煮机时，你需要将其放入锅内的水中，它可以提供热量，并搅动水以使热量均匀散开，通过控制器可以设定时长和温度。

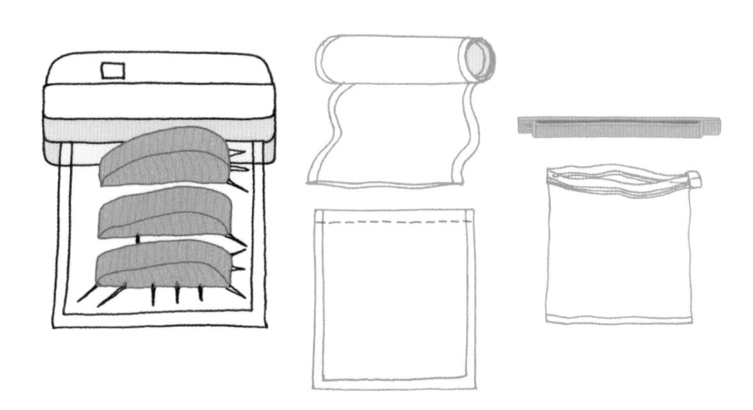

浸入式慢煮机的基本使用方法

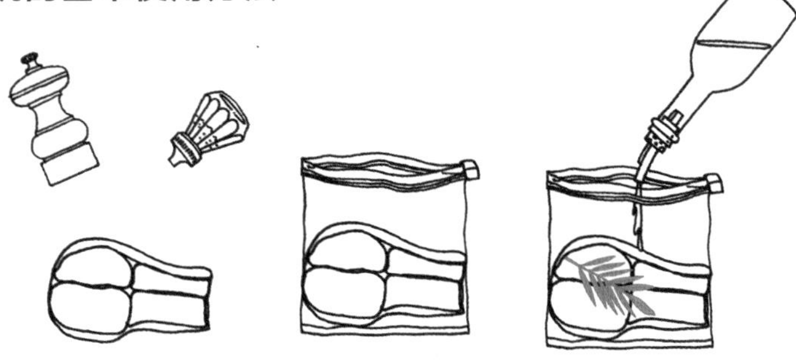

将肉放入袋中，并加入少许调料、香草和橄榄油调味。
预热用作水浴容器中的水，直至达到理想的烹饪温度。

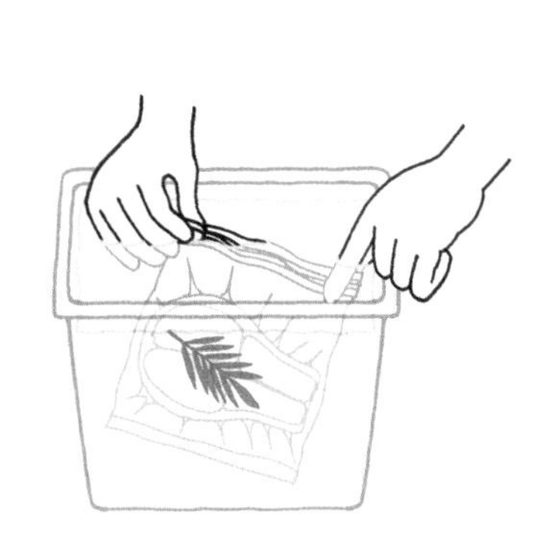

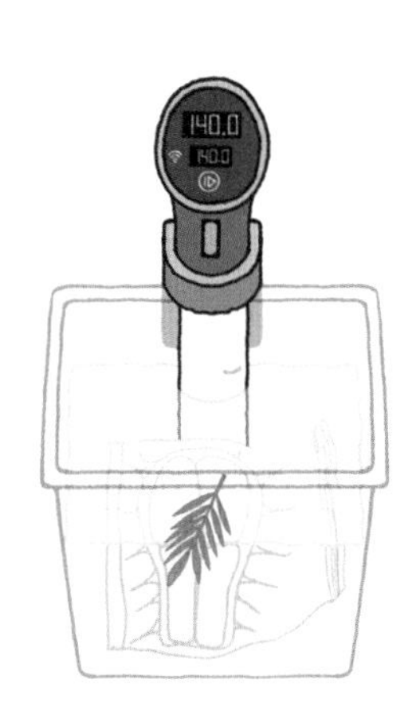

如果你使用的是普通袋子，那么就需要慢慢地将袋子浸入水中以排出空气，当水即将淹没袋子顶部时，将其封口。切记要避免袋子进水。设置好慢煮机的时长和温度后开始加热。到时后取出袋子倒出食物，如有需要你可以使用其中的汁水制作酱汁，将肉擦干后放入热锅中煎制即可。你也可以用喷灯或Searzall喷灯罩等配件将肉类表面烤至金黄。

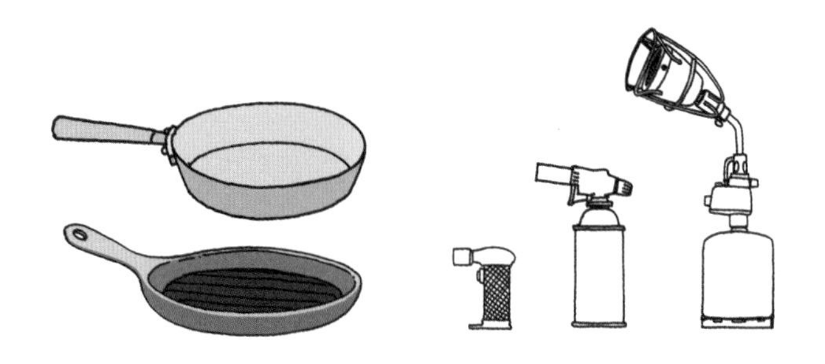

有效温度

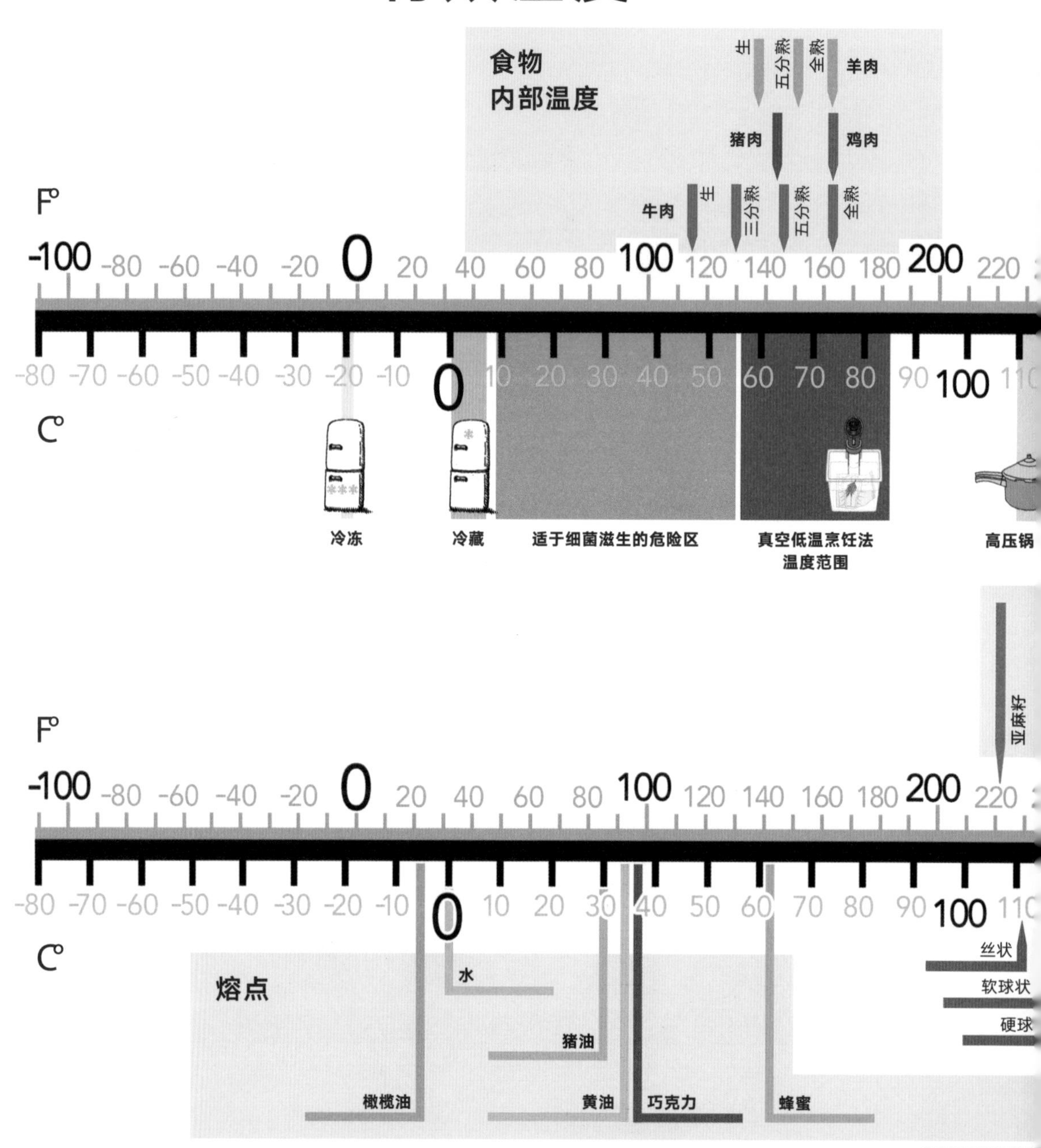

食物
内部温度
生
五分熟
全熟
羊肉
猪肉
鸡肉
牛肉
生
三分熟
五分熟
全熟
F°
-100 -80 -60 -40 -20 0 20 40 60 80 100 120 140 160 180 200 220
-80 -70 -60 -50 -40 -30 -20 -10 0 10 20 30 40 50 60 70 80 90 100 110
C°
冷冻
冷藏
适于细菌滋生的危险区
真空低温烹饪法
温度范围
高压锅
亚麻籽
F°
-100 -80 -60 -40 -20 0 20 40 60 80 100 120 140 160 180 200 220
-80 -70 -60 -50 -40 -30 -20 -10 0 10 20 30 40 50 60 70 80 90 100 110
C°
丝状
软球状
硬球
熔点
水
猪油
橄榄油
黄油
巧克力
蜂蜜

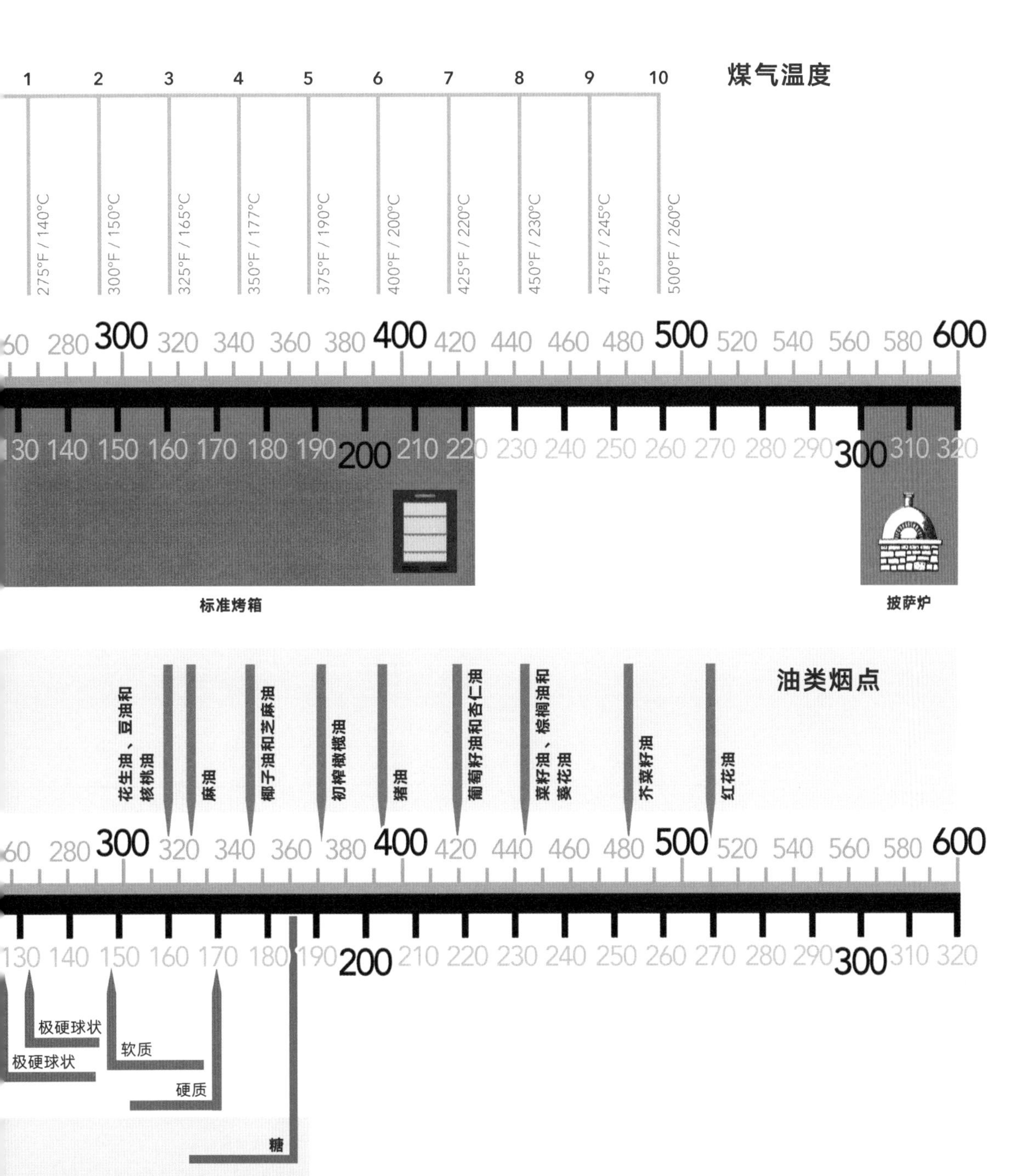

煤气温度
1
2
3
4
5
6
7
8
9
10
275°F / 140°C
300°F / 150°C
325°F / 165°C
350°F / 177°C
375°F / 190°C
400°F / 200°C
425°F / 220°C
450°F / 230°C
475°F / 245°C
500°F / 260°C
300
320
340
360
380
400
420
440
460
480
500
520
540
560
580
600
150
160
170
180
190
200
210
220
230
240
250
260
270
280
290
300
310
320
标准烤箱
披萨炉
油类烟点
花生油、豆油和核桃油
麻油
椰子油和芝麻油
初榨橄榄油
猪油
葡萄籽油和杏仁油
菜籽油、棕榈油和葵花油
芥菜籽油
红花油
极硬球状
极硬球状
软质
硬质
糖
糖的温度范围

BBQ机和烟熏机

烧烤分为很多种类，但最常见的是木炭烧烤。空气中的氧气和木炭结合，在开始阶段快速燃烧杂质后，燃烧变缓，持续的供热非常适于烹饪。热量分为三种：辐射热（木炭产生的红外线）、对流热（木炭产生的热通过空气与食物接触）以及传导热（食物直接从烧烤架吸收的热量）。

木炭BBQ机

烧烤过程中最大的难题是温度的控制。极热的木炭会散发大量热，如果食物离炭太近，表面会迅速成熟，而内里还远远不够火候。将食物架高可以减缓辐射热的影响，并使其他两种导热方式发挥更大的作用。少量的木炭也能烤制食物，但食物烤好前需要不断添火。在烤炉上加盖后，木炭产生的烟会阻碍辐射热，从而减缓烤制过程，同时还能让食材更好地吸收烟熏风味。

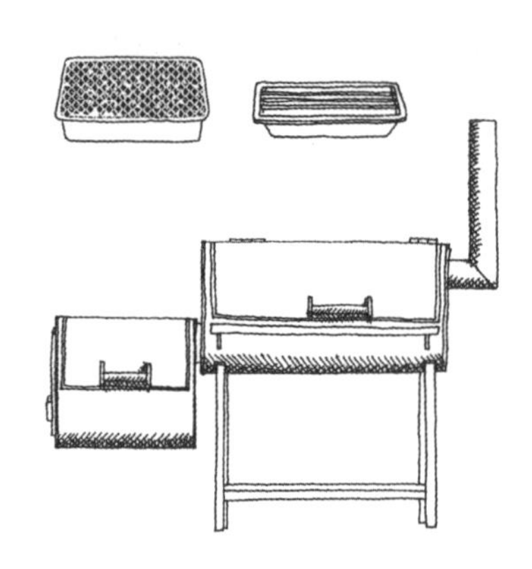

块状木炭

煤饼

备长炭

椰壳炭

以上是四种烧烤用炭，最常用的是块状木炭和煤饼。块状木炭是最基本的木炭类型，由在密闭环境中被加热至干燥但未燃烧（氧化）的木料构成，含有一种可以在燃烧过程中蒸发并赋予食物独特风味的化学物质。煤饼的原料有木屑、灰尘、煤炭和一些合成化学物质。虽然煤饼的燃烧时长更长、加热更加均匀，但会给食物染上怪味，尤其是刚被点燃还未变红之前。日本人制作了一种非常精细的木炭——备长炭，用于火盆烧烤，特别是烤制鸡肉串。备长炭价格高昂且无味。在亚洲，常会见到使用炭化后的椰子壳烤制沙嗲肉串等街头食物的场景。

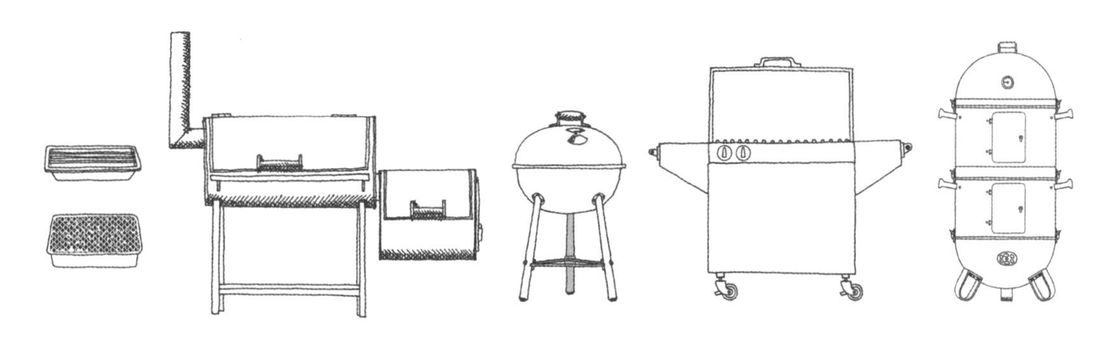

烧烤赋予食物的风味来自于焦化（产生味道更丰富、更复杂的化合物），以及燃烧过程产生的烟中的化学物质。不同的木炭会通过添加不同的木料打造不同风味，如橡木或山胡桃木等。

气流从下方上升，通过燃烧的木炭后携带着热量抵达食物，这一过程就是“对流”。木炭散发的“辐射热”像光一样运动。“传导热”指的是烤架与食物直接接触时传递的热量。

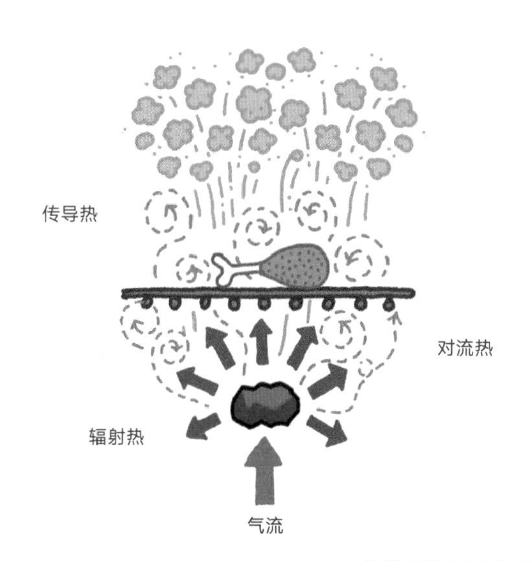

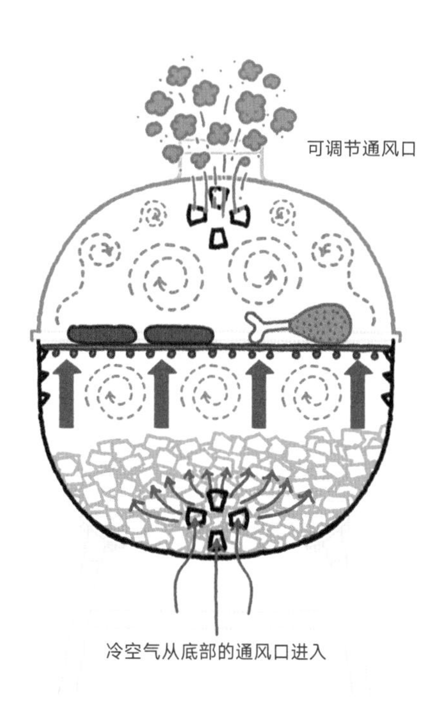

在烧烤架上加盖可以减缓空气流动，从而降低木炭燃烧率，还会减少辐射热和传导热，因为烟阻碍了热量抵达食物和烤架。很多烧烤架的底部和盖顶开有通风口，以便你控制烧烤过程。较为温和的热量可以使食物内部成熟的同时，外部不会被烤焦，而且还能增加烟熏风味。

生炭火的方法

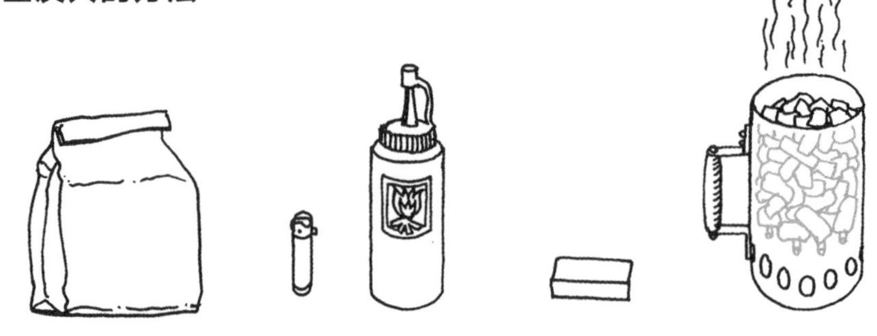

生炭火的方法有好几种，最简单的选择应该就是内含木炭和点火胶的预备包了。包装袋可用作燃料，点火胶和袋子一起点燃便可引燃木炭。

点火液和点火胶十分常见，原料都是石油，并在食物靠近炭火前燃烧殆尽。将木炭堆成金字塔状，喷洒点火液，再小心地点燃。火苗升起，燃烧片刻后熄灭。大约30分钟木炭会变成白色，这也就意味着可以开始烧烤了。

使用固体引火物时，需要将其放置在烤炉底部，并在上面将木炭堆放成金字塔状。小心地点燃引火物，查看是否引燃了木炭。

如果你使用的是烟囱引火器，就需要将引火物放在耐热表面上（最好是烧烤架），再把烟囱放在上面，将烟囱上部填满木炭后，点燃引火物。木炭进入稳定燃烧阶段后，就可以小心地将其倒入烤炉底部了。

燃气烤炉

燃气烤炉升温快，易于控制温度，且通常加热更加均匀。有些烤炉还配有多个炉灶，使用者可以在温度各异的不同区域制作不同食物。使用燃气烧烤不会为食材增添任何烟熏风味，但有的烤炉可以收集肉汁、油脂，并将其炭化，以制造烟熏效果。

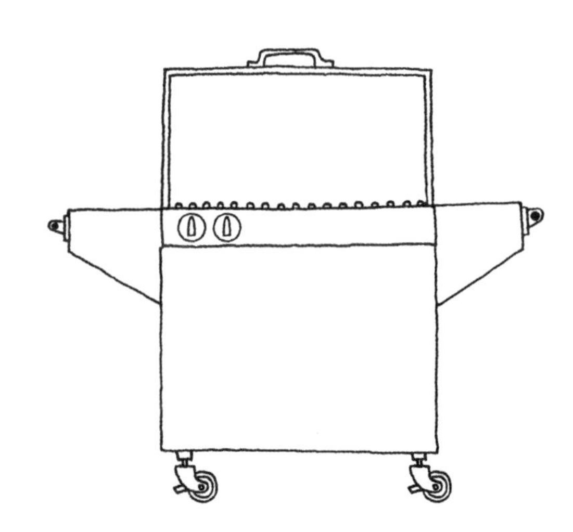

热熏机与冷熏机

冷熏指在将温度保持在食材不会变熟的低温（20℃~30℃）前提下，通过用烟覆盖食物进行调味的过程。热熏时则需要达到可以使食物成熟的温度（50℃~82℃）。温度超过82℃时的烟熏过程被称为“烟烤”。

在冷熏温度下，细菌会快速繁殖，因此应快速熏制食材并立即做熟。这一操作可以用廉价的烟熏枪完成。热熏则安全得多，因为温度已经达到与用真空低温烹饪时类似的温度，足以杀死细菌。

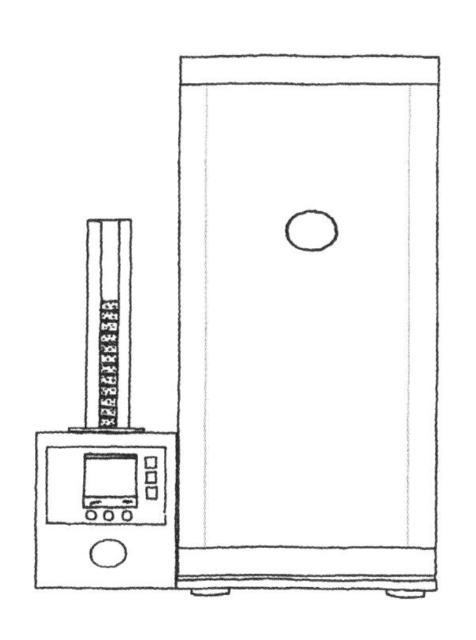

烟熏机

烟熏机价格高昂，但有些类型同时具有热熏和冷熏功能。其中最实用的型号使用内含多种木料的固体煤饼，你可以随意拼配以调整风味。有的烟熏机可以设置内部温度、烟量以及时长，能够熏制多种食物。

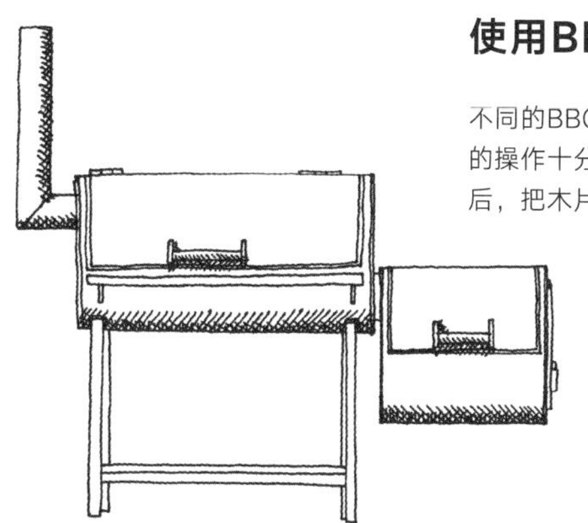

使用BBQ烤炉热熏

不同的BBQ烤炉，热熏过程也会有所不同，但与烧烤的操作十分相似。降低炉内温度，或将食物远离热源后，把木片或调过味的木球放在木炭上（直接接触或悬空都可），烟便能够缓慢熏制食物。调整热量和烟量，以达到最佳效果。有些BBQ烤炉配有两个或两个以上的内室，热量和烟分别位于两个内室中，直到需要时才能进入食物所在的内室中。

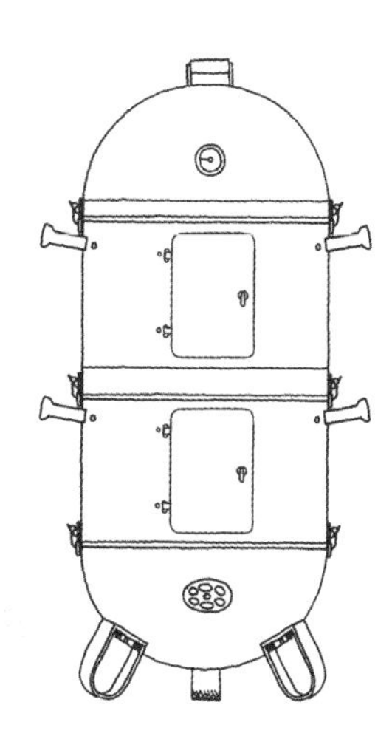

披萨炉

披萨是扁面包的变种。扁面包是已知最古老的面包，至少可追溯至3000年前的苏美尔文明（Sumerian culture），虽然它通常被认为来自意大利。在地中海地区，有很多不同种类的带有顶部配料的扁面包。

燃木披萨炉与古老的传统烤炉相比变化很小，只有烟囱的设计体现了一些改进。烤炉被燃烧的木料填满，空气通过烤炉的入口进入，用于点燃木料，热气升起并在烤炉内循环，最后从烟囱排出。在火的作用下，烤炉的石料缓慢升温。老式大烤炉会花上一整天或更长时间达到理想温度。烤炉足够热后，将灰烬和剩余木料清理出去，为食物腾出空间，然后放入食材。烤炉内的温度（400℃）远超家用烤箱的温度（250℃）。

除了烤炉内的实际温度，热量传递到披萨上的方式也会影响烤制效果。燃木烤炉的热量传递方式有以下三种：

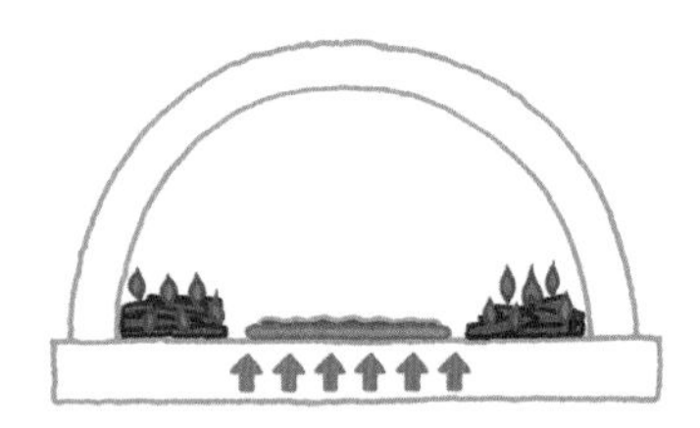

传导：通过披萨与烤炉的直接接触传导的热。

对流：在烤炉中循环的空气和木炭燃烧后产生的气体的混合物的热。

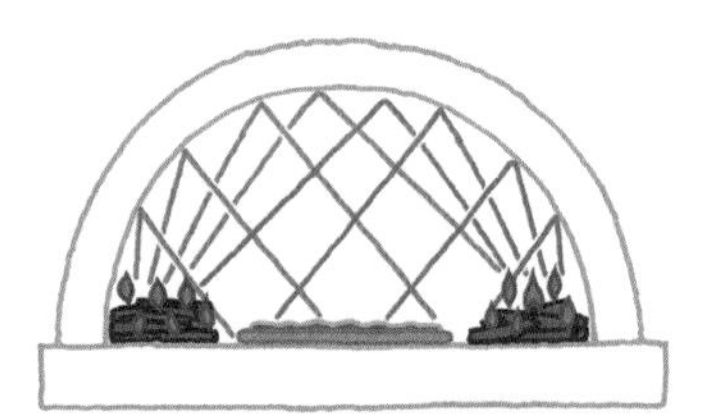

辐射：燃烧的木料和高温烤炉内壁发出的像光一样运动的辐射能量。

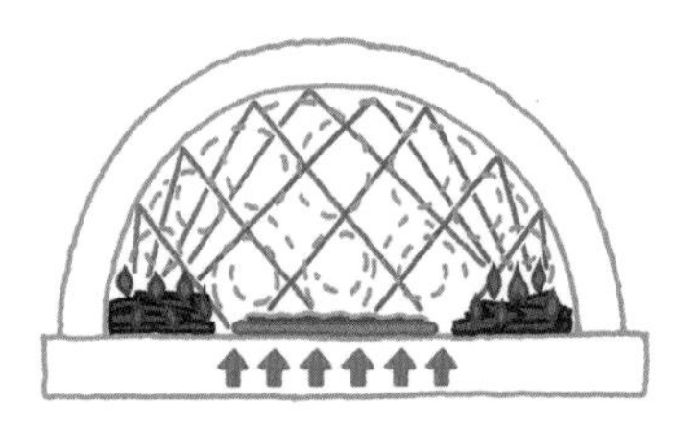

三种热量的结合使得披萨风味细腻且独特。

电披萨烤箱

电披萨烤箱也应用了混合加热模式。外露的加热元件发出的辐射热能够同时加热空气和烤箱内的瓷片，还能直接加热食物。

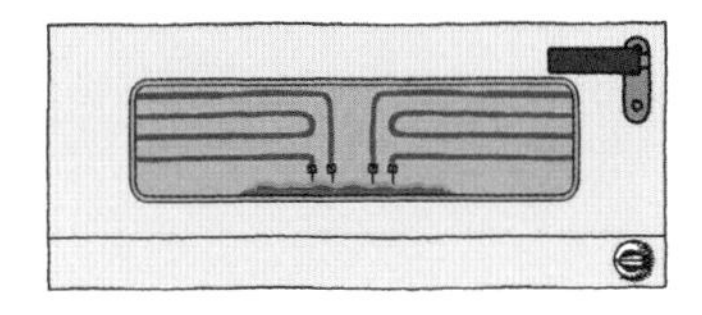
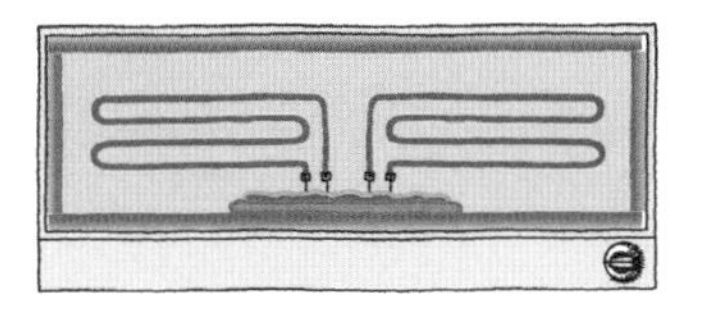

自制披萨

家用烤箱几乎只靠传导热来加热食物，但导热效果会被开关烤箱门影响。如果想尽可能模仿真正的披萨烤炉，那么就要将家用烤箱调至最高温，并在披萨底部放置一块预热好的石块或金属块，或是一个重量较大的烤盘，以增加传导热。披萨烤石和厚实的烘焙钢片在市面上有售。有的烤箱内置烤架，可以增加辐射（红外线）热，优化烤制效果。

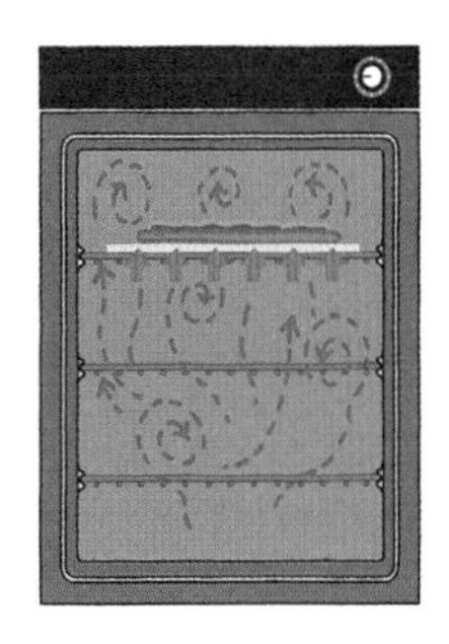

披萨烤石和烘焙钢片能够极大提升披萨质量。需要将其放在烤箱中预热，烤制时把准备好的披萨面饼滑至烤石或钢片上即可。

自制方法

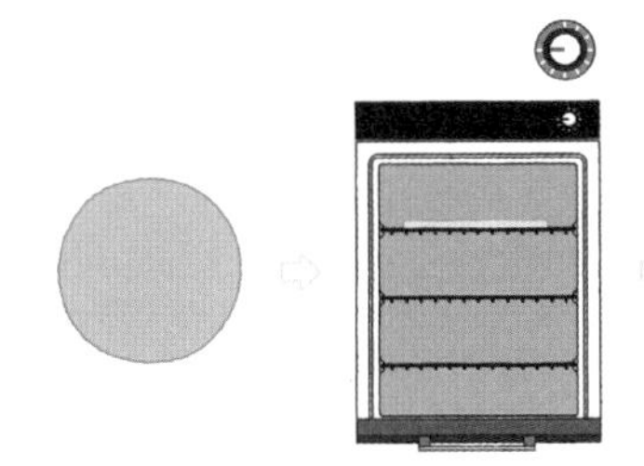
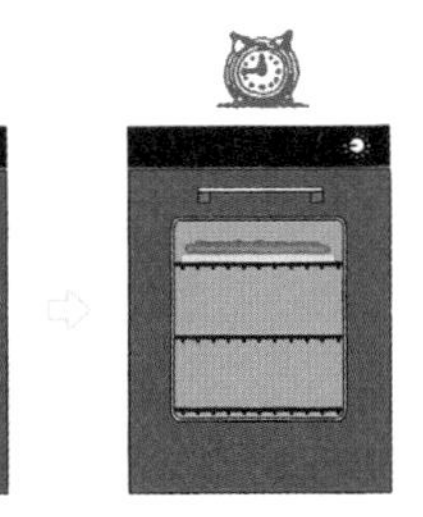
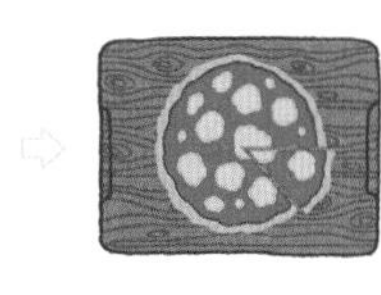
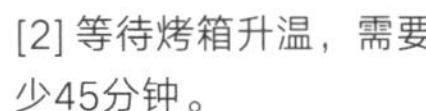

[1] 将披萨烤石或烘焙钢片放入烤箱，温度调至最高。

[2] 等待烤箱升温，需要至少45分钟。

[3] 小心地将准备好的披萨滑至烤石或钢片上。

[4] 注意随时查看披萨，烤好后拿出即可。

冰激凌
和
冷冻甜点

冰品历史悠久，其中最早的一些发现于中国和波斯。很长一段时间里，冰品都是由冰或雪（通常冬季被储存在特殊的建筑中）或二者的混合物与水果或其他原料制成的。17世纪，在意大利威尼斯有人发现，在冰中加入盐能够使混合物的温度下降。将冷冻甜点的容器放入混合物中可以保冷。新品种的冰品随之诞生，并流行于欧洲及世界其他地区。

冷冻甜点

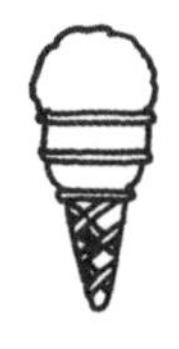

雪葩

雪葩通常不是搅打而成，而是一种口感比冰激凌浓稠、一般不含奶的冰品。雪葩中有时会加入酒精，不仅可以增加风味，还会降低冰点以达到更加绵软顺滑的口感。

格兰尼它冰沙

格兰尼它冰沙的配方和雪葩类似，但口感更加粗糙，因为制作过程中需要不断地打碎液体冷冻后形成的冰块，直到变为粗糙的晶体组织。

冰冻果子露

冰冻果子露[sherbet，雪葩（sorbet）的名字即来源于此]的原产地是阿拉伯，是一种可能加糖调味的果汁冰饮。它和雪葩相似，但通常含乳量很低（3%左右），还可能含蛋白或吉利丁（明胶）。

意式冰激凌

现代意式冰激凌的含乳量通常比雪葩多，使用牛奶而非奶油，最终脂肪含量在3%~7%之间。最好的店铺中，冰激凌是现做的，随后在比冰激凌所需温度稍高的环境下保存和售卖（-8℃~-10℃而非-14℃~-20℃）。意式冰激凌的空气含量更低，因此比普通冰激凌浓稠。

软式冰激凌

软式冰激凌只能由商用机器制作，没有专业设备是不可能制成的。大量空气和原材料混合，并需要加入强力稳定剂以使冰激凌与空气混合物结合。软式冰激凌的食用温度比硬质冰激凌高，味觉感受到的甜度不会因低温而降低，所以成品的含糖量更低。市面上大多数软式冰激凌都是由廉价的巴氏消毒混合物制成的，不过也有可能使用高质量原料制作优质冰激凌，但如今购买到的可能性很小。

冰激凌

冰激凌有很多种，但质量最高的种类含有7%~10%的乳脂。通过搅拌将空气混入搅拌器中，同时保持低温以获得绵密口感，降温越快冰晶越小，冰激凌的质地就越细腻。

高级冰激凌

高级冰激凌指脂肪含量更高、空气含量更低的冰激凌，通常价格也更高。带有“高级冰激凌”字样的商标在很多国家通用，是个鉴别你所购买的商品的好方法。

特级冰激凌

特级冰激凌脂肪含量极高（有时会超过20%），空气含量低，并使用高质量原材料。一些家庭食谱上也会标注“特级冰激凌”，不过如果商业售卖的冰激凌附有这个标签，那么它的口感一定非常绵密。

巴氏消毒

巴氏消毒是加热（但无需沸腾）并迅速冷却食物以消灭细菌保证食物安全的过程，能够延长食物的保质期。迅速冷却可以使食物快速通过细菌快速滋生的温度范围（即“危险区”），从而达到大部分细菌都无法存活的温度。这一过程对于含乳冰激凌来说格外重要，制作冰激凌前，先将混合液体冷藏降温，可以提升杀菌效果。过高的温度会破坏牛奶中的蛋白质，从而影响冰激凌的风味和口感，因此巴氏消毒法优于煮沸杀菌（也正是因此，在为咖啡制作奶泡时，你要避免牛奶沸腾）。

[1] 将混合物加热至83℃，并保持这一温度至少5分钟。

[2] 锅离火，放置20分钟使其冷却。

[3] 把锅放入一大碗冰块和水的混合物中，直到锅内液体温度降至10℃以下。

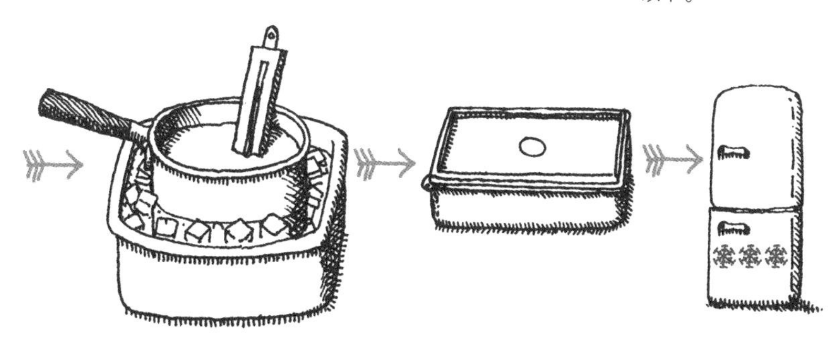

[4] 冷却后，将液体放入冰激凌机中，或者你也可以先将其盛入合适的容器中放进冰箱冷藏。冷藏有助于均衡冰激凌的风味，还能使混合物中的脂肪形成更大的冰晶结构，以便冰激凌能纳入更多空气，口感更加顺滑。这一步操作对于非工业制作冰激凌来说尤其重要，因为家用冰激凌机很少有加入大量空气的功能。

冰激凌机

家用冰激凌机不及商用冰激凌机性能强劲，冷却功能也更显逊色。这一点尤其重要，因为冰激凌口感是否顺滑取决于冰晶的大小，冷冻时间会影响冰晶尺寸——冷冻时间越短冰晶越小。使用家用设备制作冰激凌时，可以预先冷藏混合物，如果你的机器带有冷却功能，还可以先让机器空转，直到内部冷却，再加入混合物。无论是制作冰激凌、意式冰激凌还是雪葩，原料都会影响冷冻过程，大量的糖或酒精所需冷冻时间较长，所以应避免配料中糖和酒精含量过高。

手摇式冰激凌机

盐和冰是制作冰激凌最古老的配方之一，至今仍在沿用，且效果出众。盐、冰混合物的冷却功能非常有效，通常比家用冰激凌机还要好。但这种方法的不足之处在于盐和冰的比重不好掌控，而且还需要人力来进行混合（可以使用电动盐、冰混合器）。

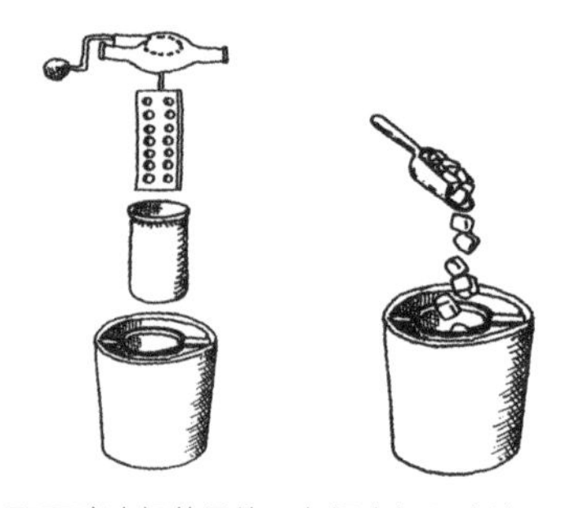

[1] 取下碎冰机的零件，在桶中加入冰块。

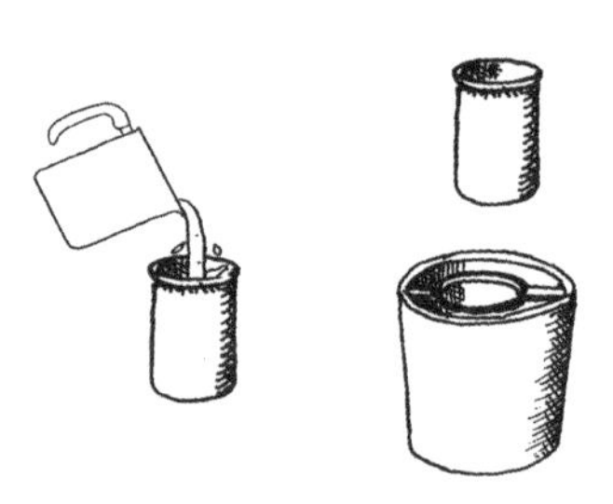

[2] 在原料容器中加入混合物至容器的一半，然后把容器放入桶中。

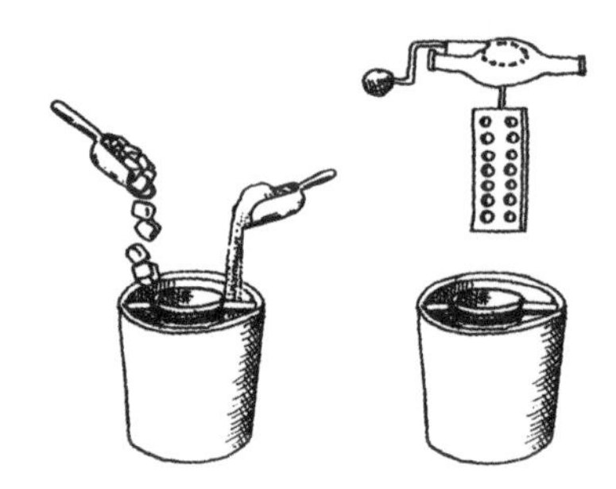

[3] 在原料容器周围撒入多层盐和冰，再把搅拌器安装到位。

[4] 开始搅拌。混合物开始变得粘稠、体积增大，冰激凌就做好了。

预先冷冻机

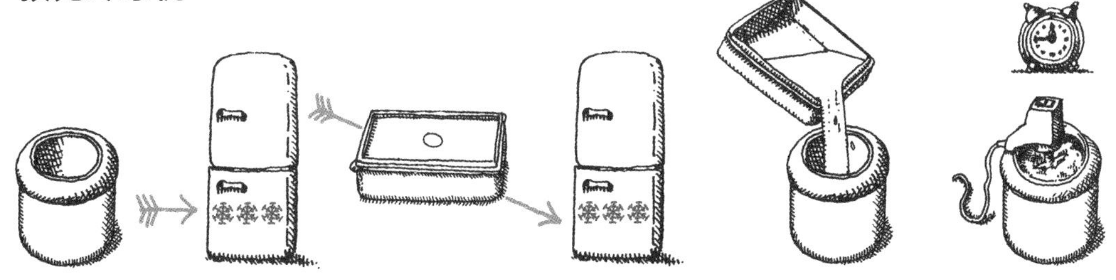

[1] 将混合物放入冷藏室或冷冻机的容器内，放入冷冻室过夜。制作冰激凌前1小时把混合物放入冷冻室。

[2] 将混合物倒入容器中，安装冷冻机并开启。冷冻过程中需要不断查看，混合物体积增加，质地比打发的奶油稍厚重时冰激凌便做好了。

冷冻机

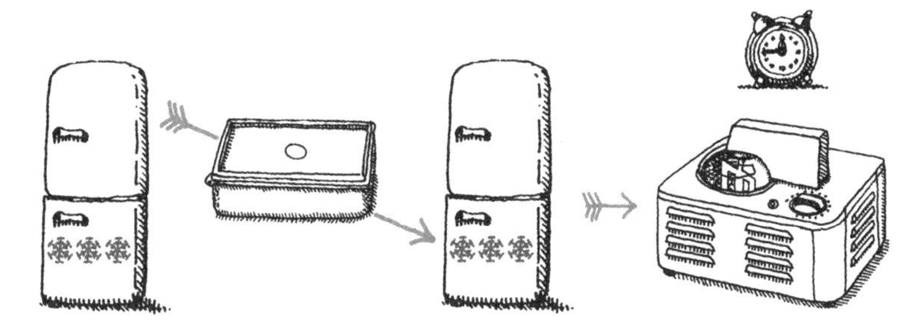

[1] 开始制作冰激凌1小时前，把混合物从冷藏室取出放入冷冻室。

[2] 启动冷冻机，让机器空转大约15分钟。

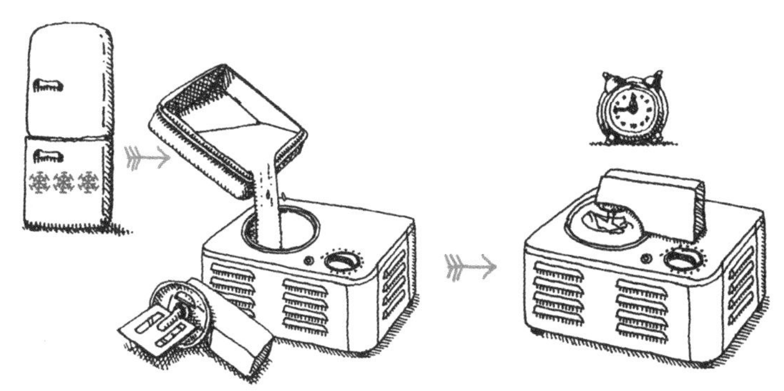

[3] 关闭冷冻机，加入混合物，再启动机器。

[4] 混合物体积增加，质地比打发的奶油稍厚重时冰激凌便做好了。

冷冻

格兰尼它冰沙

格兰尼它冰沙是最好做的冰品。

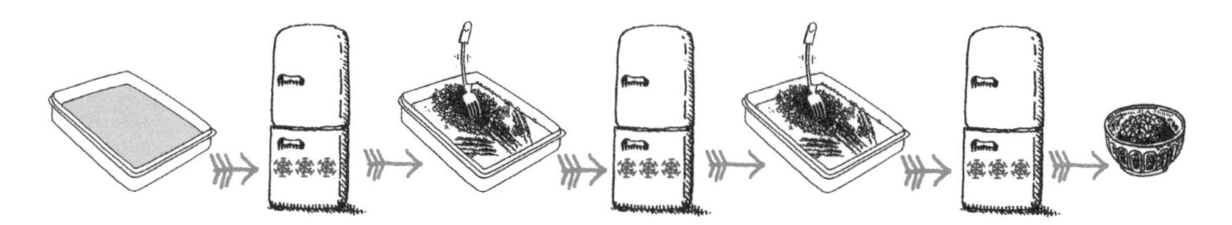

[1] 将制作好的冰沙混合物自然冷却，之后盛入一个大浅盘中，再放进冰箱冷冻室。

[2] 每隔半小时查看一次，一旦混合物开始冷冻，就用叉子碎冰，之后再重新放入冷冻室中。

[3] 缩短查看间隔，重复碎冰过程，直到冰沙的质地达到你的要求。

手工制作冰激凌、雪葩和意式冰激凌

上面提到的制作流程适用于几乎所有冰激凌、雪葩和意式冰激凌。如果你想要更加顺滑的质地，那么就需要重复碎冰过程直到混合物变得足够绵密。混合物的体积、提前冷藏的时长以及添加的糖量都会影响冷冻的效果。

冰激凌做好后可以直接食用，也可以放入冰箱继续冷冻。一定要把冰激凌放在合适的容器中并使用密封盖子以隔绝空气。

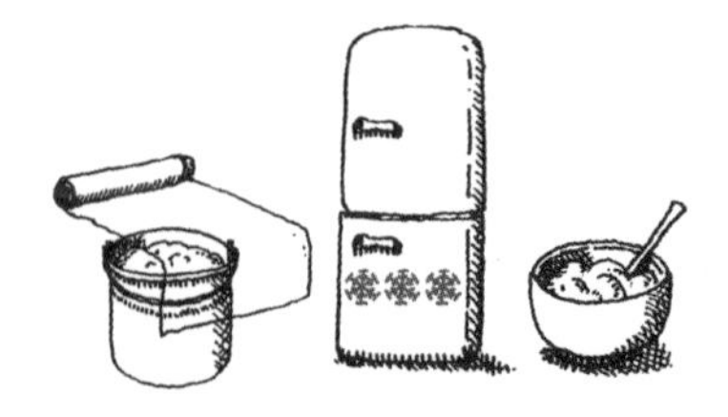

袋子制作法

袋子制作法用时少于冰激凌机，但需要大量的盐和冰、高质量塑料袋以及一定的人力。由于袋子的温度极低，所以记得准备一条厚毛巾。

[1] 将冷藏后的混合物倒入一个食物适用的高质量塑料袋中，并封口。

[2] 在第二个食物适用的塑料袋中加入冰块和大约四分之一袋盐。

[3] 将第一个塑料袋放入第二个塑料袋中，并封口。

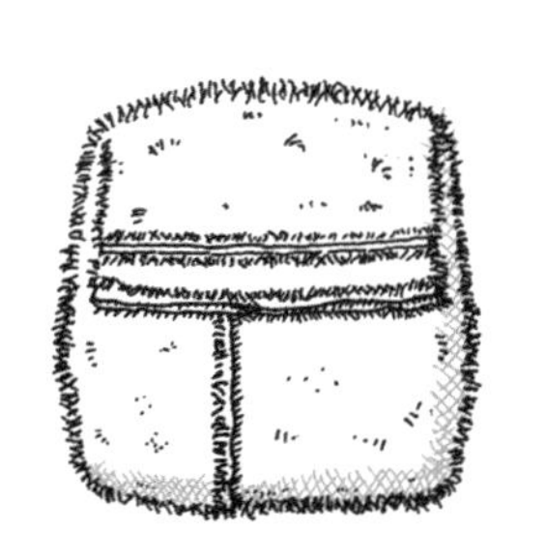

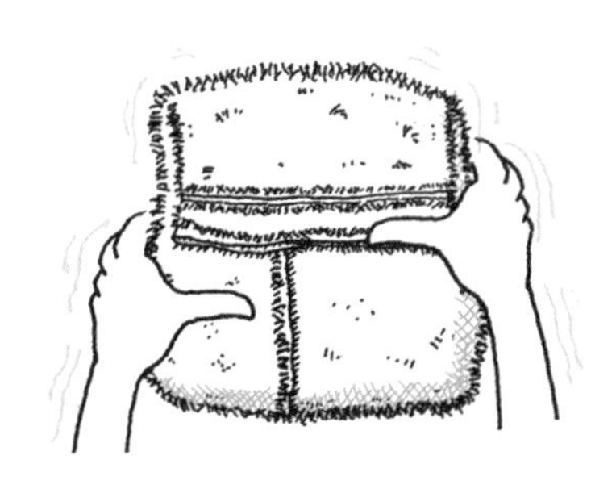

[4] 用一条厚毛巾包裹塑料袋。盐和冰的混合物可降温至-18℃，所以如果有需要，可以戴上手套或再裹上一条毛巾。

[5] 隔着毛巾和外层塑料袋，轻轻按摩里层塑料袋。

[6] 混合物开始变硬时（但还没变成固体），拿出里层塑料袋，去掉袋子上的盐，将冰激凌盛放在容器里就可以食用了。

冰棍

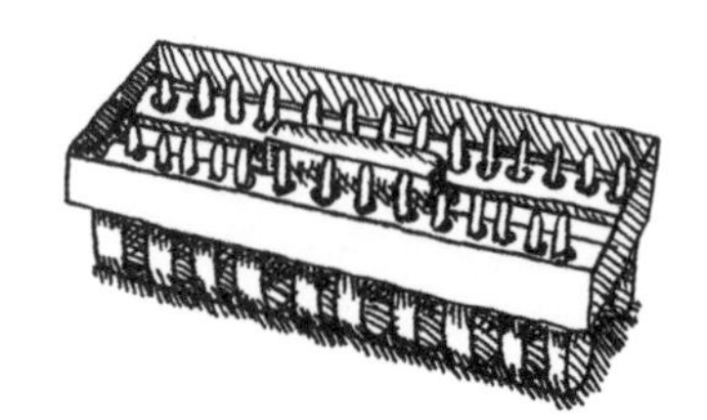

冰棍在美国、英国、中美洲分别被称为popsicle、lolly和paleta。这种内有一根小棒的冰点已经有至少1000年的历史了，如今流行于全世界。每个国家都有各自的口味。冰棍很容易制作，在一些文化里冰棍几乎都是手工制作的，甚至直接在自家门口售卖（比如在墨西哥的一些地区）。

即使没有专用模具，也完全可以利用干净卫生的废弃容器在家制作冰棍。液体冻成冰后的体积会增大，因此应避免使用易开裂的陶瓷器皿。

冷冻后从模具中取出冰棍时，可以把模具浸入温水中，但要避免使用热水，不然冰棍会很快融化。如果你还可以加入其他原料试验各种新口味，不过建议你先让底层冻硬，然后在加入下一层。但要注意，新的混合物需提前冷藏，以避免融化底层。可以加入水果块、果肉和果汁，冷冻后你还可以把冰棍浸入巧克力中以丰富口感（将巧克力融化，并在其中加入5%的花生油或椰子油，可以防止脆皮过于易碎）。

酒精会降低冷冻温度，还可能与其他液体分层，因此应尽量避免使用或只加入少量酒精。

模制冰块

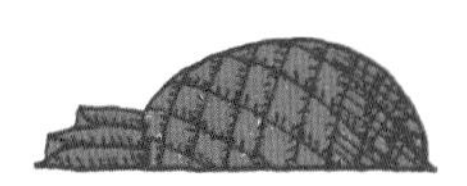

模制冰块已经流行了数百年，市面上可以买到各种精致的模具，不过你也可以直接使用普通的碗来制作冰块。模具通常由塑料、铝、铜、硅胶或玻璃制成。但玻璃模具很难脱模，因此建议避免使用。维多利亚时期（Victorian era，1837—1901年）的人会在玻璃模具上涂油以解决这一问题。

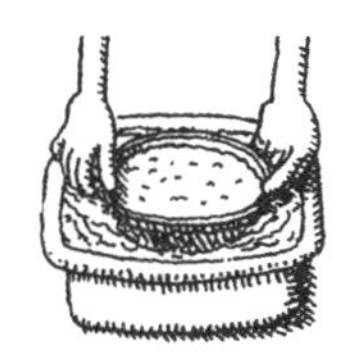
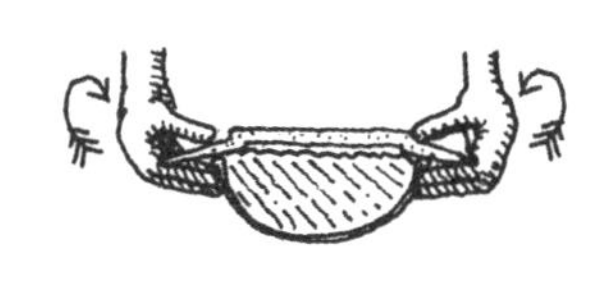

脱模时将模具底部浸入温水，然后翻转。为了避免塑形后的冰块直接掉出被摔碎，你可以在模具下方预先放置一个盖子或盘子。

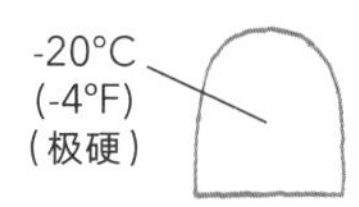

体积较大的冷冻甜点的内部比外部降温慢，所以脱模时很可能内部又硬又冷，而外部已经开始融化。为了避免这种情况的发生，你可以在模具外再套上一层模具，然后再用质地较软的冰激凌混合物填满内部模具，比如提高原料的含糖量或加入少量酒精，以使内部可在较低温度软化。你需要使用两个模具，第一层混合物冻好后，再填满内部的小模具。你可以直接用奶油机填奶油，然后将整个模具放入冰箱冷冻。

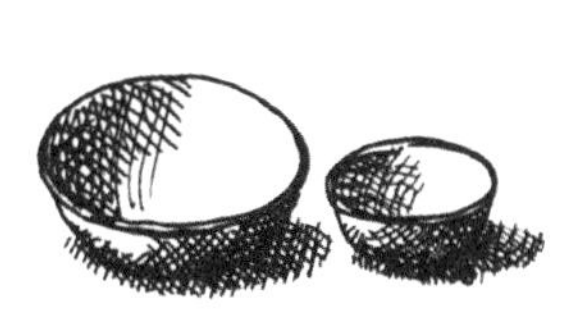
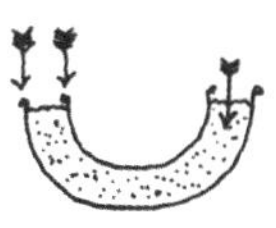

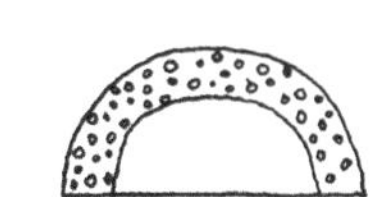

饮品

饮品

水和过滤 100

咖啡 103

茶 133

热巧克力和热可可 144

果汁 146

奶昔和思慕雪 148

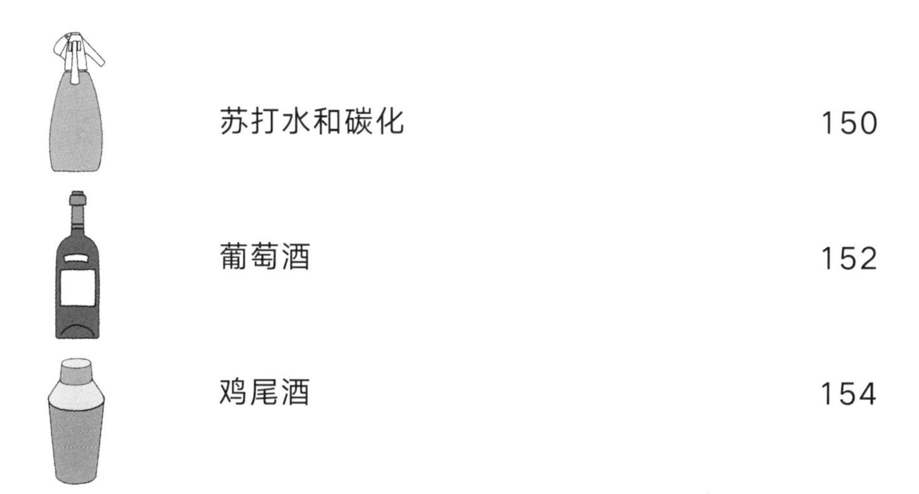

苏打水和碳化 150

葡萄酒 152

鸡尾酒 154

水和过滤

用于饮用和烹饪的水有以下注意事项：味道、矿物质含量、食用安全以及价格。

水的味道受其中矿物质的影响，自来水则受化学稳定剂——氯（chlorine）的影响。水中的矿物质还可能跟与水混合的物质发生反应（如茶或咖啡）。

英国的自来水基本都可以直接饮用，但矿物质含量很大程度上取决于当地的供水质量以及氯含量，因此地区之间水的味道以及安全性可能有很大区别。

烧开后的自来水中氯的味道会淡很多，但不会影响水的“硬度”。

滤水壶也可以除去自来水中的氯和其他味道，但改变不了矿物质含量。滤芯的有效使用期有限，必须定时更换（请参考说明书）。

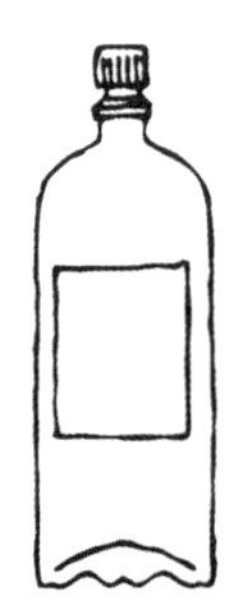

比较便宜的瓶装水通常取水于公共供水系统，经过过滤后出厂，有时还会加入矿物质。如果自来水中的矿物质含量不适于泡茶或咖啡，那么可以用瓶装水取而代之。这种瓶装水的标签上一般写有“矿泉水”字样。

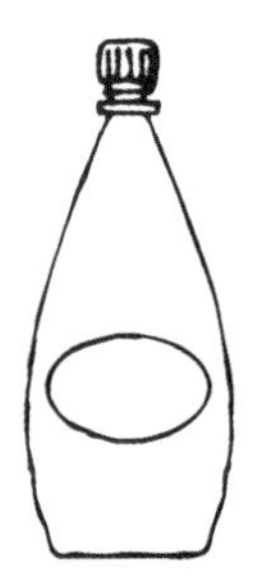

瓶身标有“天然泉水”字样的瓶装水通常更贵，可能因内含泉水流经的岩石的矿物质而具有特殊味道。只有极少的天然泉水含二氧化碳。

垂直吸入过滤系统可以除去水中的氯和矿物质。需要定期更换滤芯，可能花销不菲，但能防止矿物质在厨房设备上的堆积，从而省下一笔开支。

“软”水和“硬”水

“软”和“硬”用来描述水中的矿物质含量。软水矿物质含量从零到少量，硬水则更多。极软水的口感其实不是很好，因为有可能是咸的，但没有了矿物质也就意味着不会在厨房管道和其他设备中形成水垢。硬水的味道更好，但会对管道和其他器具造成伤害，还会和肥皂发生反应产生沉积物。建议在极硬水地区安装过滤系统去除矿物质，以延长厨房设备的使用寿命。硬水不适用于咖啡机，所以大多数咖啡专家都更倾向于使用矿物质含量低，但又不能极低的水制作饮品……

世界上大部分国家仍在使用灶上水壶，同时电水壶在电压为220伏或240伏的国家十分流行，因为110伏不足以快速加热电水壶。现代电水壶可以“有求必应”地产出热水，但在日本和远东地区，绝缘水壶将水维持在比沸点低几度的温度，几乎瞬间就可以使水沸腾，随后再通过管道经由水龙头流出以供使用，非常方便。

除水垢

经常使用硬水的水壶长年累月积攒水垢，会影响加热速率，甚至还可能对水壶造成损害。为了除去水垢，你可以在壶中加入一比一的白醋和水的混合物，静置1小时后烧开。待混合物冷却后倒出，把壶冲洗干净并擦干。

GAGGIA
CREMA CAFFE
NATURALE
E61

咖啡

历史发展

咖啡在其故乡也门（Yemen）和埃塞俄比亚（Ethiopia）已有1000多年的历史了，大约500年前开始在伊斯兰世界大范围传播。1600年左右，咖啡抵达威尼斯。那时的威尼斯是自世界各地涌向欧洲的很多商品的主要贸易中心。很快，咖啡风靡欧洲。大约在1650年，咖啡被带往美洲新世界。1723年，法国人把咖啡带到马提尼克（Martinique），那里的生态环境十分适于咖啡生长。之后，加勒比、中美洲以及南美洲地区陆续开始种植咖啡。

生物分布

和金鸡纳树（cinchona，奎宁即提取于此）、茜草（madder，最古老的红色染料）一样，咖啡树也属茜草科，共有约25种咖啡豆品种，但其中只有2种（罗布斯塔和阿拉比卡）被普遍用于制作咖啡，利伯瑞卡和德维瑞产量极少。咖啡豆就是种子，长在浆果中，浆果有时经过干燥后被用来制作一种名为咖啡果肉茶（Cascara）的饮品，咖啡因含量极高。咖啡豆在浆果内部生长，通常是成双成对的，但有5%左右的单个咖啡豆，被称为珠粒。公认质量优于罗比斯塔咖啡豆的阿拉比卡咖啡豆有两个亚种（铁比卡和波旁），是进一步选育咖啡豆的基础。

化学特征

咖啡豆烘焙前味道更苦，苦味来自内含的咖啡因。咖啡树产生咖啡因以抵制昆虫和动物的攻击。咖啡豆还含有大量其他相关化学物质，烘焙过程中，这些化学物质的混合物会产生更多的其他化学物质。咖啡饮品中有超过1000种化学物质，但主要味道也许只来自于十多种可感知的成分。随着逐渐冷却，咖啡开始发生变化，一些化学物质重组。这也就是冷咖啡更苦、且不应重复加热的原因所在。

咖啡烘焙

家庭烘焙可以使用咖啡烘焙机、手摇式咖啡烘焙机、爆米花机或其他基础厨房设备。你也可以使用一口重量较大的平底锅，但需要不断尝试和改进。根据质量和烘焙风格选择咖啡豆。咖啡豆在烘焙之前的保存期限更长，所以每次最好烘焙不超过两个星期的用量，并在你需要使用咖啡粉之前几天操作，以便给咖啡豆“休息”的时间。烘焙过程中产生的二氧化碳会影响咖啡的风味、冲泡和入口香气，但二氧化碳会在咖啡粉状态下消散。

将灶眼调为中火，谨记咖啡豆的烘焙在离火后还会持续，所以在达到理想烘焙程度之前就应离火。

手摇式和电烘豆机

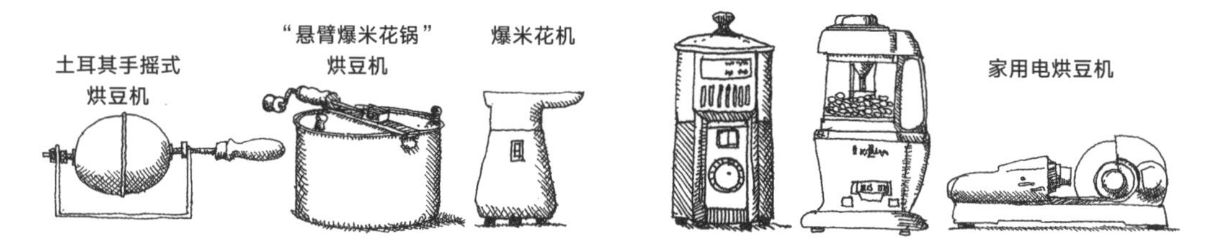

埃塞俄比亚和也门最初使用平底锅烘焙咖啡豆。已有数百年历史的椭圆形土耳其式烘豆机能烘焙出高质量的咖啡豆。爆米花机的效果也很好。现代家用电烘豆机可以通过设定程序，根据咖啡豆的不同种类和咖啡类型选择精确烘焙度。

烘焙程度（按颜色分类）

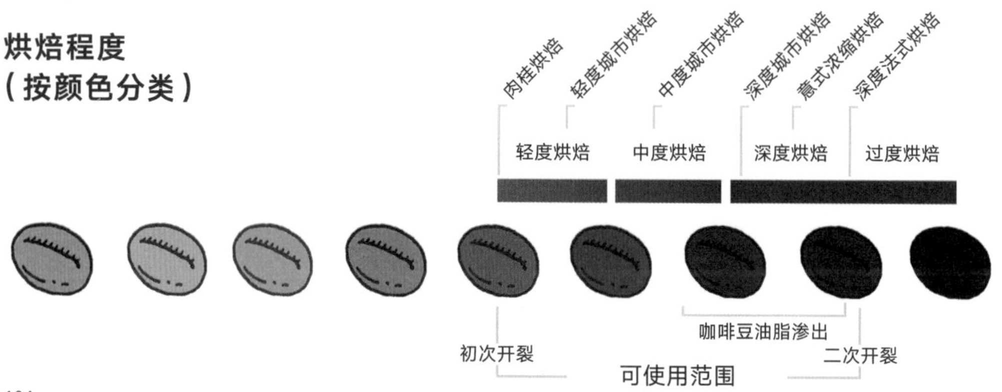

平底锅烘豆

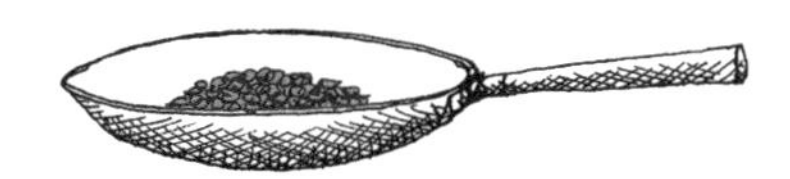

取100克咖啡豆放入一口重量较大的平底锅中，开中火，并不断翻动咖啡豆，以均匀烘焙，避免烧焦。

咖啡豆的颜色在烘焙过程中缓慢变化，豆子开始褐变时，你会听到噼啪声（即初次开裂），之后的烘焙时间取决于你想要的烘焙程度。

烤箱烘豆

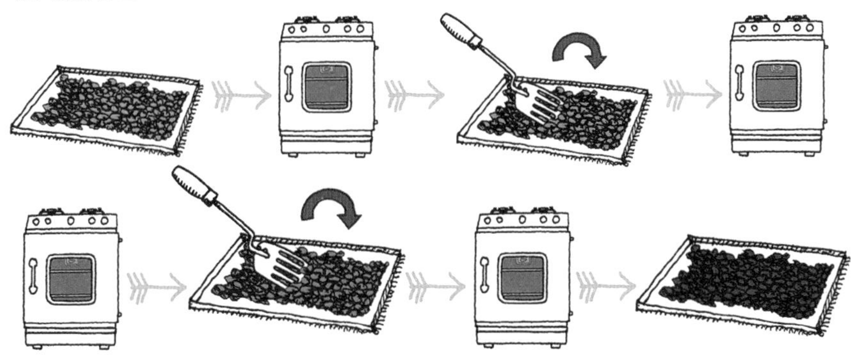

取100克咖啡豆放入烤盘，并平摊成单层，转移到预热至180℃的烤箱中。每4分钟拿出烤盘一次，翻动咖啡豆。当咖啡豆颜色比预期稍浅时，就可以拿出烤盘自然冷却了。

冷却和储存

将咖啡豆放入一个金属滤碗中并轻轻搅拌，以加速冷却、去除杂质。杂质会从孔洞中漏出。接着把咖啡豆转移到一个凉的烤盘中继续冷却，然后放入罐子中储存48个小时之后再使用。如果需要长期存放，那么需要把咖啡豆放入自封袋中，尽可能排出空气后放入冷冻室即可。

咖啡研磨

在也门和埃塞俄比亚（咖啡的发源地）使用杵和臼研磨咖啡，咖啡粉的颗粒较大。随后咖啡风靡穆斯林世界，很可能是土耳其人最先发明了咖啡研磨机。19世纪，咖啡研磨机广泛应用于家庭、商铺和咖啡馆。近年来研磨机的性能有很大改进，并加入了制作优质咖啡的功能，大大提升了最终的咖啡质量。

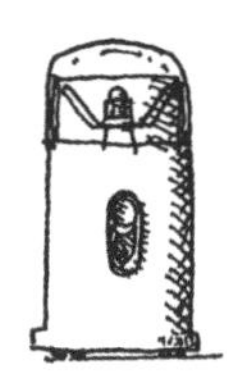

磨刀

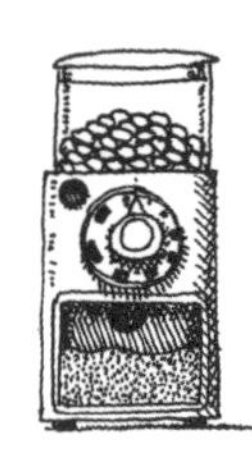

锥刀

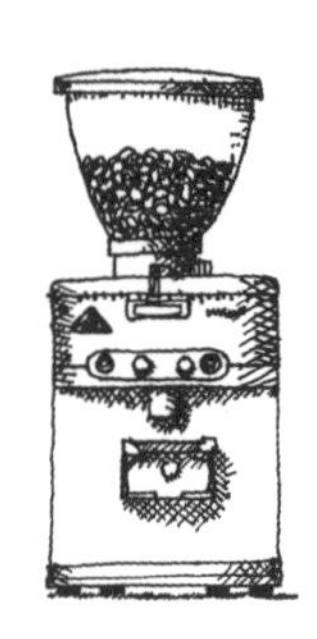

平刀

磨刀研磨机相对价格低廉，但研磨不够顺滑，颗粒大小不均。为了解决这个问题，有的人可能会用不同型号的筛网过滤磨好的咖啡粉，以得到自己想要的颗粒大小。磨刀研磨机的另一个不足之处是在使用过程中会生热量，从而影响咖啡的风味。使用磨刀研磨机时需要控制咖啡豆的数量，并调整研磨时长，以便定时观察粉末并重复研磨过程。

锥刀和平刀研磨机通过粗糙不平的表面研磨咖啡豆。锥刀研磨机内含两个锥状研磨部件，经由各自的粗糙面相连接。其中一个刀头位置固定，与另一个旋转的刀头稍稍分离。固定刀头的位置可以根据所使用的咖啡豆的大小进行调整。两个刀头的组合效果很好，适用于各种颗粒尺寸。

平刀研磨机包含两个位置相对的大磨盘。和锥刀研磨机一样，一个磨盘保持静止，另一个磨盘转动。每个磨盘边缘都有锯齿，用以碾碎、研磨咖啡豆。平刀研磨机可以更精准地控制两个磨盘之间的距离，因此能够得到更加精细的咖啡粉。

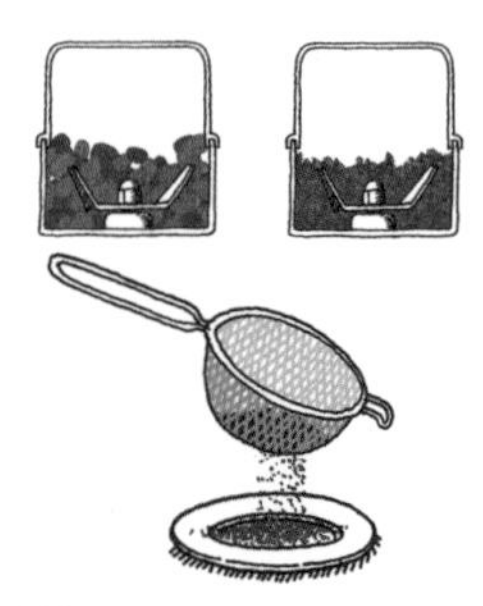

研磨尺寸

不同的冲泡方式（比如法压、手冲等）有各自最适合的咖啡豆研磨尺寸，因为咖啡粉的精细程度会影响风味的发挥以及液体的运动速度。绝对正确的尺寸要求并不存在，但随着时间的推移发展出了公认的标准，新手不妨由此入手。

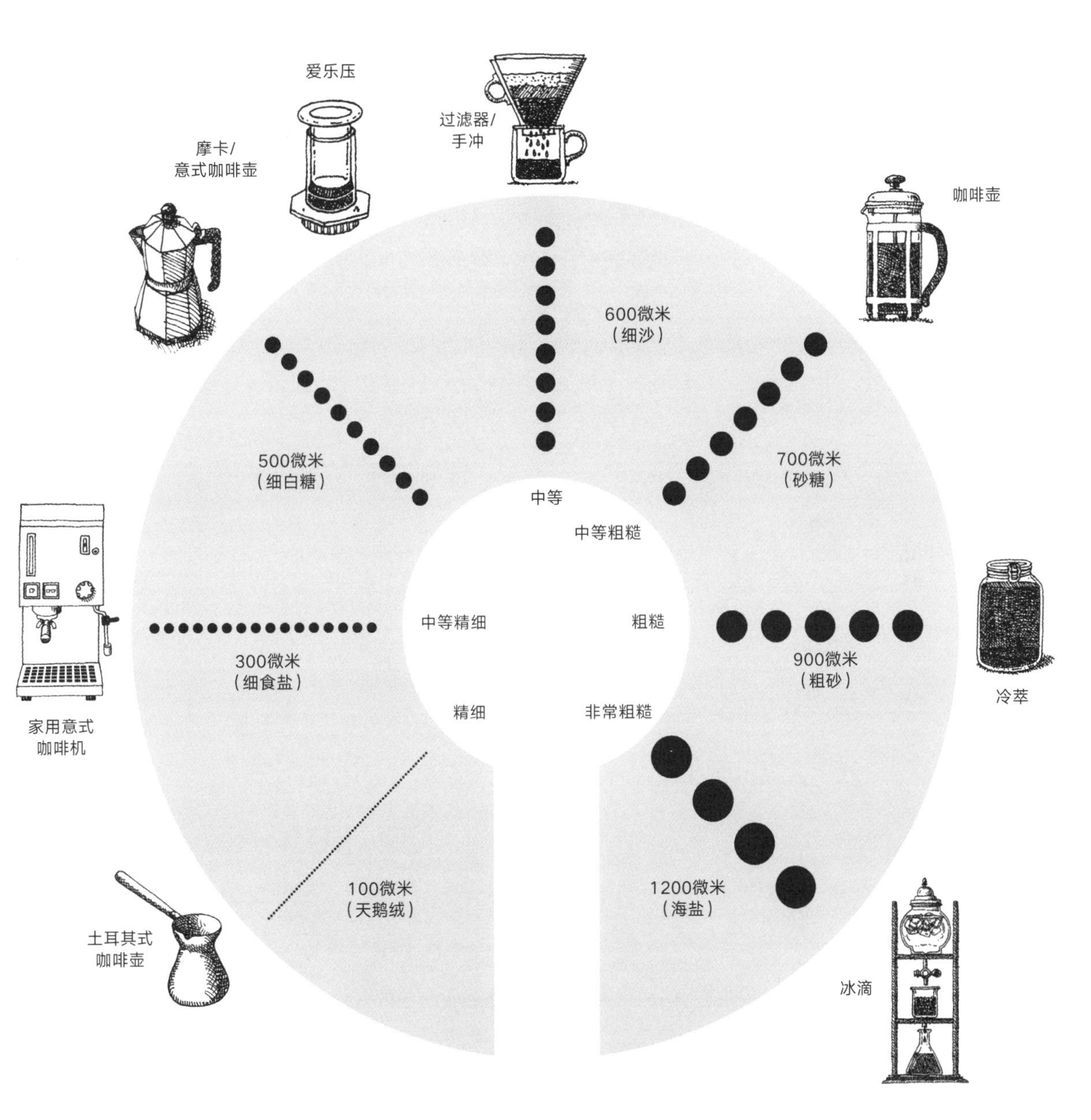

家用意式咖啡机

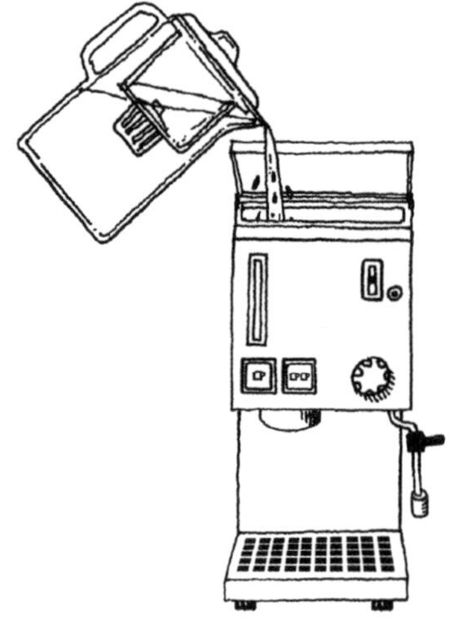

[1] 在咖啡机的水槽中加入过滤后的水，启动机器开始预热。

[2] 现磨咖啡豆。将精细程度设定在300微米（质感类似于细食盐）。

[3] 在手柄中加入14~18克磨好的咖啡粉。注意称量要尽可能精准。

压粉

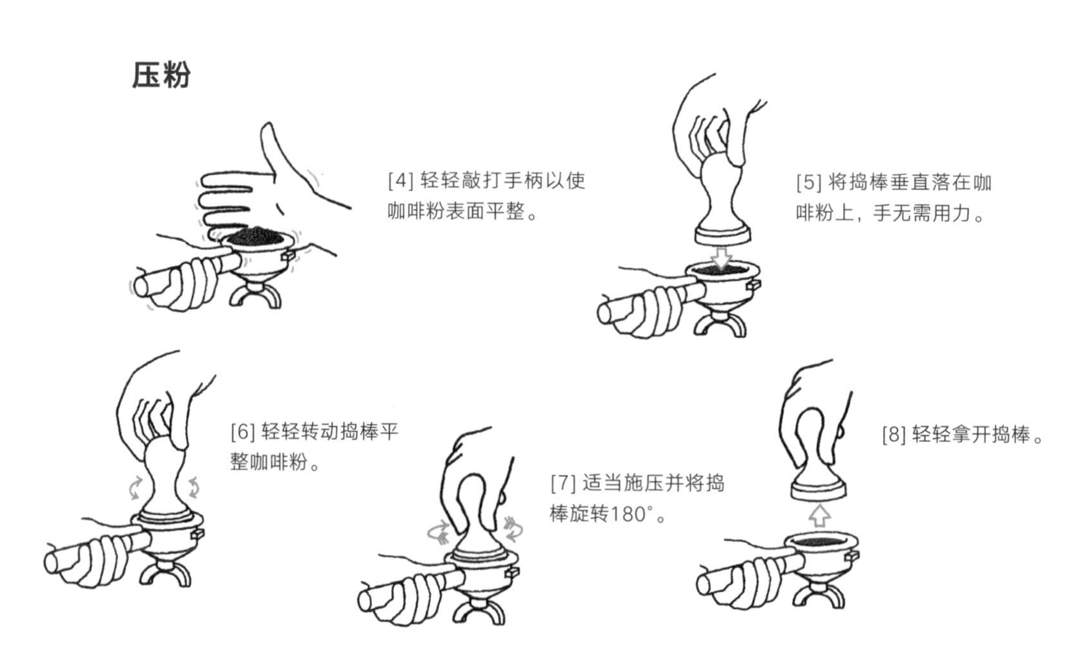

[4] 轻轻敲打手柄以使咖啡粉表面平整。

[5] 将捣棒垂直落在咖啡粉上，手无需用力。

[6] 轻轻转动捣棒平整咖啡粉。

[7] 适当施压并将捣棒旋转180°。

[8] 轻轻拿开捣棒。

x

研磨尺寸 中等精细（接近天鹅绒质感）

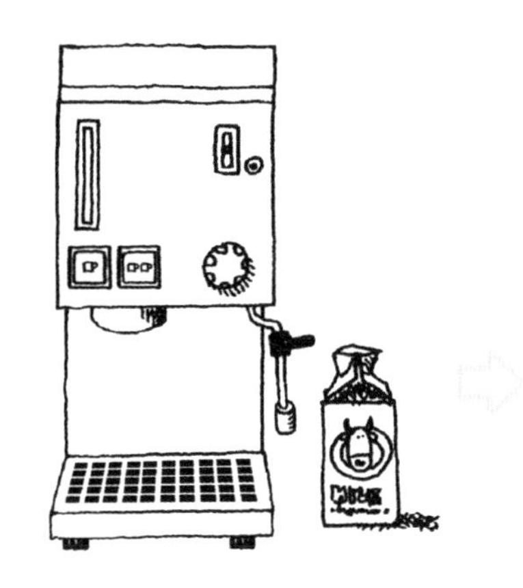

[9] 根据需要准备牛奶（参见第110—111页）。

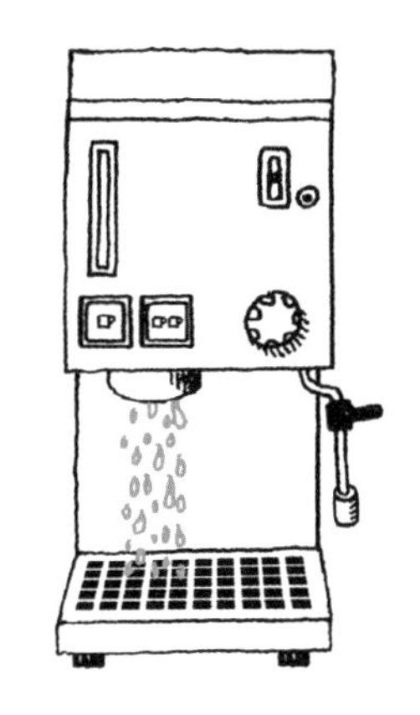

[10] 当咖啡机达到理想温度时（约94℃），打开热水开关（未安装手柄）以使出水口升温。

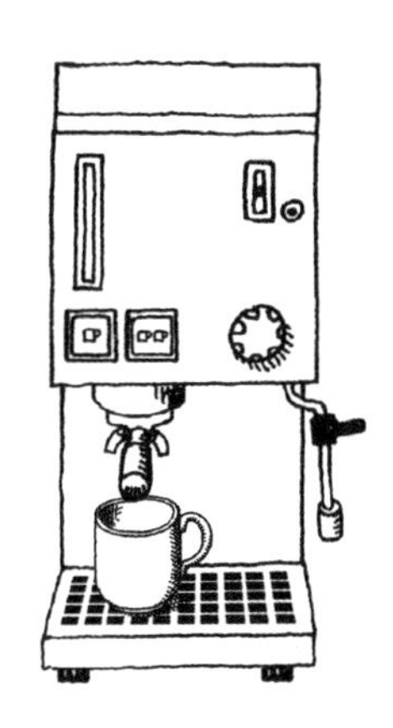

[11] 安装手柄并打开开关。整个过程应在30秒左右，如果时间过长，那么下次可以增大研磨尺寸或在整平咖啡粉时减小用力。

改装意式咖啡机

现在有很多咖啡“极客”都在“黑”家用意式咖啡机，加入只有高端商用机器才具有的功能，包括PID（比例—积分—微分控制器）温度控制功能，用以预热机头、湿润咖啡粉，并更好地控制时间和流量。

要实现附加功能，一般需要加入PID面板、开源硬件处理器、温度感应器、显示面板以及压力表等。这些用于升级的装备、指导和部件清单都可以在网上找到。完成改造任务需要细心和技术。改装后基本所有保修服务都不再有效，而且一旦操作不当还可能非常危险。如果你还是跃跃欲试，那就搜索“破解意式咖啡机”吧。

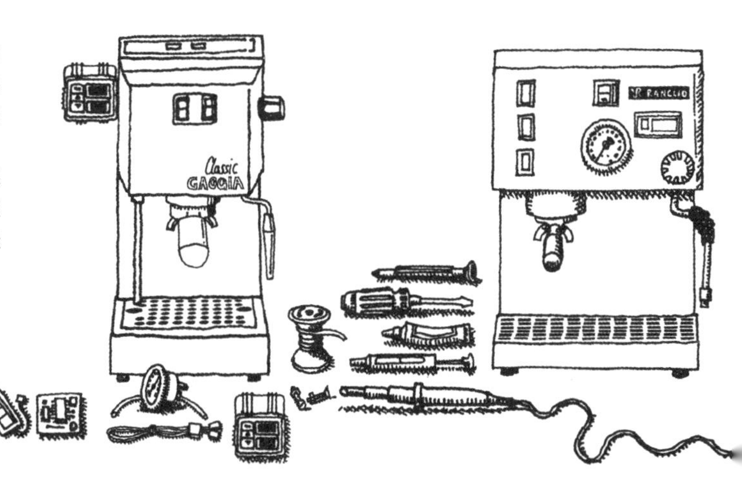

制作奶泡和蒸牛奶

使用
意式咖啡机

蒸制或打泡都可丰富牛奶质地，并增加些许甜味。脱脂牛奶或半脱脂牛奶（脂肪含量低于2%）更好打泡，但经验丰富的制作者也可以用全脂牛奶打泡，咖啡的口感会更加醇厚。

[1] 在水槽中加入水后启动咖啡机，等待机器预热、加压，将蒸汽棒浸入一个食用安全级别的容器中冲洗干净。

[2 将牛奶倒入杯中。如果是打奶泡，那么半杯奶量即可；如果要蒸牛奶，奶量可以稍微多一些。

[3 保证喷嘴末端位于牛奶表面以下，并慢慢打开蒸汽头。

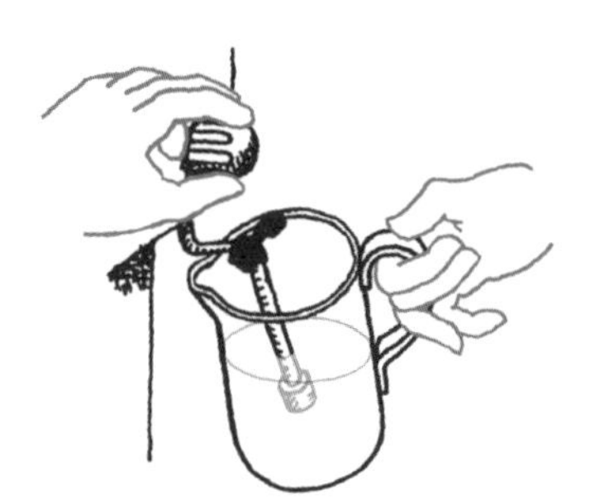

温度

蒸馏和打泡会使牛奶升温至65℃~70℃左右，但不会超过这个范围，因为温度再高就会“烫伤”牛奶。牛奶温度计很容易买到，价格低廉但十分实用，不过需要注意的是，实际热度和显示热度之间有时间差。如果没有温度计，你还可以小心地用手测温。如果盛放杯子太过烫手，那么牛奶的温度一定过高了……

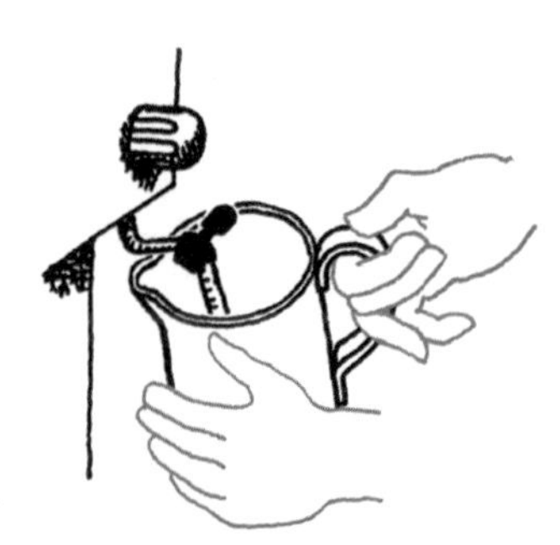

蒸牛奶

将喷嘴浸入牛奶三分之二处，然后再启动蒸汽棒以防止喷溅。试着一边转动一边上下提拉喷嘴，在奶中形成小漩涡。牛奶的体积应该只会少量增加。

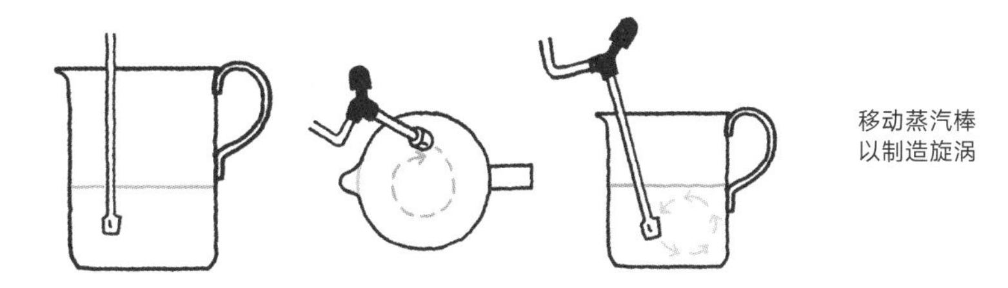

移动蒸汽棒
以制造旋涡

打奶泡

蒸汽棒配有两种喷嘴：

标准喷嘴的喷头需要保持在紧贴液体表面下方的位置，蒸汽排出，空气被导入，牛奶中形成环流。

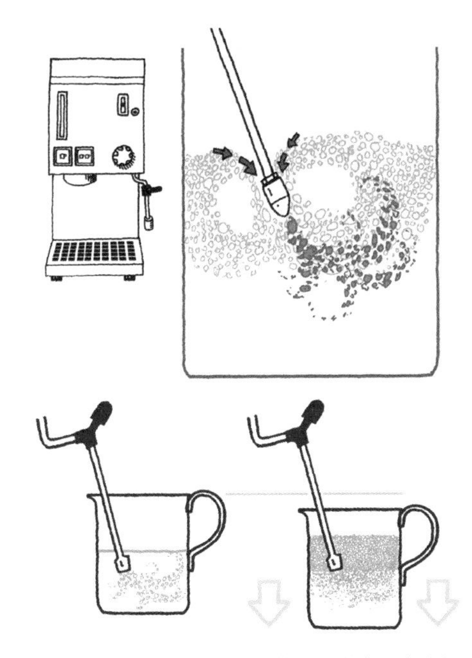

无论使用哪种蒸汽棒，都应随着奶泡增多逐渐降低牛奶杯的位置，以使喷嘴与牛奶表面的相对位置保持不变。

省力奶泡喷嘴的喷头上开有一个孔洞以使空气进入，与蒸汽和牛奶混合。喷嘴应浸入液体之中，同时空气孔留在液体表面之上。

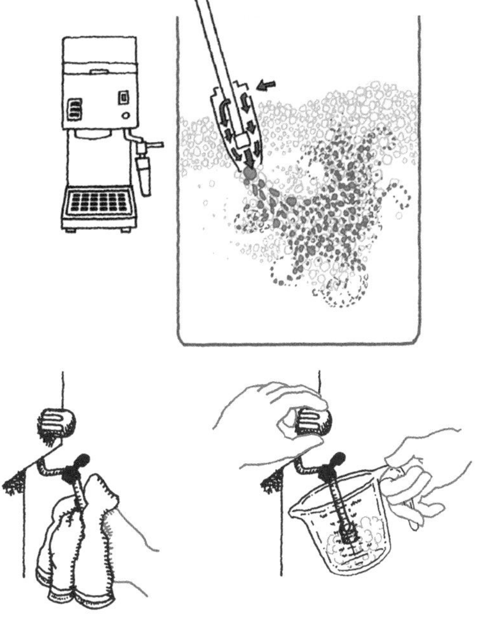

使用后应立刻用一块干净的湿布擦拭喷嘴，防止牛奶固着。然后再开启蒸汽棒5秒，以清理喷嘴。

制作奶泡和蒸牛奶

不使用
意式咖啡机

炉灶用奶泡机可以用来制作奶泡或蒸牛奶。这些奶泡机很好用，但最好选择盖子有把手的，方便你下压盖子，还能避免烫伤。最好也能搭配温度计使用。

奶泡罐

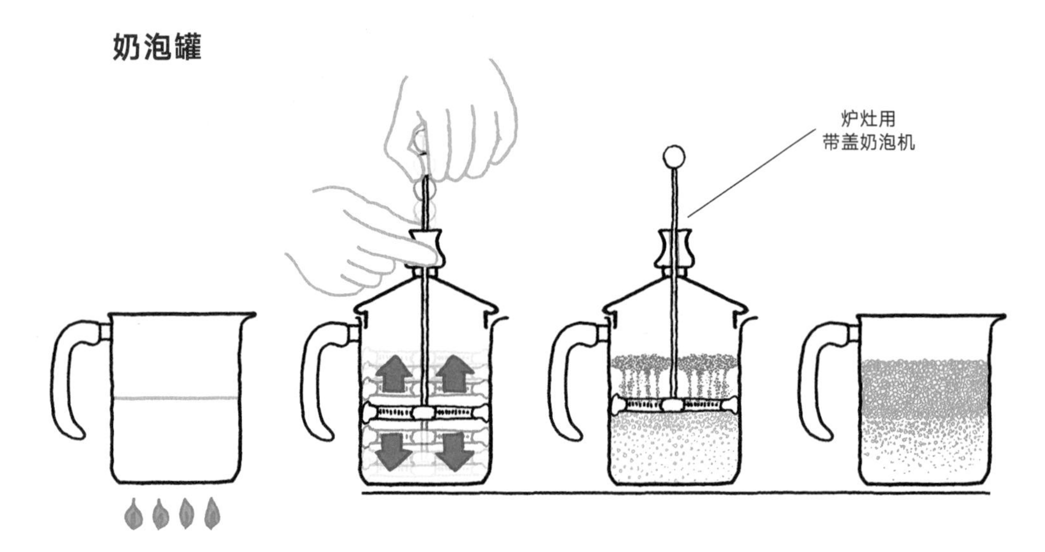

加入牛奶至奶罐的一半，开中火。当牛奶温度达到65℃时，将奶罐离火后放在硬质平面上。开始打奶泡，直到牛奶的体积占罐子的四分之三为止。注意提拉时不要用力过猛，以防牛奶从顶部溢出。

电池式奶泡机

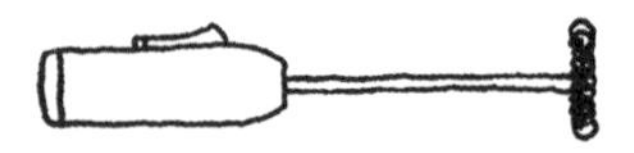

使用电池式奶泡机前需要预热牛奶，可以用微波炉完成加热。加入牛奶至杯子的三分之一处，开启最大功率持续60秒后，牛奶的温度应该可以达到60℃左右。将杯子放在平整的表面上，将奶泡机的末端深入牛奶中再次开始打泡，直到牛奶体积达到杯子的一半时即可关闭奶泡机。

牛奶

你在市面上买到的牛奶或羊奶都经过去除脂肪处理，之后又添加回一部分脂肪（除非是含有极少量脂肪的脱脂牛奶）。脂肪回添时通过高压喷射进入牛奶，以把脂肪破解成不会过快分散开来的小滴状。这个过程被称为均化，会对风味产生影响。另一个常用于牛奶的处理方式是巴氏杀菌，快速加热牛奶至72℃以杀灭细菌。而生牛奶则未经过任何处理，其中的脂肪也没有被去除。生牛奶的味道确实很好，但是有被细菌污染的可能，而且保质期比巴氏杀菌牛奶短很多（生牛奶和巴氏杀菌牛奶的保质期分别为一周和两周，但具体请参考包装上的保质期）。

牛奶替代品

有些人因为伦理原因而不食用牛奶，还有些人因为乳糖不耐而不能摄入奶。在欧洲，大概10%的人都是乳糖不耐，但在非洲、亚洲和拉丁美洲，这一比例可高达75%。婴儿期时，几乎人人都可以喝奶，因为婴儿会分泌能够分解奶中乳糖的乳糖酶，但乳糖不耐的人长大后（通常在儿童期早期）就不再分泌这种酶了。只有极少的婴儿天生乳糖不耐。乳糖不耐导致的腹部症状令人痛苦，不过好在有很多零乳糖的替代产品可供购买，你还可以自己制作不含乳糖的饮品。

坚果奶

坚果经过浸泡后，与水搅打混合，再由专用的滤布或其他精细滤网过滤后就可得到坚果奶。

豆奶

制作过程与坚果奶类似，但过滤后必须再将豆奶烧开，自然冷却后即可饮用。

燕麦奶

将燕麦片与水混合后，用特制滤布挤压并过滤，燕麦奶就完成了。

制作以上三种奶时都可以加入一些糖分或香草，但储存时间不宜超过2~3天。一般来说，饮用前需要摇匀。

意式浓缩咖啡基底饮品

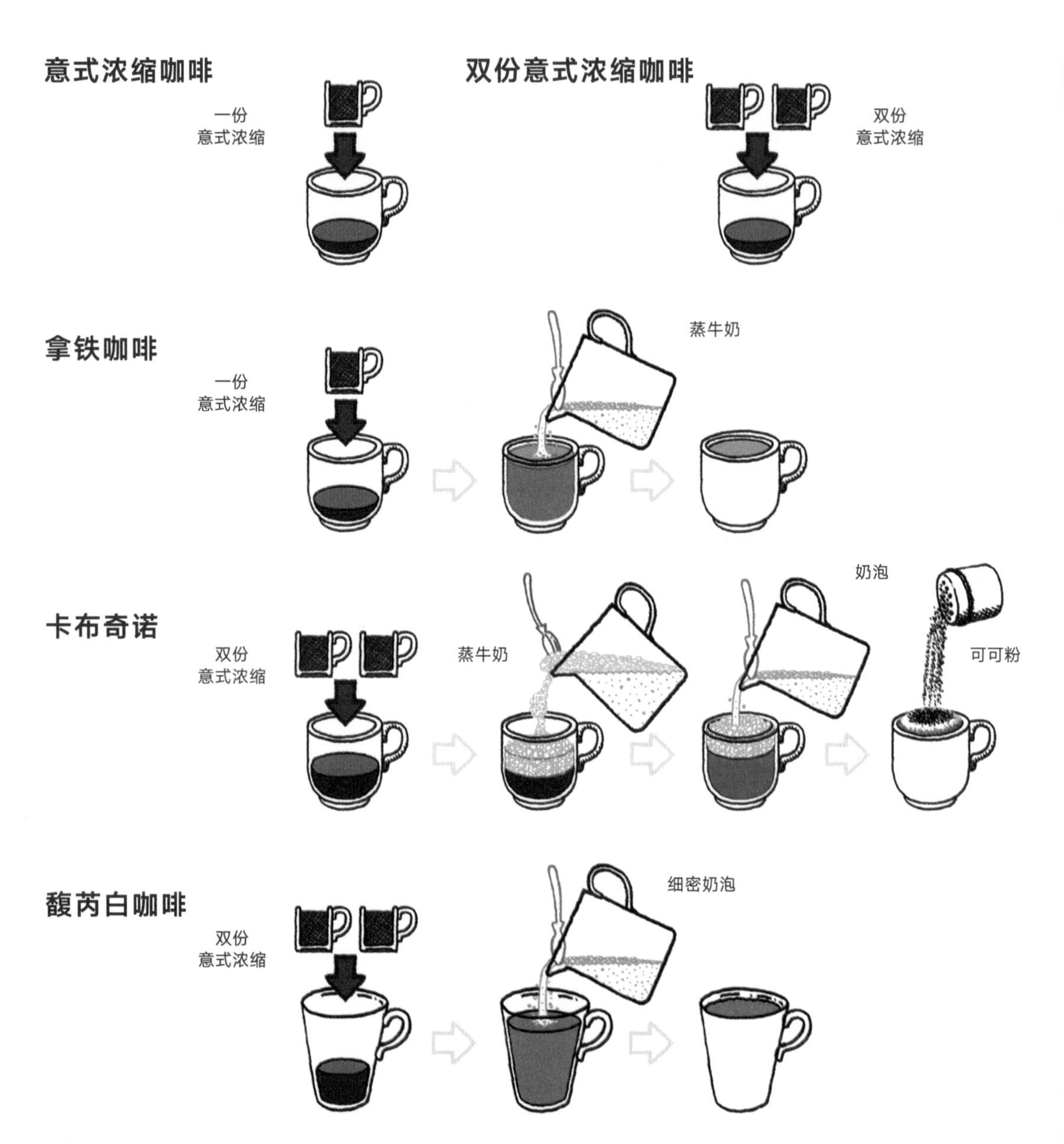
意式浓缩咖啡
一份
意式浓缩
双份意式浓缩咖啡
双份
意式浓缩
拿铁咖啡
一份
意式浓缩
蒸牛奶
卡布奇诺
双份
意式浓缩
蒸牛奶
奶泡
可可粉
馥芮白咖啡
双份
意式浓缩
细密奶泡

美式咖啡

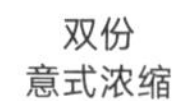

摩卡咖啡

玛奇朵咖啡

阿芙佳朵咖啡

咖啡壶或法压壶

现代咖啡壶或称法压壶（French press）的设计师其实是意大利人，但这种方法来自于法国。一根竖棒和一个布质滤网组成的部件将咖啡粉向下压以制作咖啡。

经典咖啡壶
或称法压壶

工作原理

法压壶是制作一杯优质咖啡的最简单的方法之一，只需冲泡之后稍加过滤即可。咖啡粉的精细度会影响风味，粉末越细咖啡的苦味发散得越充分。小颗粒可能透过滤网，让杯中的咖啡变苦，因此最好使用粗糙一些的咖啡粉。

[1] 在法压壶中加入粗糙咖啡粉（每1升水配60~70克粉），之后倒入刚刚烧开的沸水。

[2] 静置30秒后轻轻搅拌以使咖啡粉充分湿润。

研磨尺寸	中等粗糙（类似海滩沙）

[3] 盖上壶盖，等待至少5分钟，但不要超过8分钟。

[4] 缓慢下压活塞，压到底后咖啡就做好了。咖啡最好在10分钟内喝完。

牛奶咖啡

法式牛奶咖啡可以用法压壶制作。牛奶咖啡通常是在早餐中搭配羊角面包饮用。

[1] 用锅加热牛奶，直到四周开始冒泡。你也可以在加热牛奶时加入几滴香草精或割开的香草荚。

[2] 将热牛奶以四比一的比例倒入咖啡中。

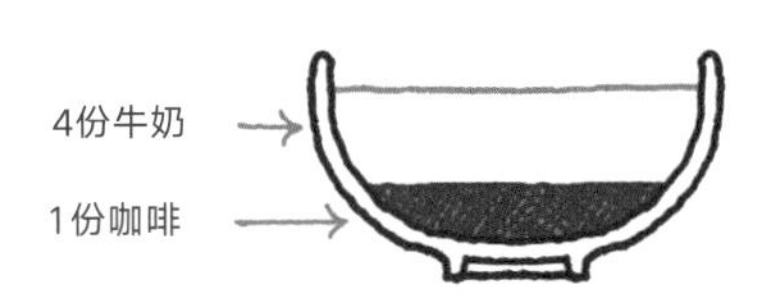

过滤式咖啡或手冲咖啡

德国企业家梅里塔・本茨（Melitta Bentz）于1908年发明了咖啡滤纸。一开始她使用的是吸墨纸，但到了1930年，她的设计经过改进后已经接近现在的滤纸。相比于法压壶，滤纸的优势在于能够通过阻挡小颗粒以去除苦味。

美乐家
咖啡过滤器

过滤设备类型

虽然过滤设备多种多样，但最主要的区别在于滤纸以及布质或金属咖啡过滤器。咖啡粉从“漏斗”下漏的速度可能对咖啡的风味产生影响。如果下漏速度很慢，那么冲泡过程将被延长，可以提取更丰富的味道，但也可能导致过度过滤、咖啡过苦。可以通过使用粗糙些的咖啡粉解决这个问题，因为过于精细的粉末会堵塞过滤装置。

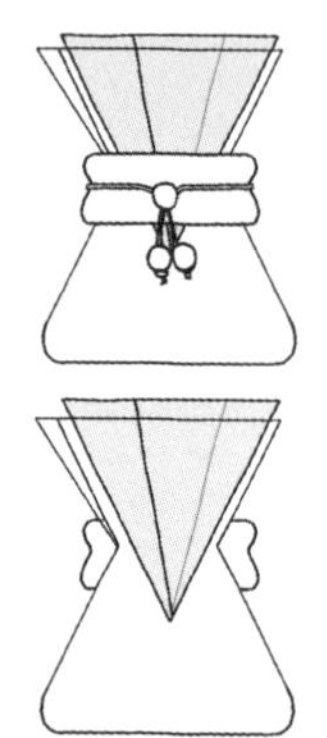

凯梅克斯
咖啡过滤器

折叠滤纸

你可以购买适用于这些咖啡过滤器的锥形滤纸，也可以把圆形滤纸按照右图的方式折叠。

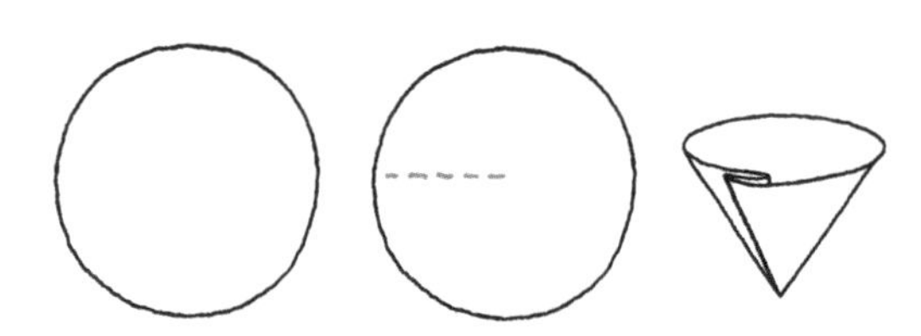

手冲壶和水

使用任何可以倾倒热水的器皿都有可能做出完美的咖啡，但现在市面上可以买到“天鹅颈”水壶，热水流经细长的壶嘴时会降温，而且更容易控制水量。

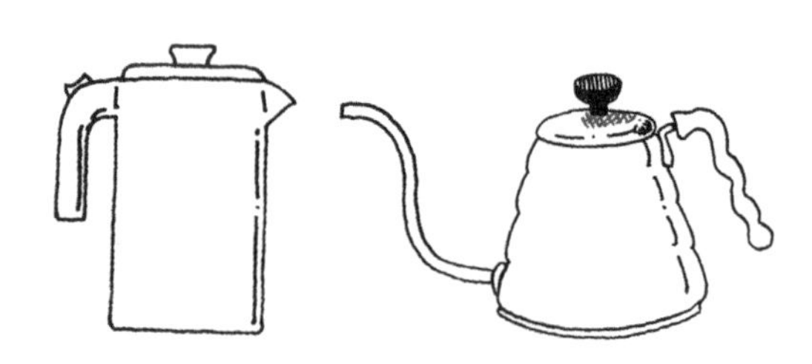

研磨尺寸	粗糙（类似粗砂）

[1] 将滤纸放入滤杯中，加入咖啡粉。

[2] 沸水静置1分钟左右后，慢慢倒入滤杯以湿润咖啡粉。

[3] 等待30秒，让咖啡充分吸收水分并膨胀。

[4] 将水缓慢、连贯地从上方倒入咖啡粉中，保持水壶移动。

[5] 等待30~60秒，直至最后一滴水滤完，咖啡就做好了。

虹吸式咖啡壶

虹吸式咖啡已经有100年左右的历史。一些咖啡专家钟爱这种可能是视觉上最有意思的制作方法。

工作原理

整套装置的工作流程如下：加热底部密封水壶（主壶）中的水，产生的蒸汽提升了内部压力，从而推动剩余的水向上进入到另一个容器（“郁金香”碗）中与咖啡粉混合，进入冲泡过程。这时将热源撤离，随着蒸汽在主壶冷凝，其内部压力减小，会产生吸力使冲泡好的咖啡经由一个过滤器或小缝隙（用以分离咖啡粉和咖啡）流回主壶中。

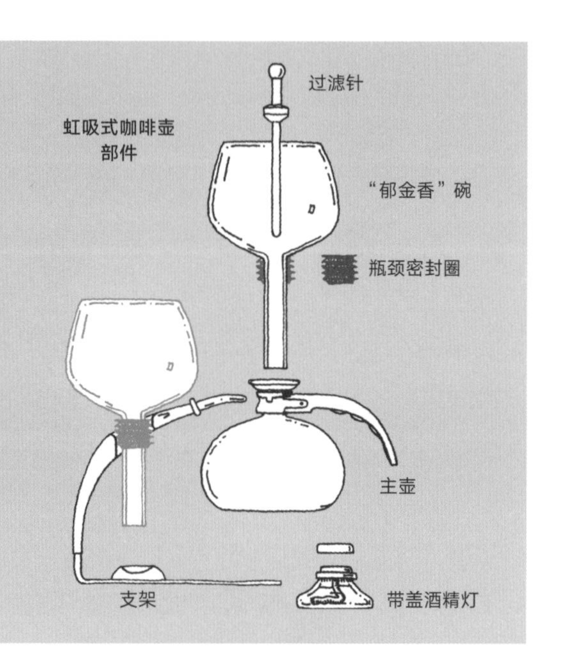

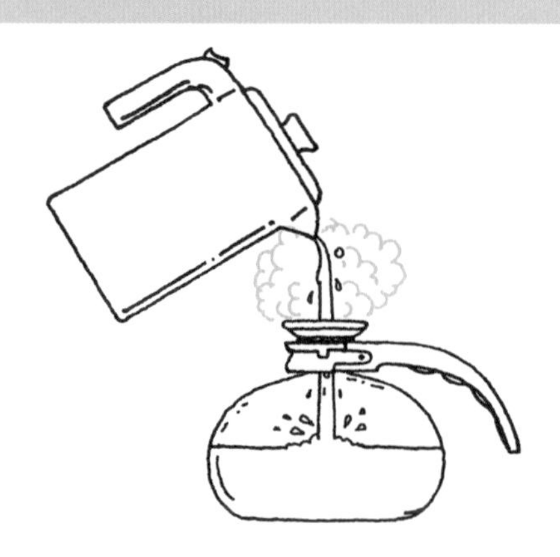

[1] 在主壶中加入沸水。确保壶身外没有任何水滴。

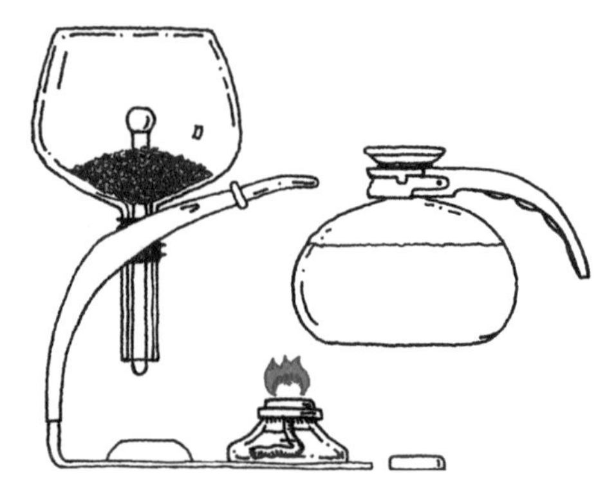

[2] 将过滤针放入郁金香碗的颈部，加入咖啡粉。点燃酒精灯，把主壶放在支架上。

研磨尺寸	中等粗糙（类似海滩沙）

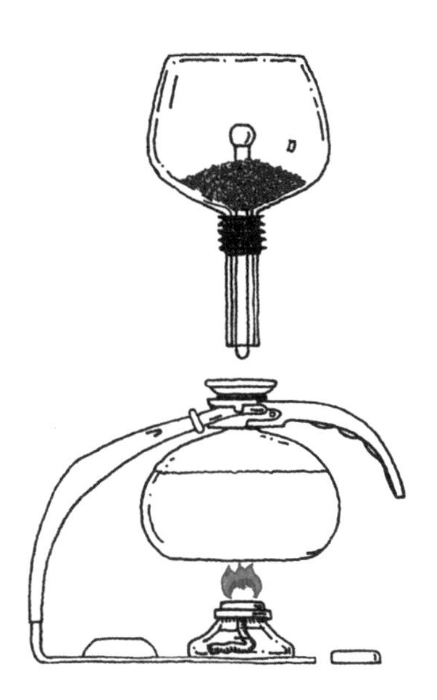

[3] 将郁金香碗插入主壶壶颈，确保二者正确连接。橡胶密封圈应紧紧卡住连接处，这对于整个虹吸过程来说至关重要。

[4] 随着水沸腾，主壶中的压力升高，推动水向上进入郁金香碗中。

[5] 当水完全进入郁金香碗时，用盖子熄灭酒精灯。

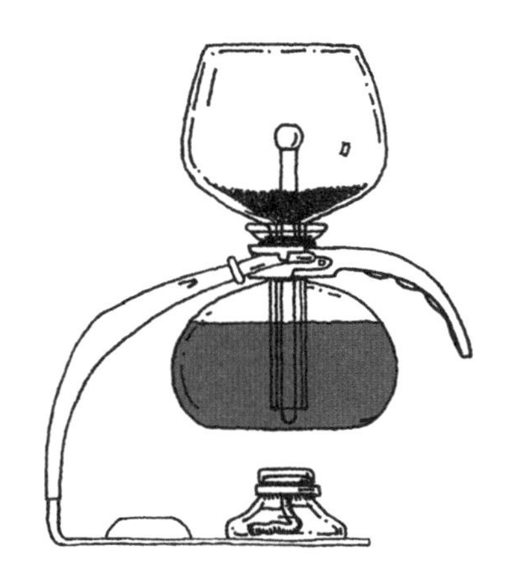

[6] 咖啡逐渐滴落回主壶后，将郁金香碗移开，放到架子的专属位置上。咖啡就制作好了。如果你想保持咖啡温热，可以再次点燃酒精灯。

爱乐压咖啡机

相比于过滤式咖啡机，爱乐压的优势在于使用压力提取咖啡；相比于法压壶，爱乐压的优势在于无论多么精细的咖啡粉都能被滤出，不至和冲泡好的咖啡混合。

标准使用方法

[1] 湿润过滤网后放入盖子中。

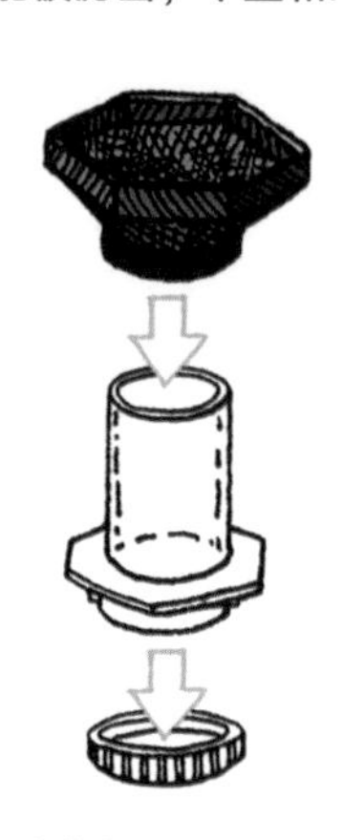

[2] 将盖子安放在中筒底部，漏斗固定在中筒顶部。

[3] 把爱乐压放在杯子上，从漏斗中加入咖啡粉。

工作原理

爱乐压通过手动下压活塞，将冲泡的咖啡经由一个可移动的过滤器推进中筒。爱乐压可以制作意式浓缩强度的咖啡（但没有意式浓缩咖啡机做出的咖啡的油脂），也可以做出更加柔和的过滤式强度的咖啡。强度取决于咖啡粉量和精细程度、冲泡时长以及用水量。

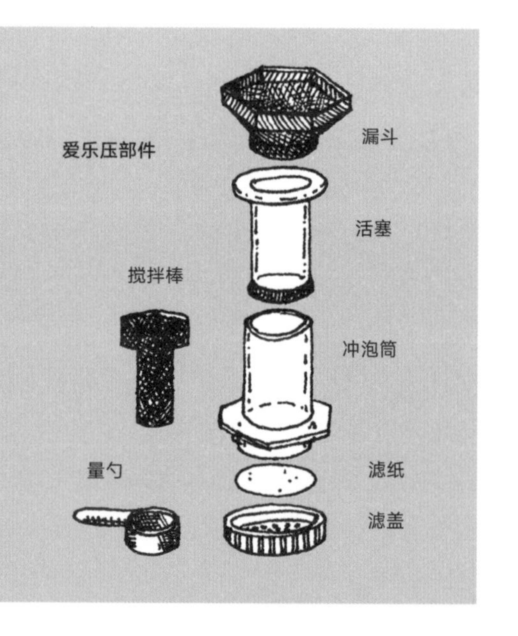

	x						

研磨尺寸 中等精细（类似食盐）

爱乐压由爱乐比公司（Aerobie）的艾伦·阿尔德（Alan Alder）于2005年发明。因其出色的便携性，如今许多专业咖啡从业者都会在旅途或家中使用爱乐压。用爱乐压制作咖啡的方法有两种，其中“翻转法”不是很好操作，但可以避免咖啡在冲泡之前滴落到杯中。

[4] 加入刚刚沸腾的水。

[5] 用搅拌棒搅拌10秒钟。

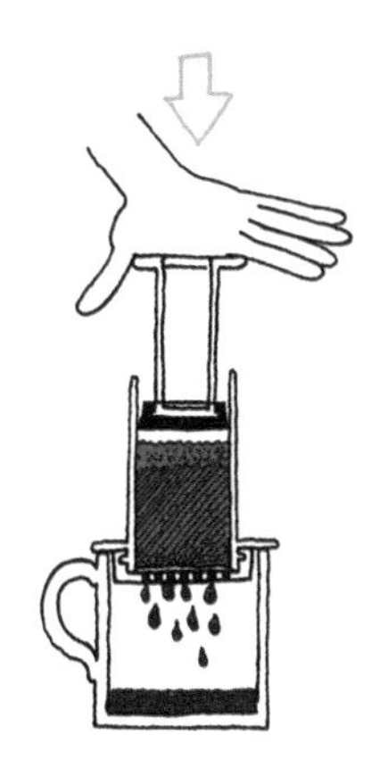

[6] 静置3分钟后，慢慢下压活塞。

翻转法

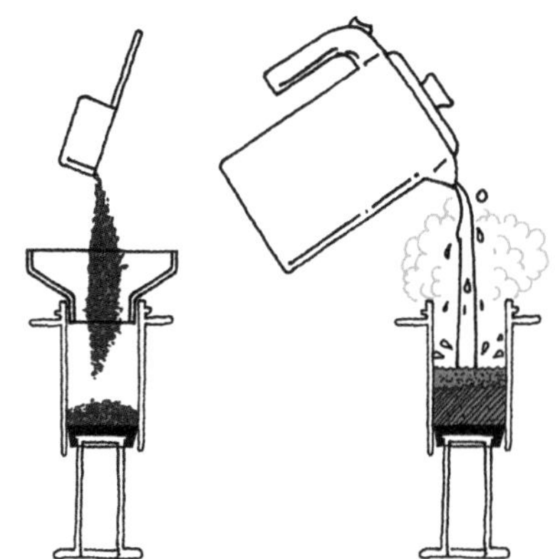

[1] 活塞放入中筒后翻转，放上漏斗后加入咖啡粉。

[2] 倒入沸水，搅拌10秒钟，再静置3分钟。

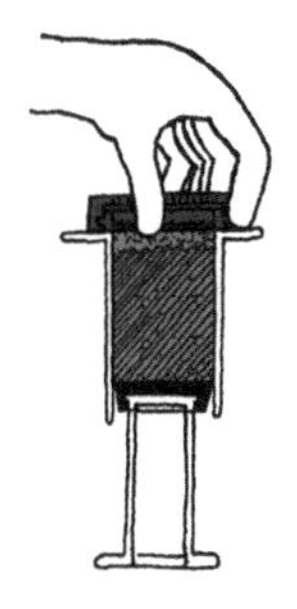

[3] 在滤盖中放入一片湿润的滤纸，然后紧紧拧在中筒上。

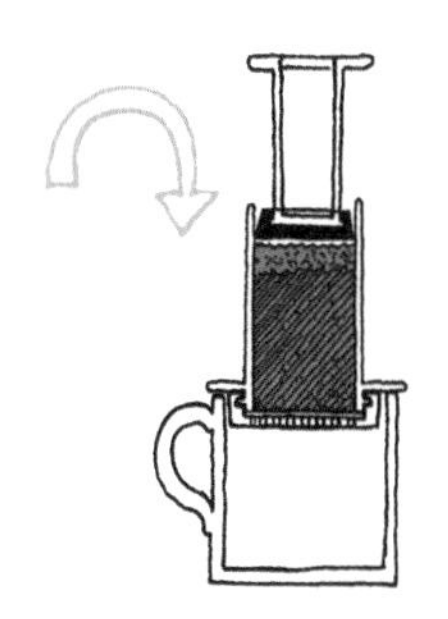

[4] 将爱乐压再次翻转后放在杯子上，然后下压活塞即可。

炉灶用咖啡壶或摩卡咖啡

摩卡咖啡壶的工作原理与最早的意式浓缩咖啡机相同，都是借助蒸汽压力将水压入咖啡粉中。摩卡咖啡壶可以制作意式浓缩咖啡，但没有意式浓缩咖啡机做出的咖啡的油脂。

[1] 冷水可以直接在摩卡壶中加热，但使用烧开的水可以减少咖啡粉暴露在热和湿中的时间，从而使咖啡味道更佳。将水加至接近内部安全阀下沿处。

[2] 向过滤漏斗中加入精细咖啡粉，直到粉末微微冒出边缘，再用手指轻轻按压咖啡粉。

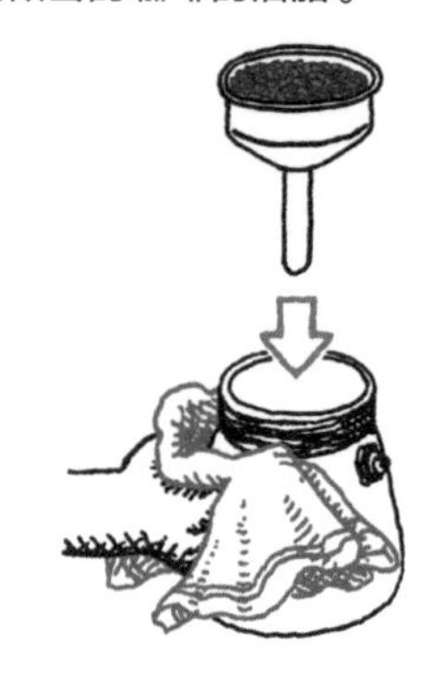

[3] 将过滤漏斗安装在摩卡壶身上。如果你之前在壶中加入的是热水，那么就需要隔垫着一块干燥的厚布握住壶身。

工作原理

底部密封空间中的水受热产生蒸汽，内部体积增加（因为蒸汽），压力提升，将水向上推入咖啡粉中，而后咖啡经由一个过滤器（可以阻挡咖啡粉）最终进入上壶。

X							

研磨尺寸	精细（类似食盐）

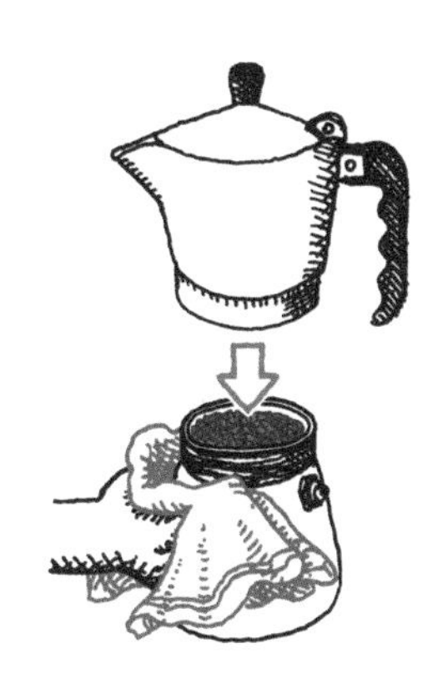

[4] 安装上壶。

[5] 将摩卡壶放在炉灶上，开中火。你会听到水流过咖啡、进入壶身上部的汩汩声和气泡声。

[6] 声音消失后打开盖子（沸腾中的咖啡会造成危险），关火即可享用咖啡。

摩卡咖啡壶的历史和演变

1933年，比乐蒂公司的创始人阿方索·比乐蒂（Alfonso Bialetti）申请了摩卡壶专利，这个几乎完美的咖啡壶畅销至今。其他公司纷纷效仿，但比乐蒂摩卡壶是最知名、使用范围最广泛的。有的衍生咖啡壶可以制作奶泡，有的专门用钢作为原材料以适用于电磁炉，还有的通过细管将咖啡收集在杯子而非下壶中。

比乐蒂摩卡壶

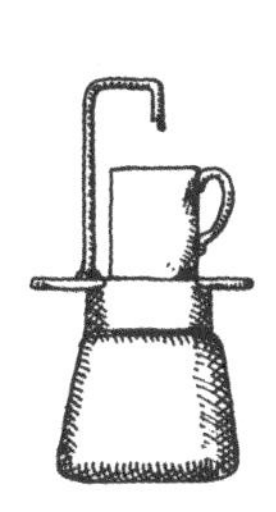

蒸汽管式炉灶用摩卡壶

不锈钢炉灶用摩卡壶

土耳其式咖啡

制作土耳其式咖啡，需要用特制的土耳其咖啡壶（ibric，像大勺一样的壶，材料通常为铜或黄铜）熬煮极精细咖啡粉。当然，你也可以用小炖锅代替。按照传统做法，需要在冲泡过程中加入糖和豆蔻，咖啡与一杯水同时上桌。如果你要在制作过程中加糖，那么需要格外小心，因为糖会使液体沸点提高，有可能烫伤皮肤。

[1] 每杯咖啡需要加40毫升水，然后再向土耳其咖啡壶或炖锅中加糖。

[2] 加热咖啡壶使其升温，但不要让水沸腾。

[3] 每份咖啡需要加入15克咖啡粉。

[4] 咖啡粉开始下沉后，开始轻轻搅拌液体。

[5] 继续加热至液体表面出现泡沫，但不要让液体沸腾。

[6] 用勺子将泡沫撇到一个碗中。

豆蔻

土耳其式咖啡里经常加入豆蔻。每杯咖啡配一到两个豆荚，将豆荚压碎，去除外壳，再细细研磨豆蔻种子，并在咖啡制作过程的第一步加入豆蔻粉。

[7] 继续加热，直到液体再次起沫。

[8] 现在咖啡就做好了。将咖啡倒入小杯中，并搭配一杯冷水即可。

历史和其他信息

在中东和地中海东部的大部分地区，土耳其式咖啡的制作方法已经沿用了600年。咖啡刚刚进入欧洲时，欧洲人也用类似方法煮制咖啡。

手动咖啡研磨器可以研磨出极为精细的咖啡粉。右侧这些研磨器就能胜任这一任务。但很多时候，家用磨盘式磨豆机的精度不能满足土耳其式咖啡的要求，所以购买前需查看说明。你还可以购置一个土耳其式手动研磨器，或直接购买一袋磨好的土耳其式咖啡粉。

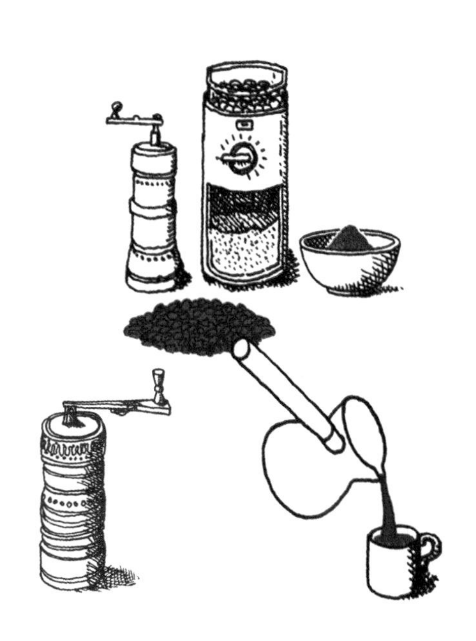

冷萃、冰滴和冰咖啡

之所以使用冷萃咖啡（而非冷却的热咖啡）制作冷饮，是因为热咖啡冷却后会变得非常苦，但冷萃咖啡则不会出现这种情况。冷萃时应该使用高质量咖啡粉，咖啡中的任何瑕疵都会体现在成品的味道之中。

制作冷萃、冰滴和冰咖啡的器具多种多样，使用起来十分方便，且能做出优质咖啡。有些器具可以在冲泡后将咖啡收集在容器中，有的设计则可以让使用者轻松去除咖啡粉。

在冰滴咖啡器具中，冷水缓慢通过咖啡粉和滤网，随后落入咖啡收集器中。制作冷萃或冰滴咖啡时，需要注意粉末粗细与冲泡时间会极大地影响味道。

器具种类

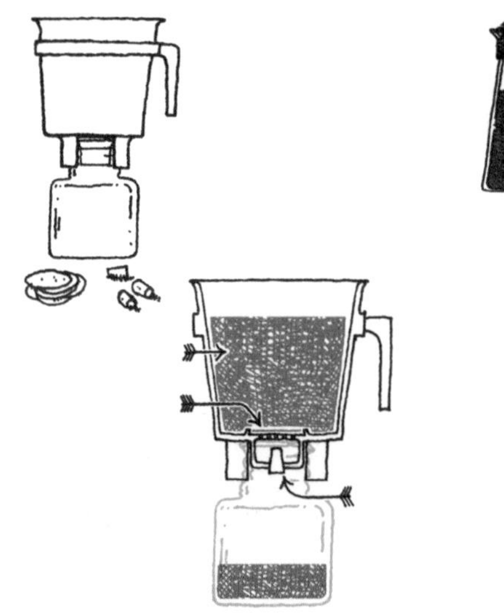

陶德冰滴壶 （冷萃）

将咖啡粉和水放入容器中，浸泡12~24小时，然后拔掉底部塞子，滤出咖啡。

哈里欧罐（浸泡罐）

过滤方式与陶德冰滴壶相似，但咖啡粉位于中部可拆卸的“篮子”过滤容器中。哈里欧罐也可以用来制作茶等其他冲泡饮品。

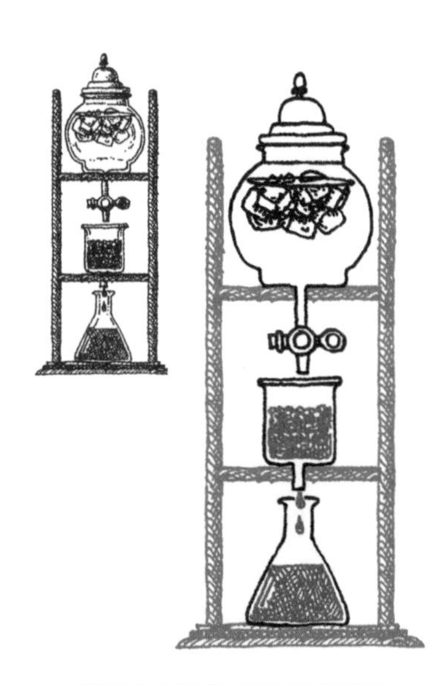

“荷兰”冰滴（冰滴咖啡过滤器）

冷水滴入盛放着咖啡粉的容器，之后进入下方的咖啡收集瓶中。整个过程耗时3~8个小时。

研磨尺寸	非常粗糙（类似海盐）

临时冷萃

如果你没有专门用于冷萃咖啡的器具，那么也可以用其他容器替代。最常用的应该就是大罐子了，冷萃后需要再进行过滤。还可以用咖啡壶或法压壶或一个大杯加咖啡滤杯来萃取咖啡。

玻璃罐

大玻璃罐是冷萃咖啡的理想器皿。每100毫升水加14克咖啡粉，然后将罐子密封，并用力摇晃，静置8个小时。用滤纸或干净的布过滤后，咖啡就制作好了。

咖啡滤杯

如果没有充足的时间用来冷泡，那么也可以直接将冰水或冷水倒入咖啡粉中。这种方法制作出来的咖啡苦味没有那么明显，味道比较淡，但耗时较少，可以即刻享用咖啡。

咖啡壶/法压壶

你可以将咖啡粉和冷水放入法压壶中，静置冷萃，再用活塞过滤咖啡即可。冷萃时长从成品味道较淡的10分钟到8小时不等。

享用咖啡

将滤出的咖啡倒入一个大罐子，加水稀释至理想的浓度。如果你想在咖啡中加入冰块，那么可以直接用咖啡冻冰块，以防冰块融化进一步稀释咖啡。根据需求加入适量的牛奶、奶油和糖。咖啡可以在冰箱中保存数天。

自制冰滴咖啡过滤装置

冰滴咖啡装置价格高昂，但你可以使用两个1升的塑料饮料瓶、一根用来扎孔的大头针、一个打孔器以及一把锋利的小刀自己动手制作一套过滤器。

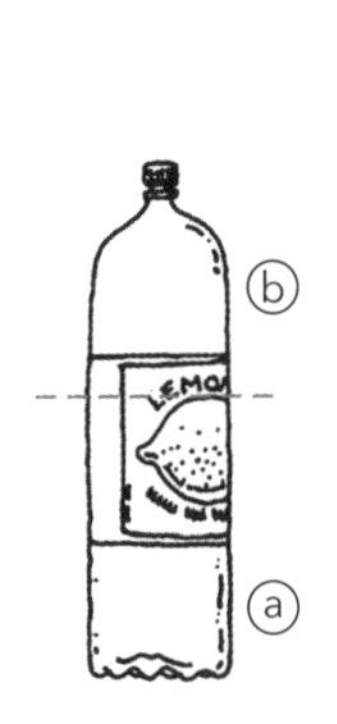

[1] 小心地沿着塑料瓶瓶身的三分之二处裁开，得到咖啡收集器（a）和顶部漏斗（b）。

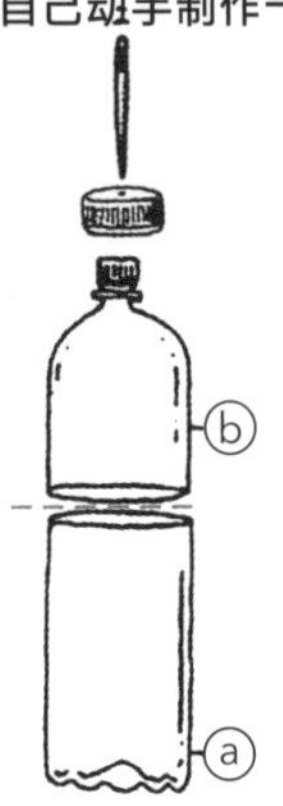

[2] 用一根细针或大头针在瓶盖上扎一个孔。如果过滤时咖啡滴落的速度少于数滴每分钟，那么可以再将该孔稍稍扩大。

[3] 在咖啡收集器的顶部打几个孔。如果不打孔，放上大漏斗后，底部收集器便会形成一个密封的空间，阻碍咖啡滴落。

[4] 沿着第二个塑料瓶瓶身的三分之一处裁开，得到大漏斗。

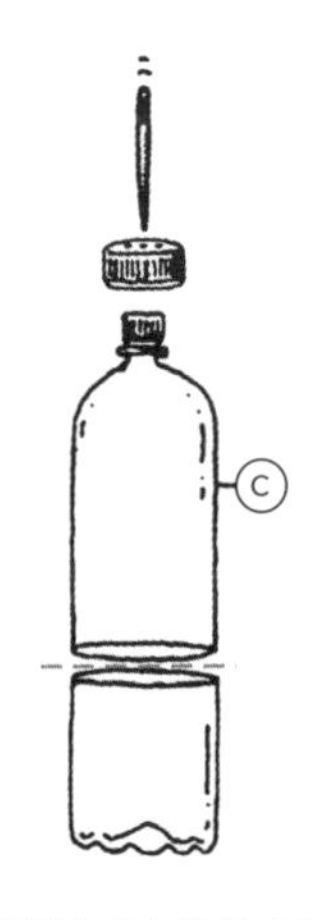

[5] 用一根细针或大头针在第二个瓶盖上扎一个孔（此处无需控制液体流量，所以打孔数量随意）。

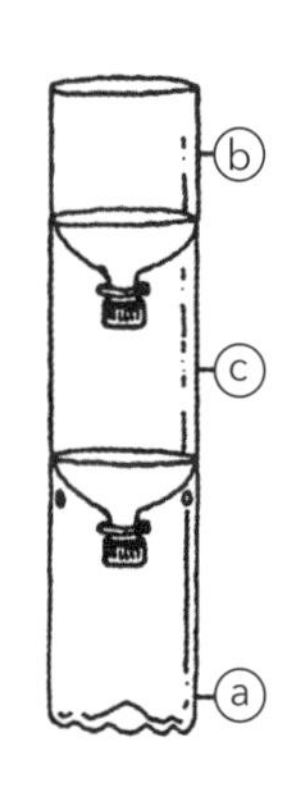

[6] 组装“过滤塔”：两个漏斗倒置放在底部咖啡收集器上，保证三部分紧密相接。

研磨尺寸	非常粗糙（类似海盐）

材料

需要两个大的塑料饮料瓶，或其他经过处理后可以如上所述相互连接的容器，但最重要的是容器一定要有可以用针打孔的盖子。

还需要一把用来整齐地切割瓶子的手工刀或类似刀具，以及在底部收集器上打孔的工具，如打孔器等。

自制冰滴咖啡过滤装置的使用方法

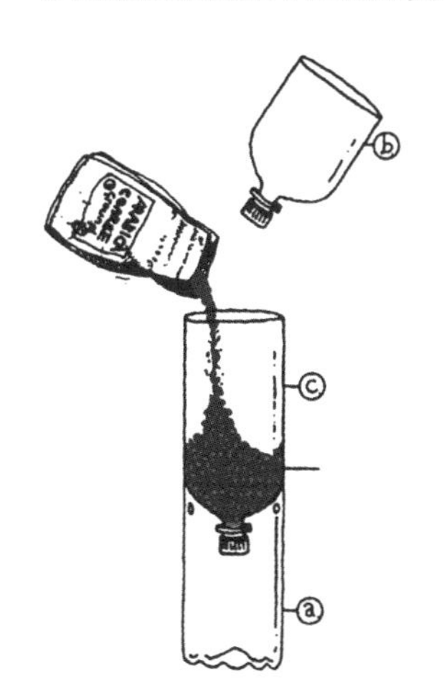

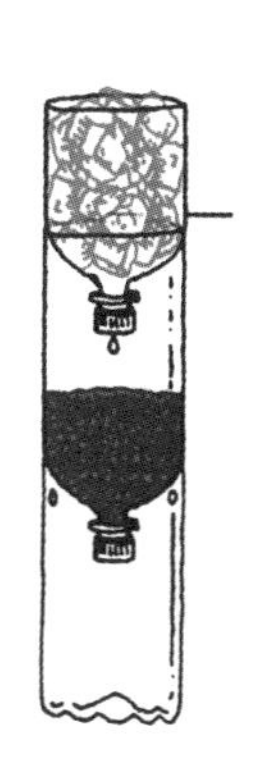

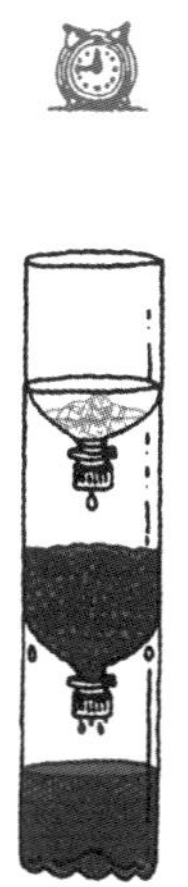

[1] 在大漏斗中放入100克咖啡粉。

[2] 将小漏斗带盖倒放在大漏斗中，然后加入冰块。

[3] 静置冷萃6~8个小时，就可以享用底部收集器中的咖啡了。

茶

历史发展

茶被发现于1800年前的中国坟墓中，但茶其实是从唐代（618—906年）开始在中国广泛流行。唐代后期，随着茶来到日本，当地人开始喝茶。和中国有贸易交流的荷兰人，于1606年前后将茶带回本国，在风靡全欧洲之前，茶先在荷兰流行起来。到了1664年，英国人开始进口茶叶，喝茶也变得愈发流行。随后，英国设法从中国盗取茶种，并在印度建立种植园。英国曾长期称霸国际茶市场，至今仍活跃在相关贸易之中。

生物分布

绿茶和红茶来自于同一种植物——茶树。茶树生长在热带以及亚热带地区，但起源于中国和缅甸北部。茶树本可以长成树，但为了易于采摘，通常被修剪成灌木大小。只有成熟植株的顶部叶片可以采摘，一段时间后叶片重新长出，采摘频率在一到两周之间。很多高质量茶树都分布在生长速度更加缓慢的高海拔地区（海平面以上1500米）。

化学特征

和咖啡一样，茶也含有起到自我保护作用的咖啡因，含量占干重茶叶的3%。经过烘焙的绿茶，咖啡因的含量可达红茶的两倍。茶的风味大部分来自于含有丹宁的茶多酚，是涩味和口感的来源。关于茶的健康功效有不少说法，但很少能被科学证明。不过饮茶的悠久历史或许可作证明。

基础泡茶法

全世界的泡茶方法各有不同，但在西方，有一种沿用了数百年的操作方法，适用于单种茶和混合茶。

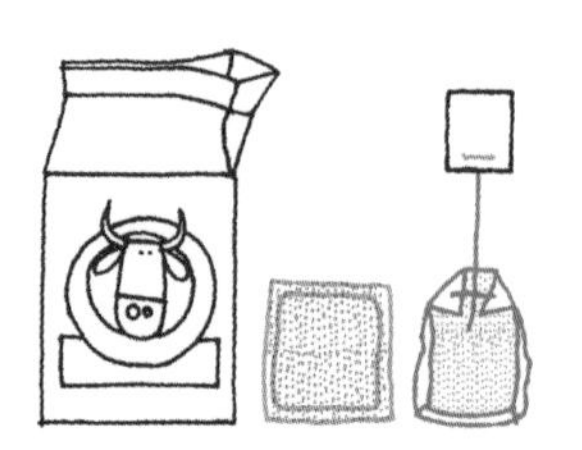

[1] 首先将水壶中残留的开水倒出，再根据需求向壶中加水（足够暖茶壶用的水量）。

[2] 水壶烧开后，向茶壶中倒入约1杯的水量，随后轻轻转动茶壶以暖壶身。

[3] 把水倒出，因为壶中水的温度对于泡茶来说已经过低。

[4] 每一杯加入一勺茶叶或一个茶包，如果你喜欢味道浓郁的茶，那么可以再额外加一杯的茶量。

[5] 将水壶中的水倒入茶壶。水的温度在烧开后已经有所下降，不过正好是专业人士推荐的温度。

[6] 浸泡茶叶3~5分钟。

[7] 倒入茶汤之前，先在杯中加入牛奶，以便牛奶的温度可以逐渐升高，而不至于“烧焦”牛奶。

[8] 加入茶汤后即可享用。

[9] 如果你想用马克杯和茶包泡茶，最好先用热水暖杯，倒出热水，然后再加入茶包和新烧的水。这也意味着你需要向热茶中倒入牛奶，所以应该先等茶水稍稍冷却再加奶。

泡茶

日式抹茶

水温：82℃

冲泡时间：2.5~3分钟

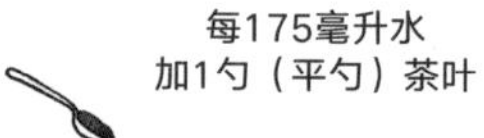

红茶

水温：96℃

冲泡时间：3~5分钟

每175毫升水
加1勺（冒尖）茶叶

可按需加入
牛奶或柠檬

大吉岭

水温：85℃

冲泡时间：3分钟

每175毫升水
加1勺（冒尖）茶叶

可按需加入
牛奶或柠檬

伯爵茶

水温：98℃

冲泡时间：3~5分钟

每175毫升水
加1勺（冒尖）茶叶

可按需加入
牛奶或柠檬

白茶

水温：85℃

冲泡时间：1~3分钟

每175毫升水
加1勺（冒尖）茶叶

中国绿茶

水温：85℃

冲泡时间：3分钟

每175毫升水
加1勺（平勺）茶叶

珠茶

水温：80℃

冲泡时间：2~4分钟

每175毫升水
加1勺（冒尖）茶叶

茉莉花茶

水温：80℃

冲泡时间：2~4分钟

每175毫升水
加1勺（冒尖）茶叶

可按需加入
柠檬

花草茶

水温：97℃

冲泡时间：7~10分钟

每175毫升水
加1~2勺（冒尖）茶叶

抹茶

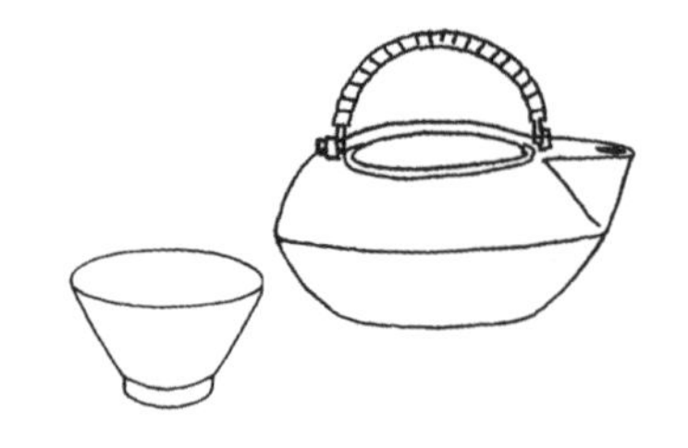

日式抹茶在近几年风靡西方。抹茶的准备工序只比红茶稍稍复杂。按照日本传统，要用茶碗喝抹茶。如今在网上就可以买到专用茶碗。

[1] 和其他茶种的制作方法相同，先烧开一壶水，用沸水暖茶碗。

[2] 将热水倒出，再用布擦干茶碗。

[3] 用细密网眼的筛子筛入一茶勺抹茶粉。

日本茶道历史悠久，泡茶的每一个步骤都有其特殊的传统与器具。茶道中的各个元素都以提升茶的质量为目的，因此制作品质上乘的抹茶是完全有可能的。茶筅或许其中最重要的工具。传统茶筅可以在网上购得，电动茶筅也很实用。

[4] 将降温至82℃的热水注入茶碗至三分之二满。

[5] 用茶筅轻轻搅打，直到茶水起泡沫、充分混合。

[6] 享用抹茶。

薄荷茶

在北非和中东地区，薄荷茶非常流行。有的薄荷茶只用新鲜的薄荷叶，泡好后再加入蜂蜜或糖调味（有时也会加柠檬）。还有一种使用绿茶和薄荷叶的冲泡方式，可参考下方的步骤图。

制作单一薄荷茶时，将一小把薄荷叶直接放在杯中，或者把撕碎的叶子放在杯口上的小筛子中。倒入刚刚沸腾的水，静置冲泡数分钟后，取出薄荷叶，按需加糖和柠檬调味即可。

[1] 每杯茶加入1勺绿茶。

[2] 向茶壶中倒入约1杯量的沸水。

[3] 盖上茶壶盖，静置冲泡，时间不超过1分钟。

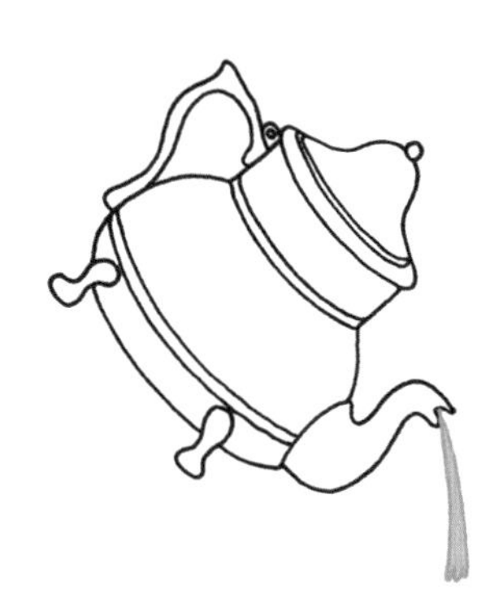

[4] 将茶壶中的茶水倒出（这一步的茶水被废弃，但在有些方法中则被保留）。

[5] 向茶壶中加入一把薄荷叶。可以加入几种薄荷，包括绿薄荷叶和胡椒薄荷叶等。

[6] 再次向壶中倒入沸水，冲泡4~5分钟。

[7] 将薄荷茶倒入杯中，按需加入糖或蜂蜜、柠檬。

印度拉茶

印度拉茶是一种通常加糖调味的香料奶茶。世界上拉茶种类繁多，且在西方非常流行。拉茶的制作过程很简单，常用的香料有姜、小豆蔻、丁香、黑胡椒、肉桂、八角、茴香以及芫荽籽。下方是制作马莎拉（masala）拉茶的步骤图。

[1] 在锅中加入2薄片姜、1小段肉桂、6粒小豆蔻、8颗丁香、半个八角以及1.25升水，熬制5分钟。

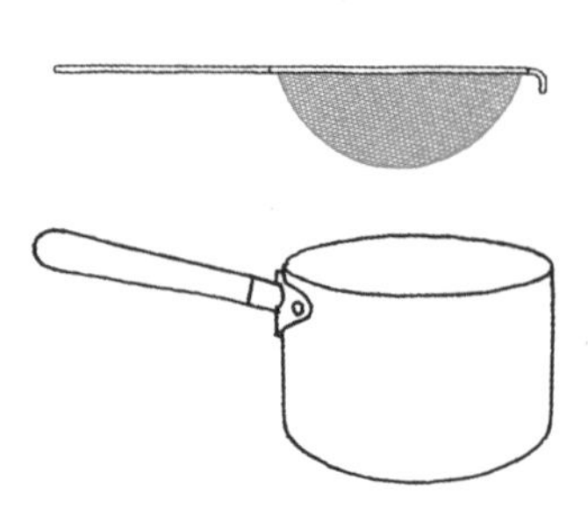

[2] 关火后静置10分钟，再用筛子滤出香料。

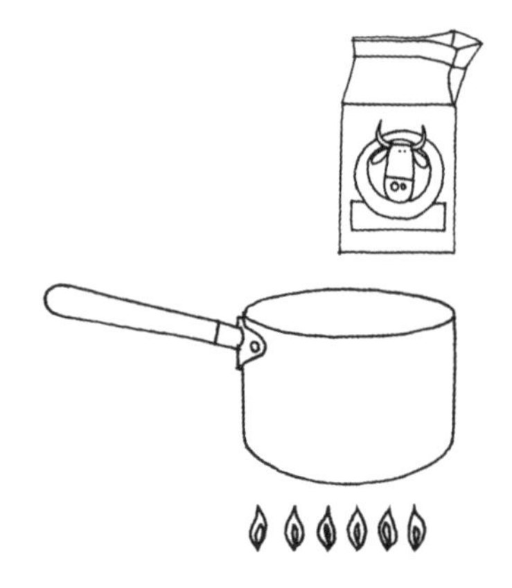

[3] 向锅中加入一勺茶叶和500毫升牛奶，小火炖煮，待奶茶变浓郁后关火，按需加糖调味即可。

冷泡茶

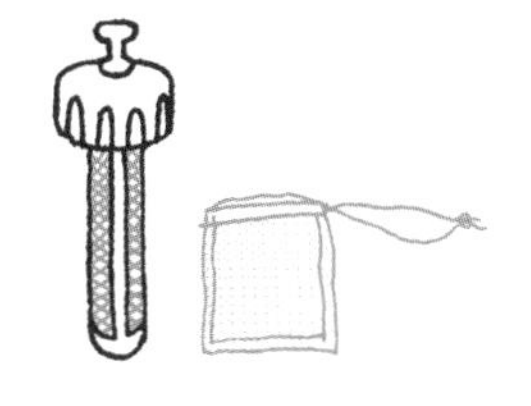

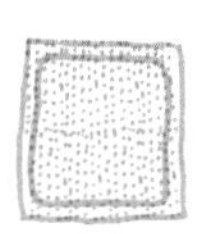

冷泡茶与热泡茶的味道区别很大，这是因为茶的化学成分在冷水中得扩散更慢。冷泡茶与冷萃咖啡的过程类似，因此你可以使用之前提到的设备（见第128页）来制作冷泡茶。不同方法中的冷泡时间也不同。

阳光茶

在美国的很多地区都有制作“阳光茶”的传统。玻璃容器中的茶水依靠阳光加热。有些人认为阳光本身是决定成品味道的关键因素，但其实是阳光的热量影响着茶水的风味。为了防止细菌滋生，最好在茶水达到你的理想浓度时（暴露在阳光中3~5个小时后）将其转移到冰箱中储存，保质期为两天。

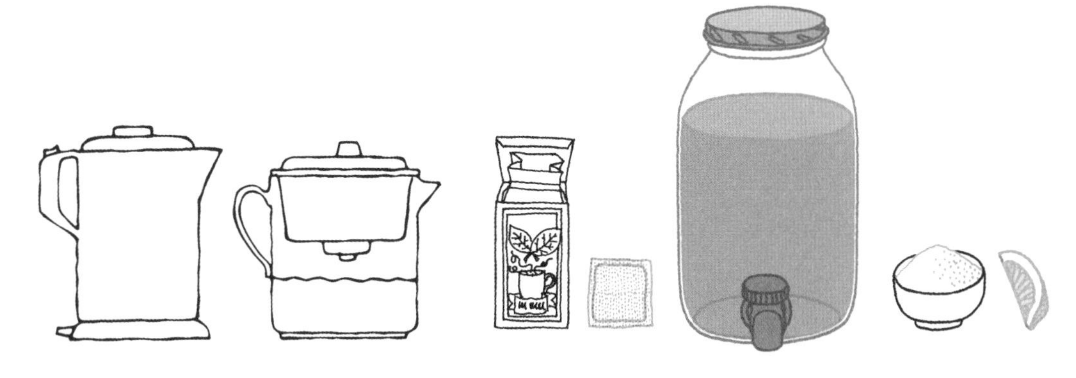

[1] 用凉白开（自来水中的氯可能会影响茶水的味道）过滤后的水或瓶装水装满罐子或其他容器。

[2] 每杯水加入二分之一勺茶叶，将容器放置在阳光下3~5个小时。可以根据需要在茶水中加入其他香草。

[3] 根据需要加入糖和柠檬调味后即可享用。

热巧克力和热可可

巧克力的原料是起源自美洲的可可豆，即干燥的可可树种子。巧克力的历史可以追溯至7000年前，被广泛应用于烹饪之中，也被用来制作饮品。阿兹特克人（Aztec）将巧克力引荐给了西班牙人，后者将其带回欧洲。墨西哥的传统做法是，将可可豆磨成粉，再和水、蜂蜜、辣椒以及香草混合加热。而到了欧洲，辣椒被牛奶取代。

阿兹特克式热巧克力

虽然这不完全是阿兹特克人使用的方法，但基本可以复制原始风味。如果你想进一步贴近阿兹特克人，还可以在其中加入磨碎的玉米。

原料

- 500毫升水
- 75克100%黑巧克力（苦甜型，最好是墨西哥品牌）
- 一根香草荚（香草籽）
- 一个干红辣椒
- 用于调味的蜂蜜

将所有原料（除蜂蜜）放入锅中，开小火，不断搅拌混合物，慢煮10分钟。关火后过筛，加入适量蜂蜜即可。

法式热巧克力

喝热巧克力的习惯一到巴黎便流行起来，人们使用墨西哥式手动磨石制作热巧。以现代的标准看，当时研磨出来的巧克力非常粗糙，但其中的原料和如今基本相同。

原料

- 500毫升全脂牛奶
- 125克70%黑巧克力（苦甜型，或更高可可含量）
- 少量盐
- 用于调味的糖

将所有原料（除糖）倒入锅中，开小火并不停搅拌，直至巧克力完全融入牛奶，混合物变得浓稠。切忌使液体沸腾。根据需要加糖调味后即可享用。

热可可

荷兰人发明了从可可豆中去除可可脂的方法，从而得到可以进一步被磨成粉末的固体部分。可可粉就这么诞生了。随后，荷兰人又研制出了酸性减弱的可可粉，即所谓的“荷兰可可粉”。荷兰可可粉颜色比天然可可粉稍浅，是大多数现代热巧克力的基底原料。

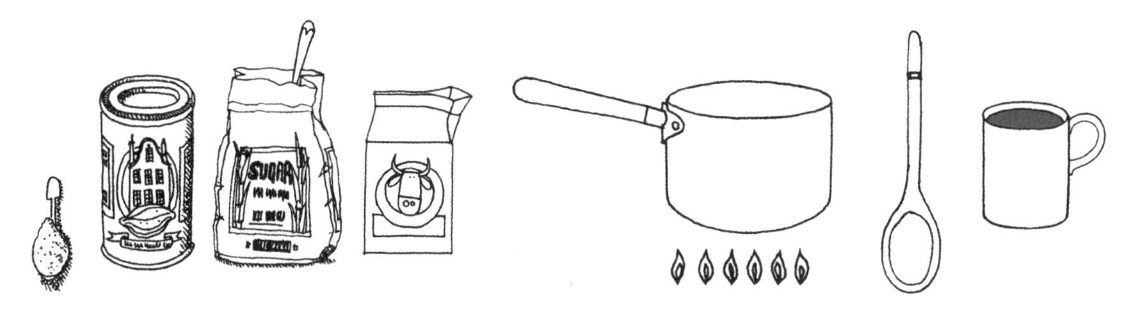

制作热可可时，需要先将两勺可可粉和一勺糖混合，搅拌的同时加入250毫升牛奶。将混合物倒入锅中，边加热边搅拌，直至接近沸腾状态，关火后即可享用。

果汁

现在的榨汁机种类繁多，并不是每个机型都能满足所有需求。购买前可以先查看网上的评论，根据用途和质量进行选购。

柑橘榨汁机

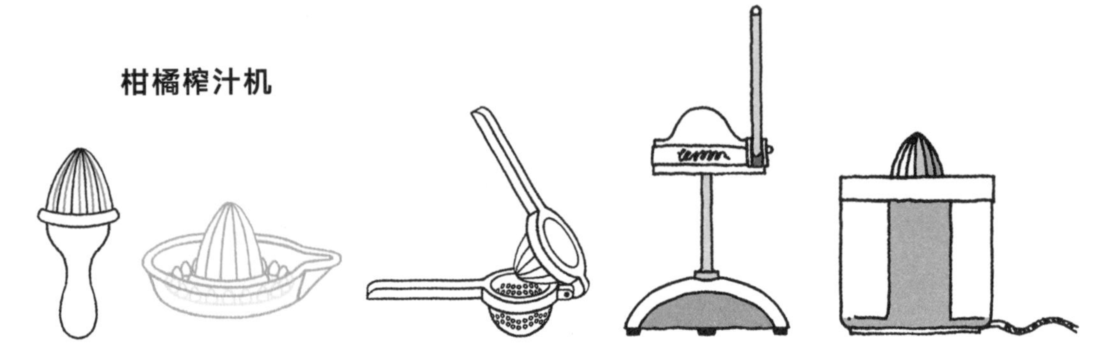

柑橘类榨汁机是最简单的榨汁机，通过压力和旋转从果肉中挤压出果汁。你也可以使用其他设备榨柑橘汁，但可能需要事先去皮。如果榨汁需求较大，那么你可以考虑入手一台电动或杠杆榨汁机。榨柠檬汁时，可使用酒吧中常用的手动挤汁器。

旋转式榨汁机

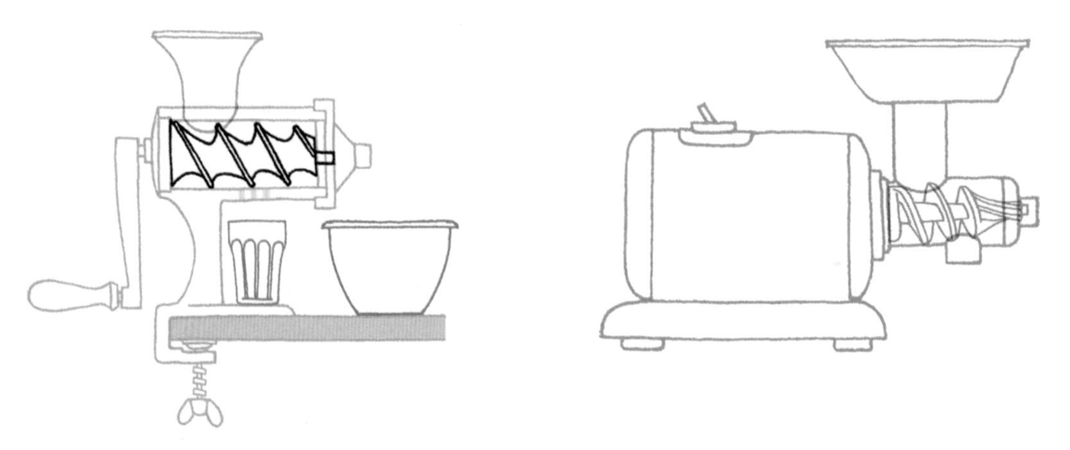

旋转式榨汁机适用于比较坚硬的水果和蔬菜，以及香草和小麦草。这种榨汁机的出汁速度较慢，适合少量榨汁时使用。

离心式榨汁机

离心式榨汁机属于全能选手，如果入口管够大，足以放入整个水果或蔬菜，那么基本无需对原料进行预先处理。离心式榨汁机精细研磨果蔬，随后旋转原料，果汁和固体部分分离开来，最后流出至杯中。果肉也被收集在单独的容器之中。但使用后的清洗工作比较艰巨。

液压式榨汁机

液压式榨汁机通过压力榨取果汁，但是需要提前将果蔬切成小块才可放入机器。因此液压榨汁机有时会配备一个研磨机。

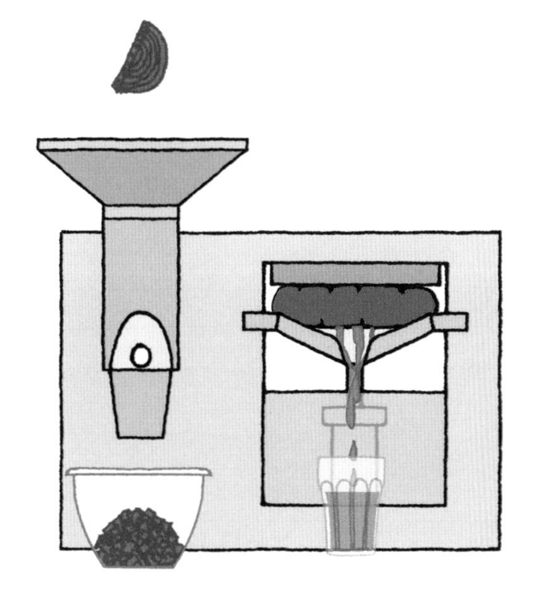

奶昔和思慕雪

奶昔

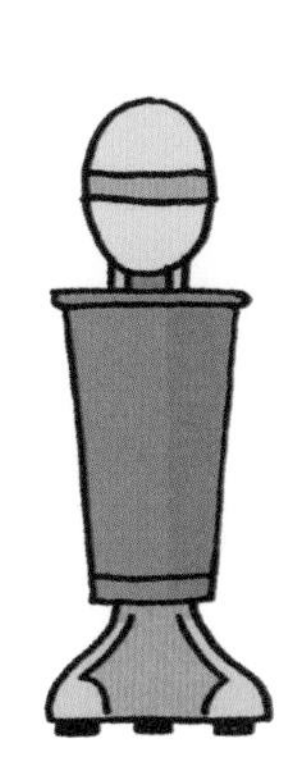

19世纪晚期，美国开始手工制作奶昔，通常会在其中加入酒精。到19世纪末，无酒精奶昔流行起来，并在药店出售。1911年，汉美驰公司（Hamilton Beach Company）发明了饮料搅拌机，并在1922年推出电动版本，市场反响极好。由干燥天然草制成的吸管有数千年的使用历史，但在19世纪80年代，蜡纸吸管面世。新型吸管比较窄，人们通常一次使用两根。1937年，美国发明家约瑟夫·弗里德曼（Joseph Friedman）发明了更宽、且能弯折的吸管。虽然大部分现在吸管都由塑料制成，但其形态都遵循了1937年弗里德曼的版本。

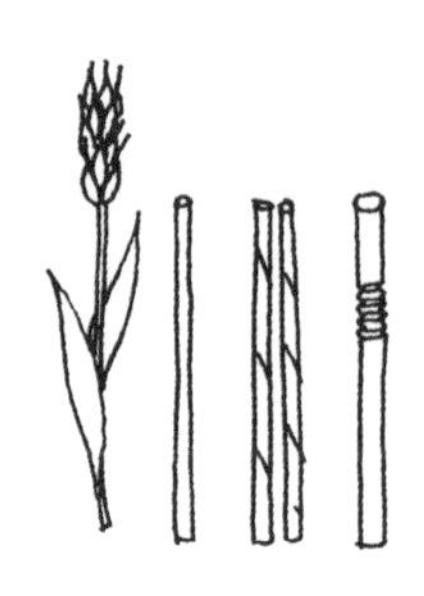

早期奶昔可能包含以下原料：牛奶、水果糖浆、冰激凌以及麦芽粉。

典型的配方如下：两大勺冰激凌或酸奶、一根香蕉、400毫升牛奶（牛奶、豆浆或坚果奶），以及一勺麦芽饮料粉[如阿华田（Ovaltine）]。将所有原料放入奶昔机，直至混合物变得顺滑即可。

思慕雪

随着功能的愈发强大，搅拌机已经可以胜任搅打纤维明显的蔬菜甚至坚果，使得口味更加多样化。虽然被称为奶昔，但根据混合物的质地，人们开始称其为思慕雪。这也意味着咸味（而非甜味）饮品成为可能。

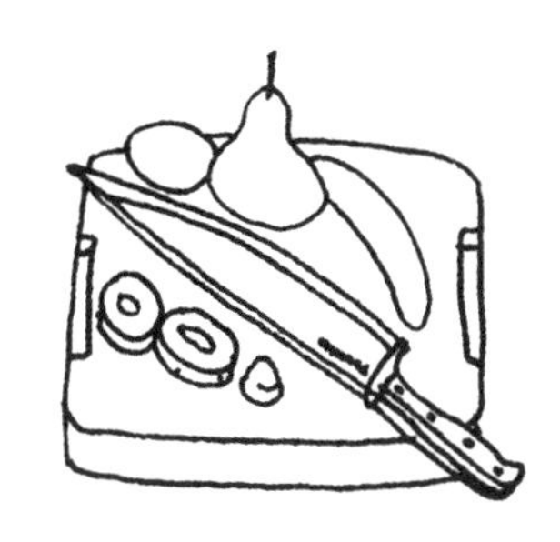

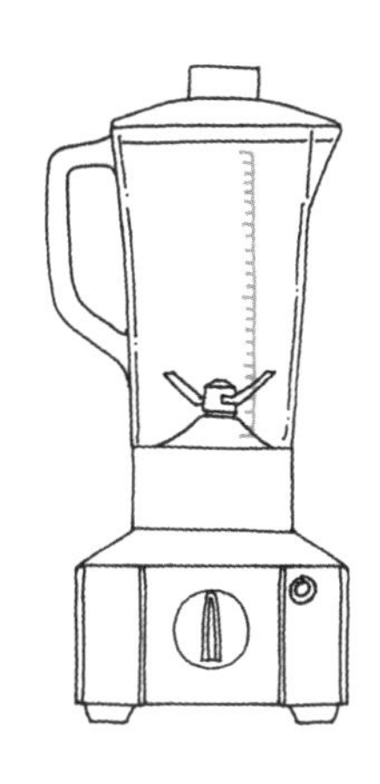

[1] 根据需求选择你喜欢的原料组合。如果你准备的原料较多，又想日后继续制作思慕雪，那么可以将原料分批装袋，使用时直接取用一袋即可。

[2] 将大块的水果或蔬菜切成小块或小条（整个水果通常打不碎），然后放入搅拌机开始搅打。

[3] 如果混合物不相融，可能是因为原料过干，这时可以加入少量液体，如水、水果或蔬菜汁或椰奶等。如果你想喝冰饮，可以在其中加入冰块，不过最好用果汁冰块取而代之，以免稀释思慕雪的味道。

苏打水和碳化

在碳化过程中，二氧化碳溶解于液体，在饮料中形成气泡。氮或氧化亚氮也用于为液体添加气泡和泡沫，但在家用范围不常见，只有罐装啤酒会使用二氧化碳和氮的混合物，将液体变得顺滑且气泡丰富。氧化亚氮也被用来在压力下“搅打”奶油。

装瓶厂通常会向瓶装气泡水中添加气体，只有少量是天然气泡水。你也可以用苏打弯管或其他打泡设备自己制作气泡水。在家制作调味气泡水时，应该在打泡之后再加入其他原料，否则二氧化碳会过快挥发，口感欠佳。二氧化碳在冷水中比在温水中更易溶解，因此碳化时应保持较低水温，并在操作之前冷藏容器，以使气泡更加持久。

苏打弯管

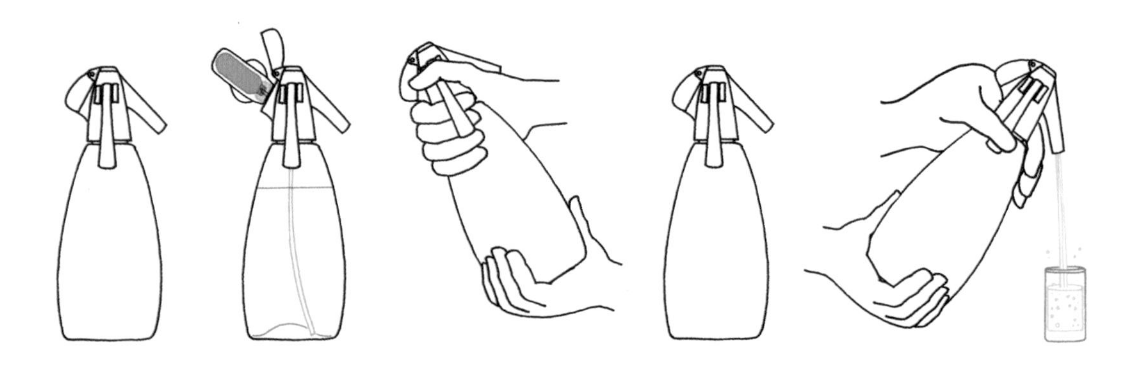

将弯管取下并清洗干净，在瓶中注入冷水。你也可以加入泻盐（Epsom salts，也称硫酸镁）等矿物盐，使味道更接近市场上的苏打水。拧上弯管，装上二氧化碳筒，开始放气，并同时摇晃瓶子，最后放入冰箱冷藏。

Sodastream™苏打水机

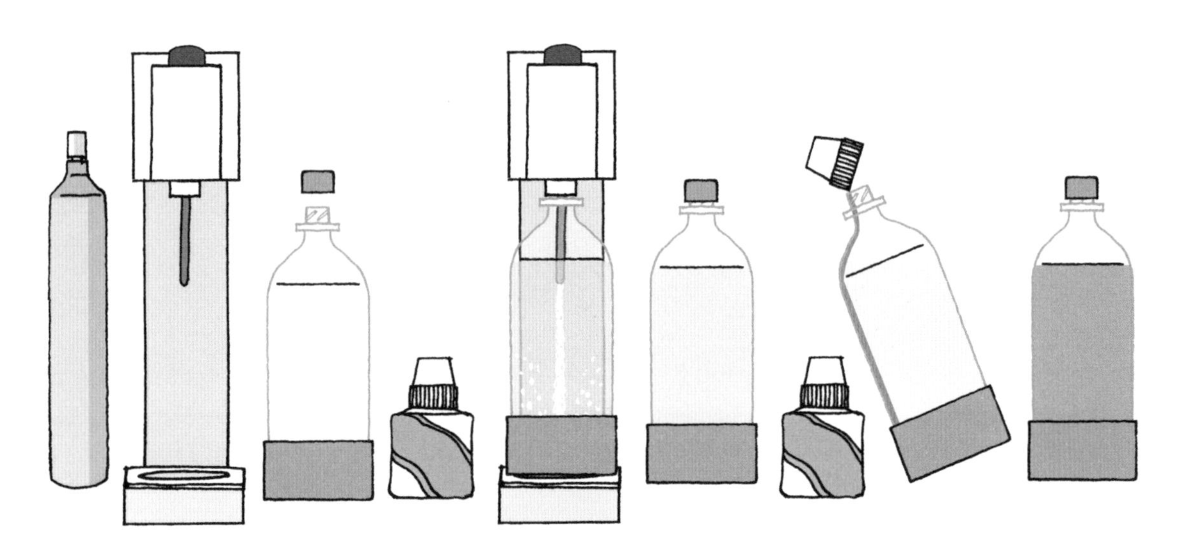

Sodastream™苏打水机是家用碳化设备。使用者将水注入可重复使用的瓶子中，再打入二氧化碳（装在可更换瓶中）。当放气阀在气体的作用下“打嗝”数次后，慢慢将瓶子从机器上拧下，盖上瓶盖。最好将瓶子冷藏静置一段时间后，再根据需求加入调味浓缩汁。

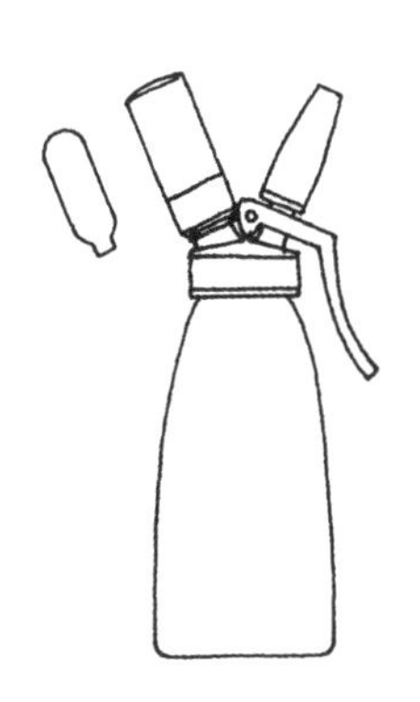

奶油发泡器

密封奶油发泡器可以用来加气和萃取味道。将一份液体和一份香草、香料等放入发泡器中，加压并快速放压，液体便注入香草或香料之中。当压力快速释放时，味道随着液体的运动散发而出。

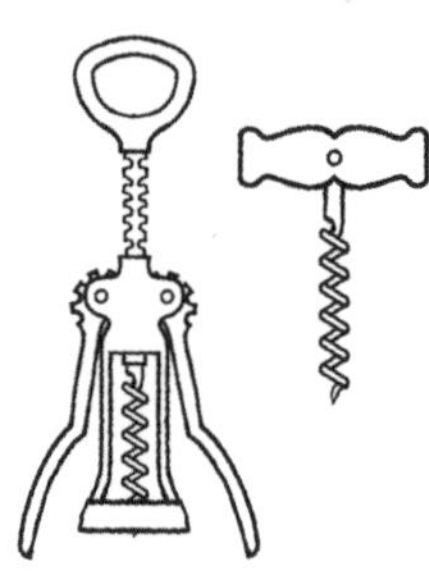

葡萄酒

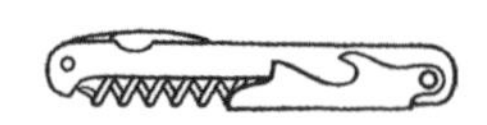

开瓶器种类繁多，其中最实用、最常用的应该就是“侍者之友”（waiter’s friend）和双杆开瓶器了。

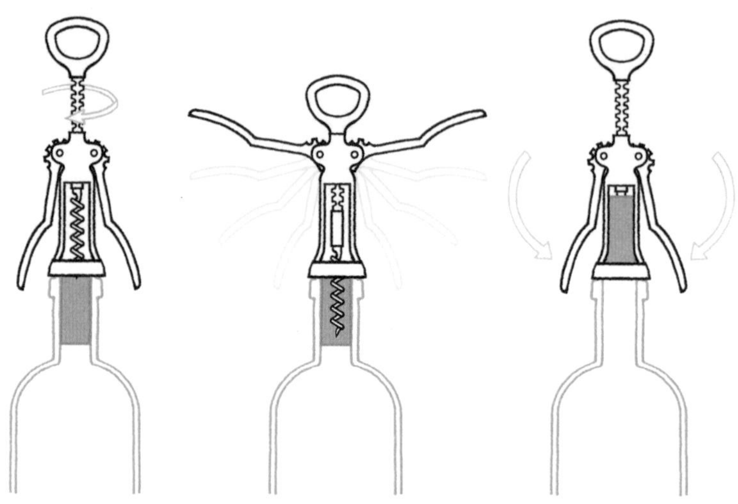

双杆开瓶器的使用方法很简单：两个杠杆开始时冲下，随着螺丝刀钻入瓶塞，杠杆升起。当两根杠杆抬升完毕后，双手轻轻向下压杆，拉出瓶塞即可。

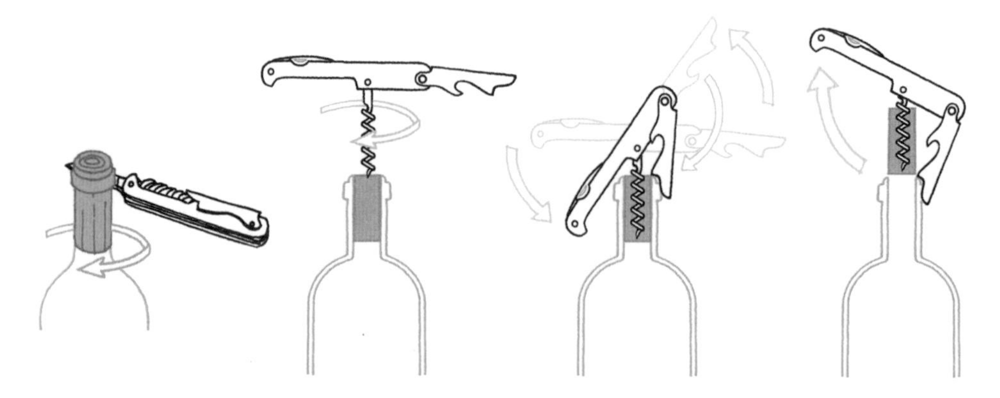

“侍者之友”的小刀也很实用，可以去除包裹瓶颈的金属薄片，此外通常还内置一个啤酒开瓶器。“侍者之友”的外壳在将螺丝刀钻入瓶塞时起到把手的作用，而在拔出瓶塞时又可以充当杠杆。

香槟在开瓶时通常会喷薄而出并损失一定量的酒，但只要多加小心，你就可以省下这部分酒，并保存气泡。去除包裹在有钢丝网的瓶塞上的金属薄片，拉低钢丝圈头，旋转90°，再转6圈半后，去除钢丝网。一手握紧瓶塞，另一只手旋转瓶底，瓶塞缓慢从瓶颈冒出。如果你操作正确，就可以轻柔的嘶嘶声打开香槟。

葡萄酒一旦打开，便会氧化、分解，还可能变成醋。如果只需要短时间保存，葡萄酒可以储存在原本的瓶子中，不过最好用保鲜膜封上瓶口。人们普遍认为在瓶口放一把勺子可以保存香槟中的气泡，但实际情况并非如此。如果你想保留气泡，那就需要用保鲜膜密封瓶口后，将酒放入冰箱冷藏（二氧化碳在低温液体中更易溶解）。

葡萄酒氧化后的味道大不相同，因此一些葡萄酒有事先醒酒的传统。最极致的情况是用搅拌机搅打葡萄酒。其味道是如此出人意料，值得一试。

鸡尾酒

鸡尾酒器具的发展历史已有百余年，包含三种基本摇酒壶，以及过滤器、量杯和捣棒。

波士顿摇酒壶

酒吧中经常使用的两件套摇酒壶，操作快捷且比其他摇酒壶容量大。原料和冰块放入大杯中，小杯紧紧扣于其上以密封容器。需要搭配过滤器使用。

英式摇酒壶

最常见的家用三件套摇酒壶。内置滤网，适合制作鸡尾酒需求不多的使用者。

法式摇酒壶或巴黎式摇酒壶

据说是摇酒后最容易分离的两件套摇酒壶，但比波士顿摇酒壶小，且没有内置滤网，因此流行程度不及另外两种摇酒壶。

如果你没有英式摇酒壶，那么在制作一些鸡尾酒时便会需要过滤器。以下有两种类型：

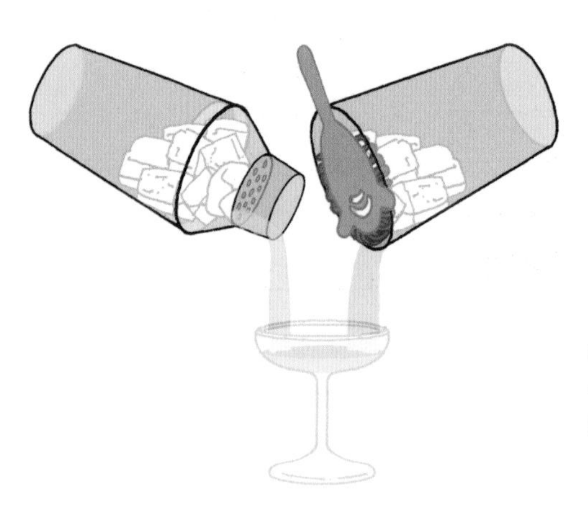

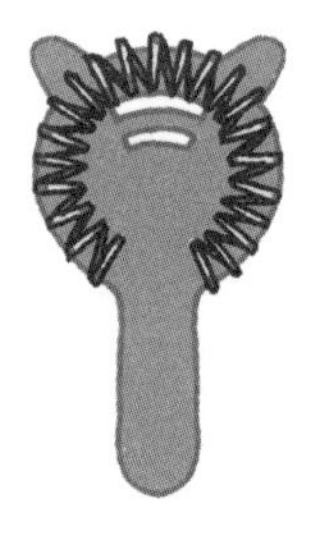

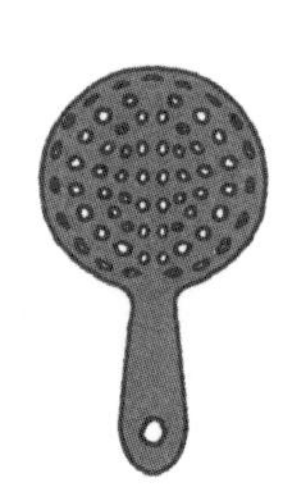

霍桑过滤器的盘簧用于过滤，茱莉普过滤器形似带孔的勺子。霍桑过滤器和波士顿摇酒壶完美适配，而茱莉普过滤器则需要调和杯的配合。择其一入手即可。

摇和法与调和法

使用摇和法时，需要沿着摇酒壶的长或高的方向摇和10~15秒。

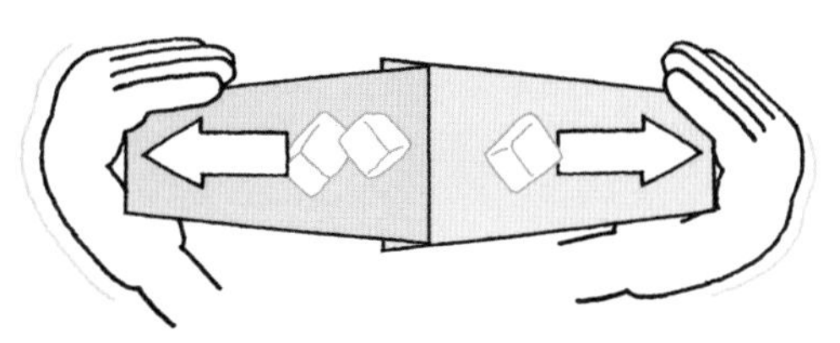

使用调和法时，将酒吧勺夹在拇指和食指与无名指之间，勺子触杯底，搅拌30~60秒。

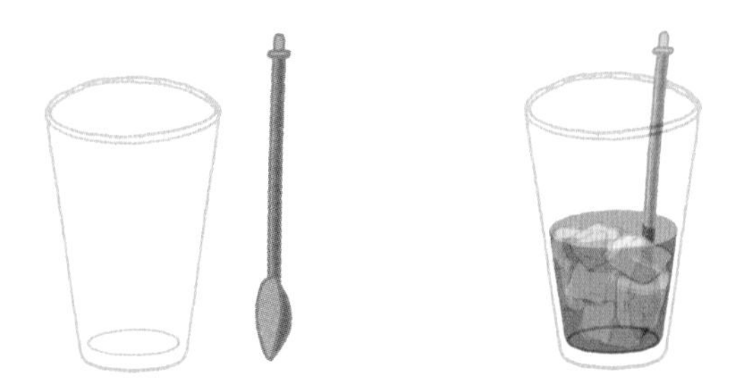

摇和法与调和法的不同之处在于：摇和会产生气泡，并使鸡尾酒的质地变得更加浓厚；而调和则不会对酒造成类似影响。烈酒含量高和带气鸡尾酒需要用调和手法。

调和鸡尾酒前，先用冰块和水将调和用玻璃杯与上酒用玻璃杯冰镇5分钟，或放入冰箱也可。去除杯中所有液体，向冰块中加入原料。将酒吧勺插入杯中直至杯底，轻轻搅拌60秒后过滤倒入上酒用玻璃杯中。

搅拌，即轻度研磨鸡尾酒原料。光滑的捣棒适用于香草，更为锋利的带锯齿捣棒更适合水果而非香草。将香草、糖、水果等放入调酒用玻璃杯中，轻轻按压并转动捣棒。薄荷等香草中的苦味位于茎及更韧的组织之中，因此应尽量不要破坏这些部分以免释放苦味。

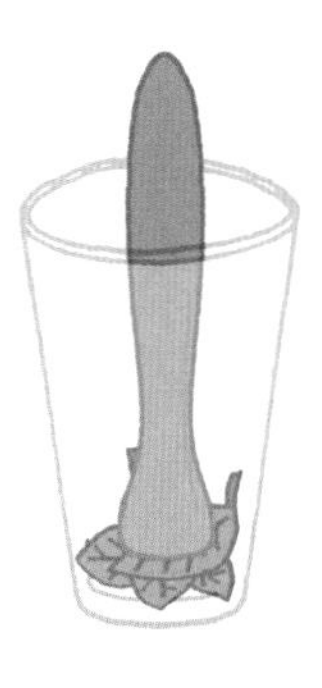

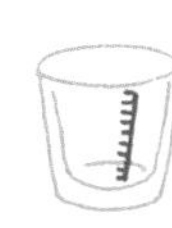

鸡尾酒有专门的量杯。虽然传统的金属量杯也可以用于制作一到两杯鸡尾酒，但精度更高的量杯更加实用。很多配方的精细程度很高，因此如果你能够测量微量液体会更加方便。

酒杯种类

酒杯种类繁多，不可能完全列出，但下面即将提到的，是最常用的鸡尾酒及其他酒精饮品用玻璃杯。除了基本的盛放功能，很多玻璃杯还有其他效用，如隔温、保留香气和气泡等。多年以来，玻璃制作过程中会加入铅，尤其用于水晶器皿。不过近年来铅的使用越来越少。

葡萄酒杯

几乎所有常见的葡萄酒杯都由酒杯、握柄和底座构成。手握握柄可以避免手的热量传导至杯中的葡萄酒，这对于白葡萄酒和气泡酒（如香槟）来说尤为重要。杯口通常比杯身最宽处窄，有助于聚拢酒的香气。喝酒时，葡萄酒的气味也是体验的一部分。在非正式场合中，使用平底玻璃杯喝葡萄酒也很常见。

红葡萄酒和白葡萄酒杯形状相似，但白葡萄酒杯通常更加修长。

香槟杯形状细长，以使酒与空气接触的表面积最小，从而保存二氧化碳（气泡）。有时还会使用冰激凌杯，其中的气泡酒很快就会没气。

鸡尾酒杯

鸡尾酒杯可以大致分为有握柄和无握柄两种类型，通常由饮品的制作方式决定使用哪种酒杯。加冰调和或摇和的鸡尾酒选用带握柄酒杯，以保持酒温；直接倾倒在冰块上或兑和而成的鸡尾酒，通常使用无握柄酒杯。

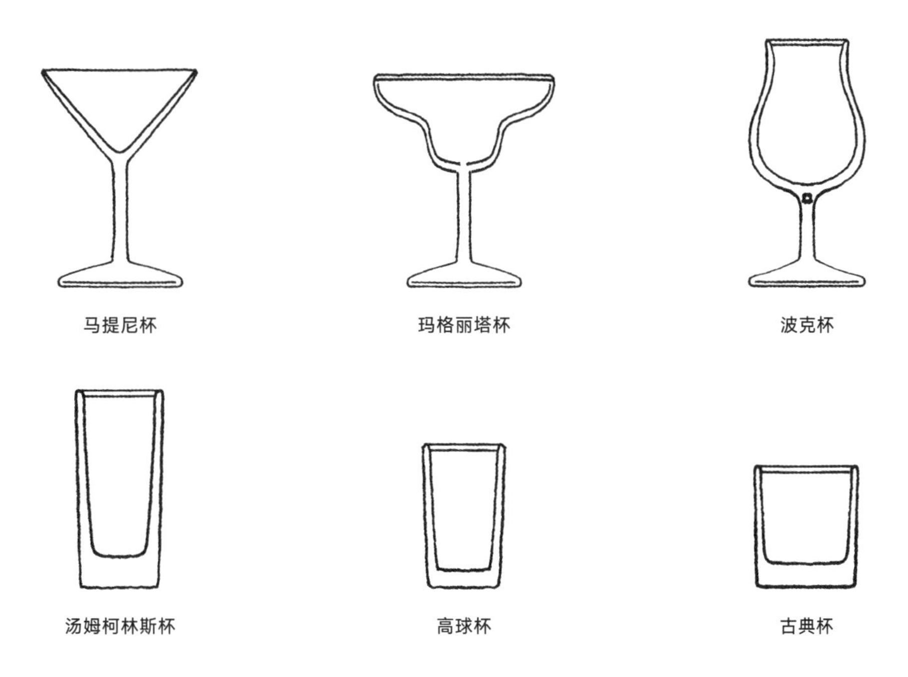

烈酒酒杯

烈酒酒杯通常可以提升饮用特定烈酒的体验，但一口杯和子弹杯的功用也许是加快喝酒的速度。麦芽威士忌和干邑白兰地等高品质烈酒通常需要慢品其风味，饮用这些酒使用的酒杯的设计可以为体验加分。

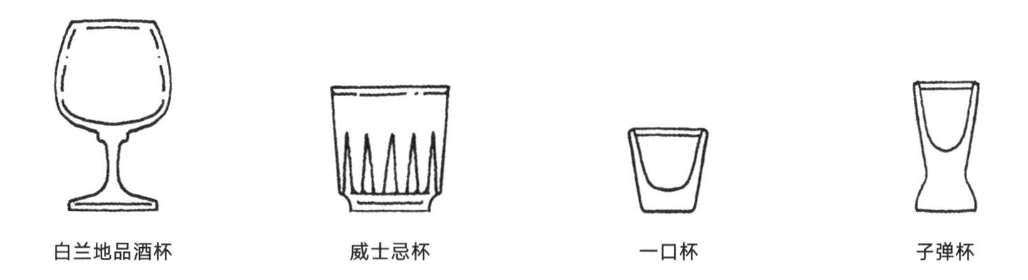

贝里尼

原料和比例：5份新鲜桃汁，10份普罗塞克葡萄酒
技法：调和
酒杯：香槟杯

黑俄罗斯

原料和比例：2份咖啡利口酒，5份伏特加，冰块
技法：调和
酒杯：古典杯

血腥玛丽

原料和比例：1.5份柠檬汁，香芹盐、胡椒、伍斯特沙司、塔巴斯科辣椒酱各2滴，9份番茄汁，4.5份伏特加，冰块
技法：调和后用一根香芹装饰
酒杯：高球杯

自由古巴

原料和比例：1份新鲜柠檬汁，5份朗姆酒，12份可乐，冰块
技法：兑和后用一片柠檬装饰
酒杯：高球杯

凯匹林纳

原料和比例：2勺糖，半个新鲜柠檬（捣碎），2盎司卡莎萨酒，冰块
技法：调和后用一片青柠装饰
酒杯：古典杯

大都会

原料和比例：1.5份青柠汁，1.5份君度酒，3份蔓越橘汁，4份柠檬味伏特加，冰块
技法：摇和后过滤
酒杯：鸡尾酒杯

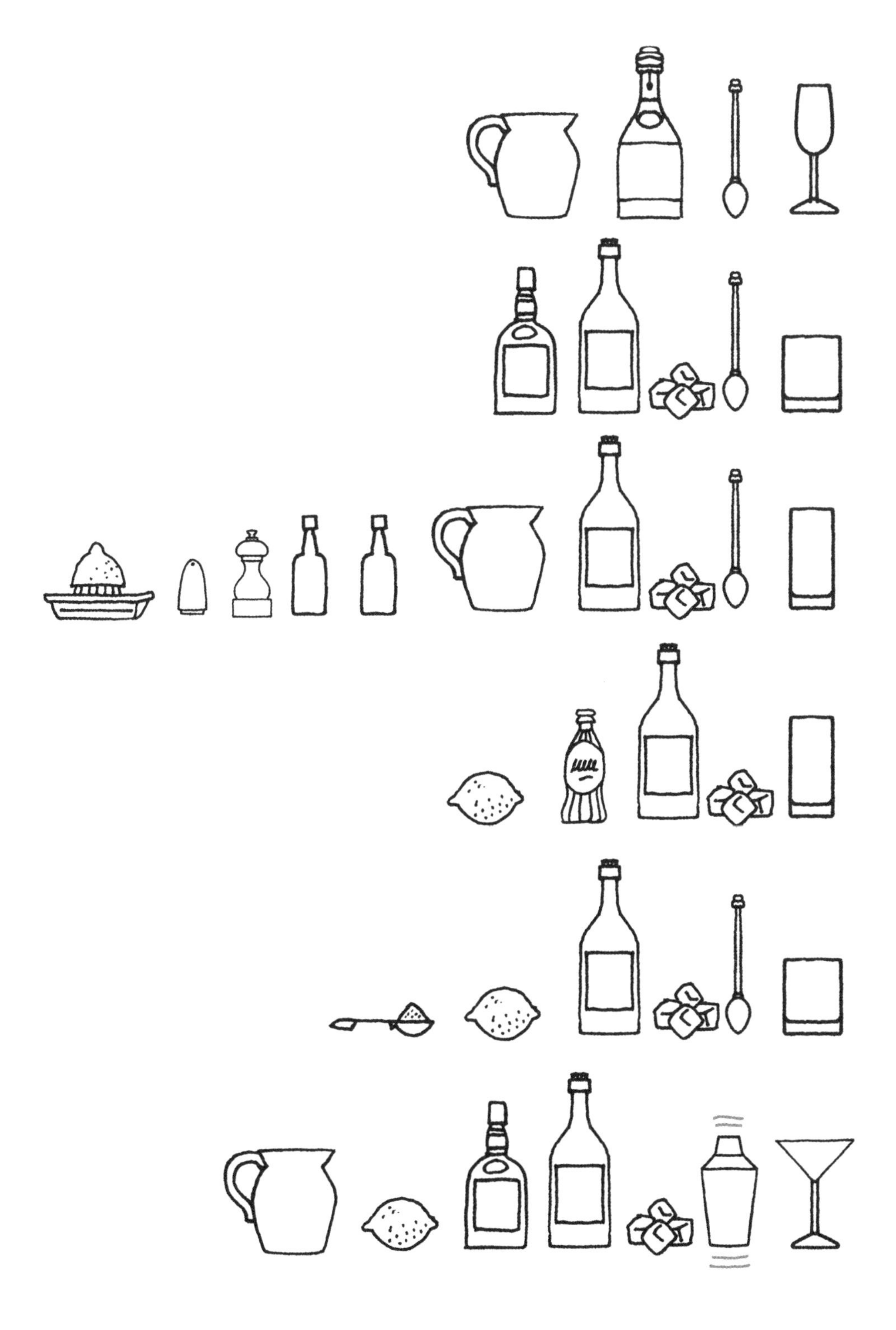

得其利

原料和比例： 1.5份单糖浆，2.5份新鲜青柠汁，4.5份白朗姆酒，冰块
技法： 摇和后过滤，用一片青柠装饰
酒杯： 鸡尾酒杯

干马提尼

原料和比例： 1份苦艾酒，6份金酒
技法： 加冰调和后过滤，用螺旋长条柠檬皮或一颗橄榄装饰
酒杯： 马提尼杯

金菲士

原料和比例： 8份苏打水，1份糖浆，3份新鲜柠檬汁，4.5份金酒，冰块
技法： 兑和后用一片柠檬装饰
酒杯： 高球杯

约翰·柯林斯

原料和比例： 5~6滴安格斯特拉苦酒，1.5份糖浆，3份新鲜柠檬汁，4.5份金酒，6份苏打水，冰块
技法： 调和后用一片橙子或一颗樱桃装饰
酒杯： 柯林斯杯

长岛冰茶

原料和比例： 5~6滴可乐，1.5份龙舌兰酒，1.5份伏特加，1.5份白朗姆酒，1.5份橙皮甜酒，1.5份金酒，2.5份新鲜柠檬汁，3份阿拉伯树胶糖浆（gomme syrup，水、糖、阿拉伯树胶的混合物），冰块
技法： 调和后用一片柠檬或青柠装饰
酒杯： 高球杯

迈泰

原料和比例： 1份新鲜青柠汁，1.5份杏仁糖浆，1.5份柑桂酒，2份黑朗姆酒，4份白朗姆酒，冰块
技法： 摇和后用一片青柠、菠萝和一颗樱桃装饰
酒杯： 高球杯

曼哈顿

原料和比例：2份红苦艾酒，5份黑麦威士忌，5~6滴安格斯特拉苦酒
技法：加冰摇和后过滤，用一颗樱桃装饰
酒杯：鸡尾酒杯

玛格丽塔

原料和比例：1.5份新鲜青柠汁，2份君度酒，3.5份龙舌兰酒
技法：加冰摇和后过滤至杯口撒盐的玻璃杯中，用一片青柠装饰
酒杯：玛格丽塔杯

含羞草

原料和比例：3份新鲜橙汁，3份香槟酒
技法：调和后用一片橙子、一颗樱桃或草莓装饰
酒杯：香槟杯

莫吉托

原料和比例：2勺白糖，3份新鲜青柠汁，少许苏打水，4份白朗姆酒，6枝新鲜薄荷（捣碎），冰块
技法：调和后用一片薄荷叶装饰
酒杯：柯林斯杯

莫斯科骡子

原料和比例：0.5份新鲜青柠汁，4.5份伏特加，12份姜汁啤酒，冰块
技法：倾倒后用一片青柠或薄荷叶装饰
酒杯：铜杯

内格罗尼

原料和比例：3份红苦艾酒，3份金巴利，3份金酒，冰块
技法：调和后用一片橙子或橙皮装饰
酒杯：古典杯

古典鸡尾酒

原料和比例：方糖，10~12滴安格斯特拉苦酒，5~6滴水，50毫升波本酒，冰块
技法：用苦酒和水湿润方糖，并混合捣碎。加入威士忌和冰块，搅拌至你想要的浓度，最后用一片橙子或一颗樱桃装饰
酒杯：古典杯

椰林飘香

原料和比例：3份椰奶，3份白朗姆酒，9份菠萝汁，冰块
技法：混合后用一片菠萝和一颗樱桃装饰
酒杯：波克杯

生锈钉

原料和比例：2.5份杜林标酒，4.5份威士忌，冰块
技法：轻柔调和后用一片螺旋柠檬皮装饰
酒杯：古典杯

螺丝刀

原料和比例：10份橙汁，5份伏特加，冰块
技法：调和后用一片橙子装饰
酒杯：高球杯

海风

原料和比例：3份葡萄柚汁，12份蔓越莓汁，4份伏特加，冰块
技法：调和后用一片青柠装饰
酒杯：高球杯

威士忌酸酒

原料和比例：1.5份单糖浆，3份新鲜柠檬汁，4.5份波本酒，冰块
技法：摇和后过滤，用一片橙子或一颗樱桃装饰
酒杯：鸡尾酒杯

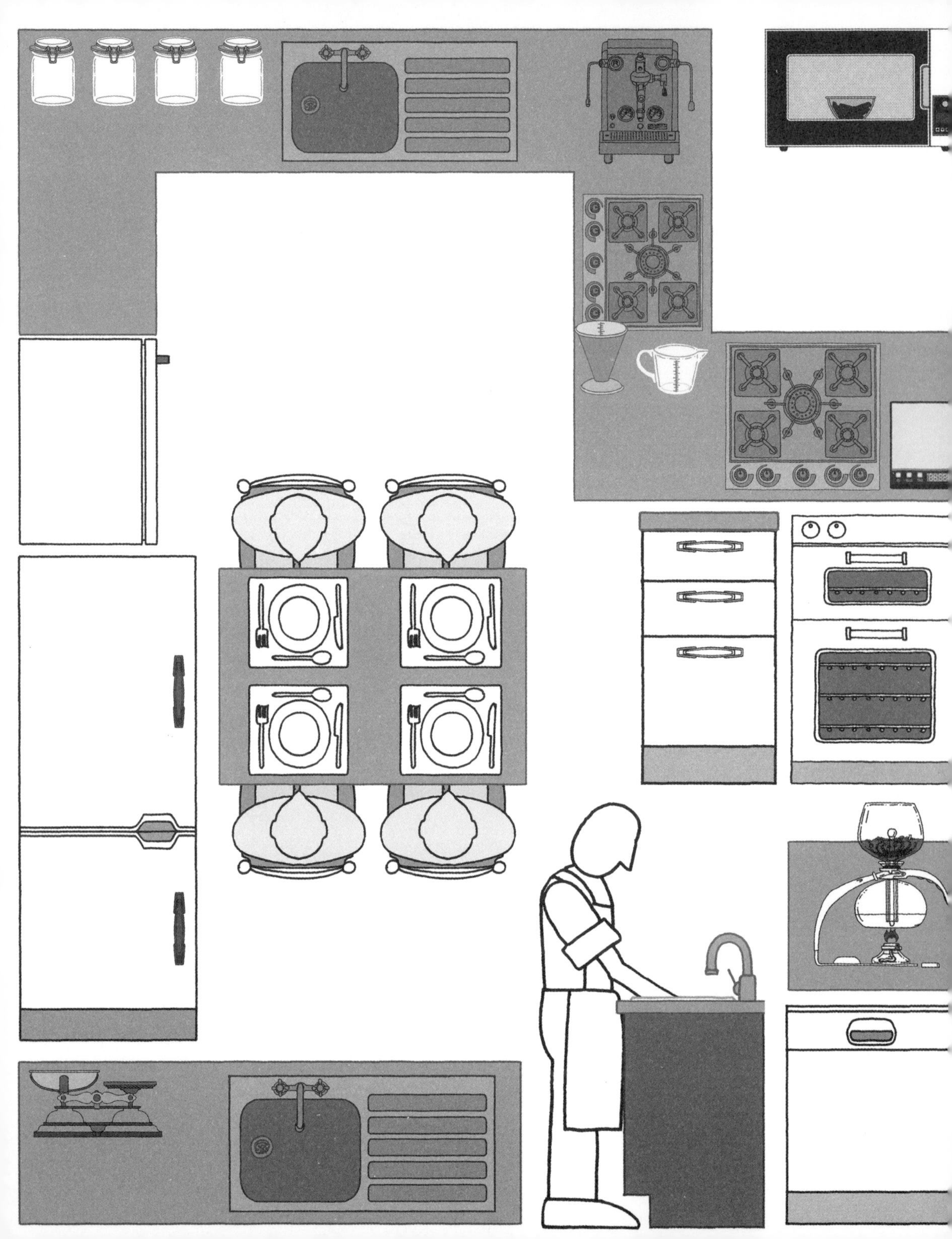

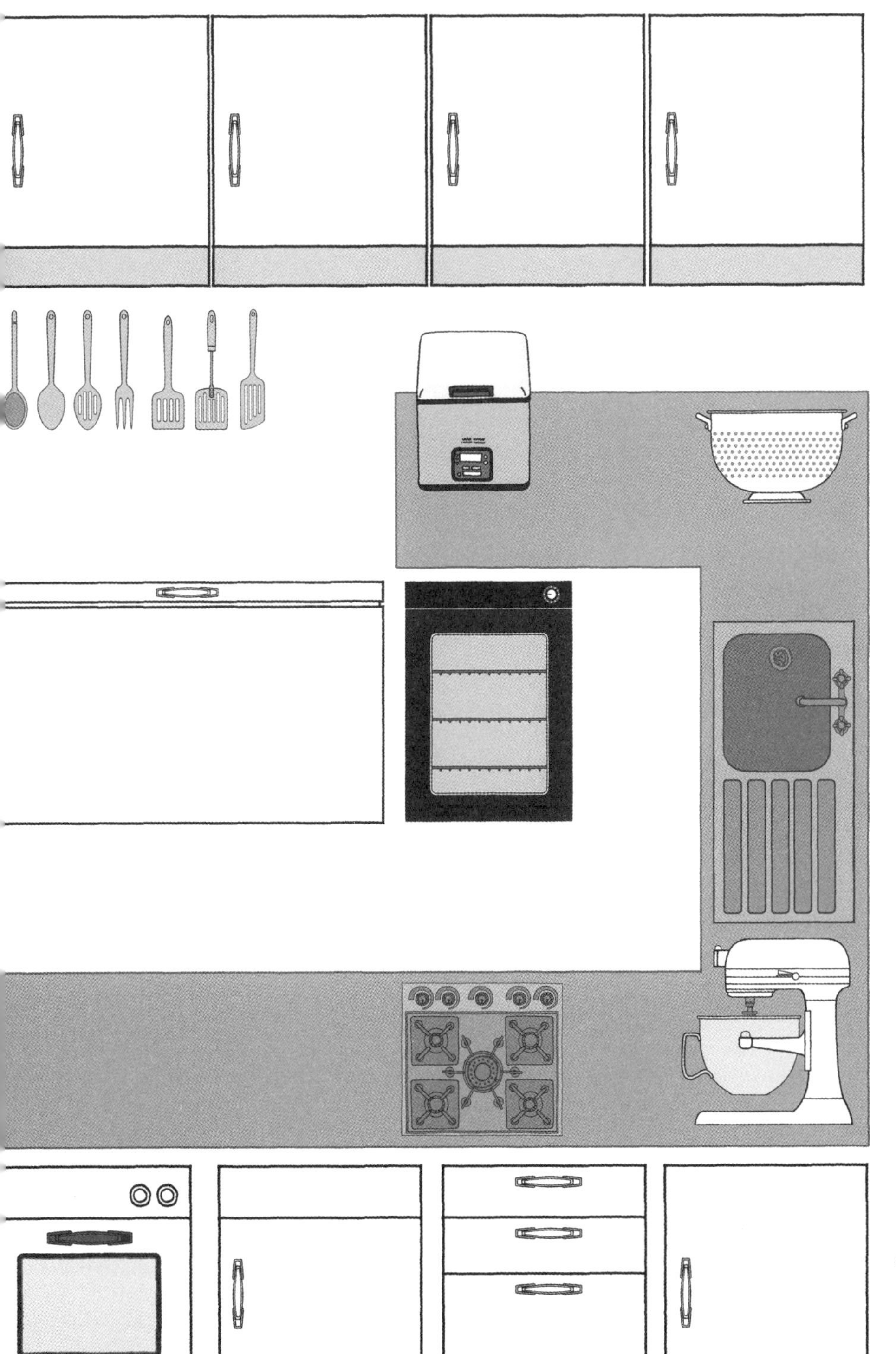

厨房

厨房

厨房三角工作区 172

工作台面 174

工作台面布局 176

水槽 178

厨房布局 180

厨房布局贴士 182

清洁和穿戴 186

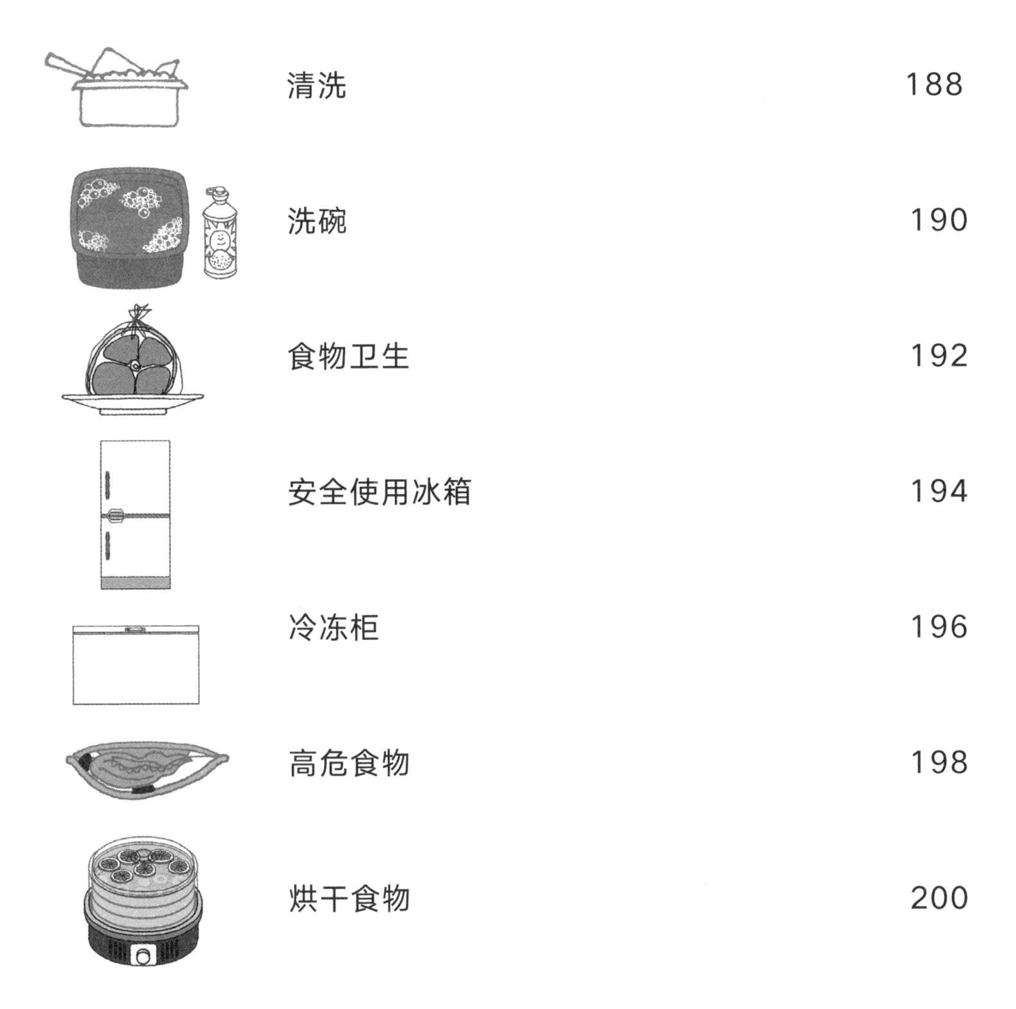

清洗 188

洗碗 190

食物卫生 192

安全使用冰箱 194

冷冻柜 196

高危食物 198

烘干食物 200

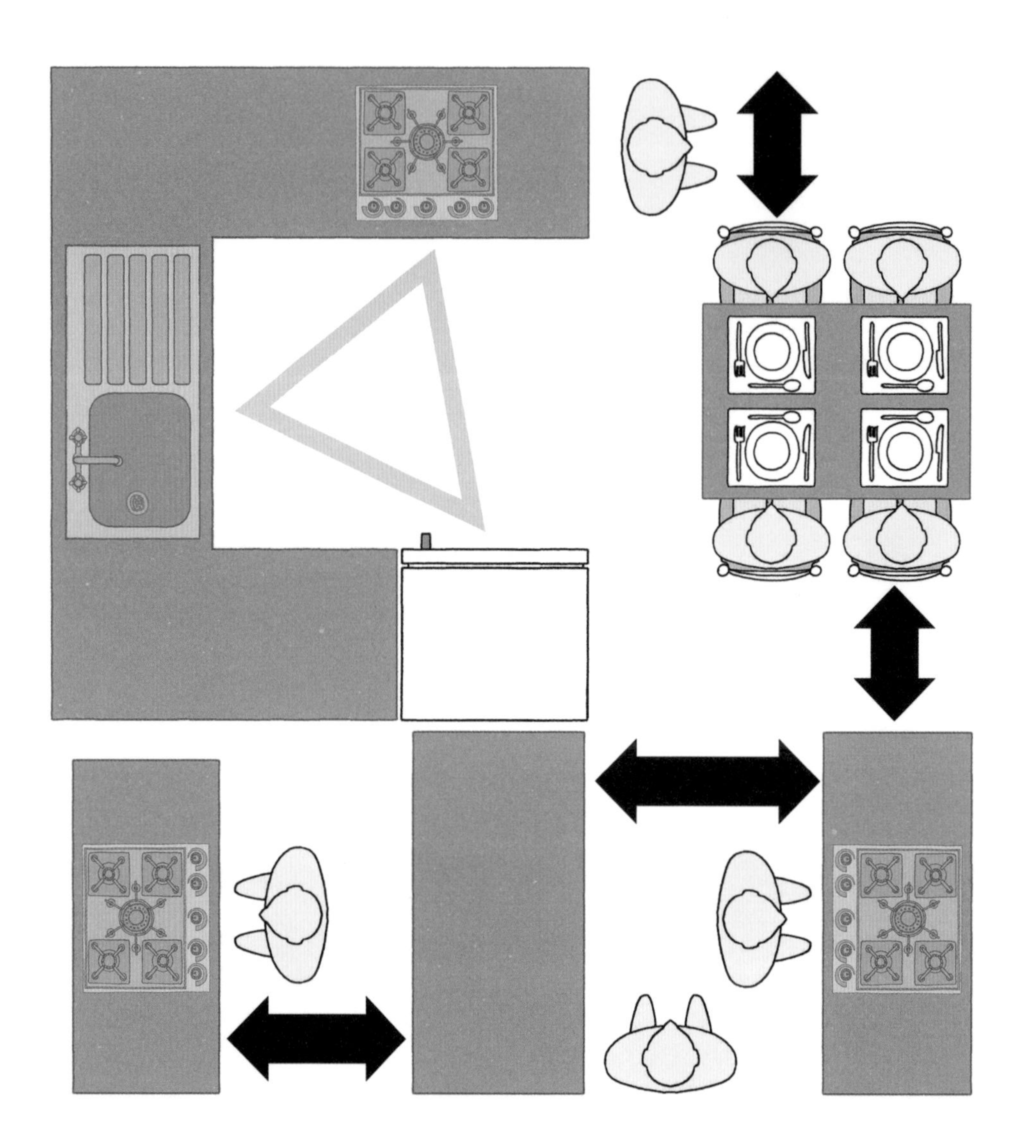

布局与使用

厨房是家中唯一一处工作区域，因此其是否符合人体工学将对使用者产生很大影响。甚至极其细微的改变也能避免操作上的烦恼、不便和时间浪费。尽量让厨房环境更加宜人吧，虽然所有布局都有一定程度上的妥协，但在画布局图时将各个影响因素纳入考虑范围，将会有利于厨房使用。

接下来的篇幅试图强调厨房设计中的一些注意事项，你也可以参考内容更加细致的相关图书，甚至还有学者专门研究这一主题。

厨房三角工作区

20世纪初，工厂开始使用“时间与动作研究”法测量工作效率。20世纪40年代，厨房进入研究领域，厨房布局设计理论随之出现。根据理论，厨房应围绕冰箱、水槽和灶台设计，这三部分要足够接近，以便拿取原料和器具，但同时也应为各自的操作留出足够空间。虽然厨房不可能完全按照严格规定进行布局，但这一理念值得借鉴。

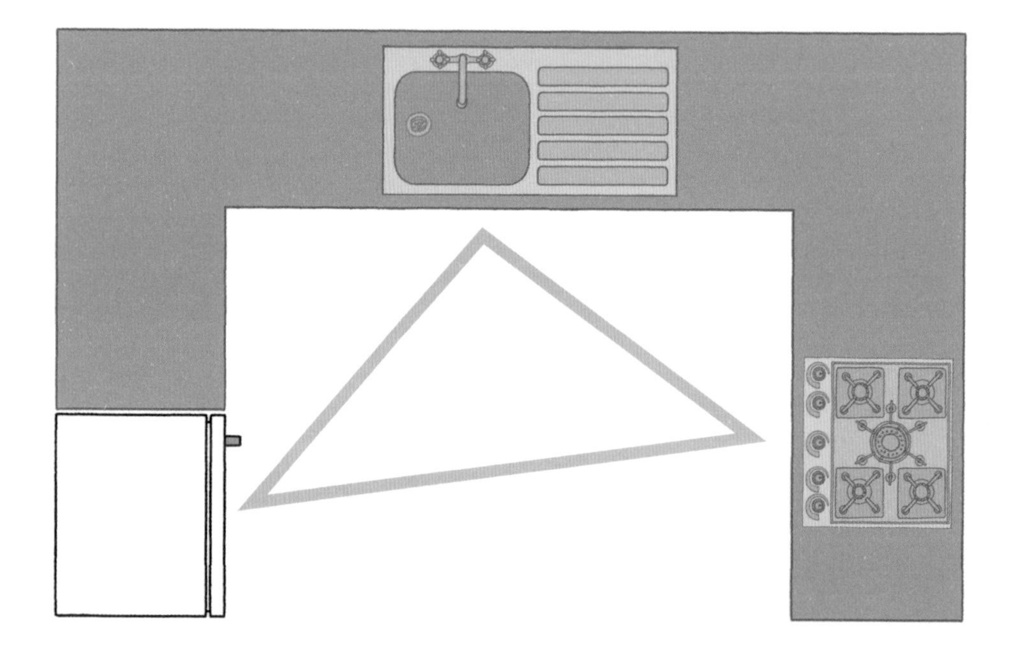

虽然三角工作区的概念产生于许多现代设备发明或流行前，但至今厨房中的大部分工作仍然围绕这个三角展开。最初的布局规则如下：

[1] 三角形的任意两顶点之间的距离应在1.2~2.7米之间。
[2] 三角形的三边之和应在4~7.9米之间。
[3] 任何物品不得置于三角形内超过30厘米。
[4] 三角形不应成为不使用厨房者的通道。
[5] 三角形任意两顶点之间不得放置高至天花板的物品。

空间布局

如果条件允许，建议在厨房各单元和器具之间保持适当距离，不仅烹饪时能有充足的移动空间，还可以在使用刀具和高温器具时保障安全。

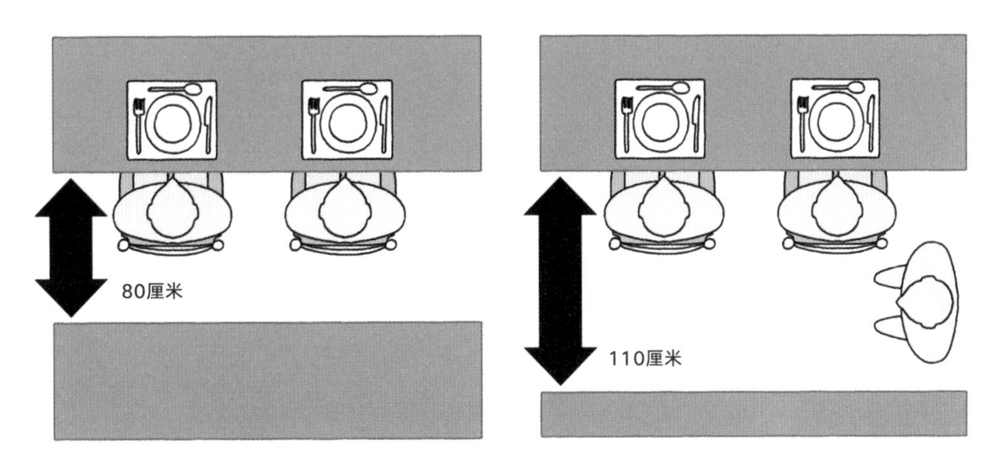

餐桌和墙或隔架等固定部件之间的距离至少应有80厘米（食客身后不过人），如果食客身后是过道，那么距离应为110厘米。

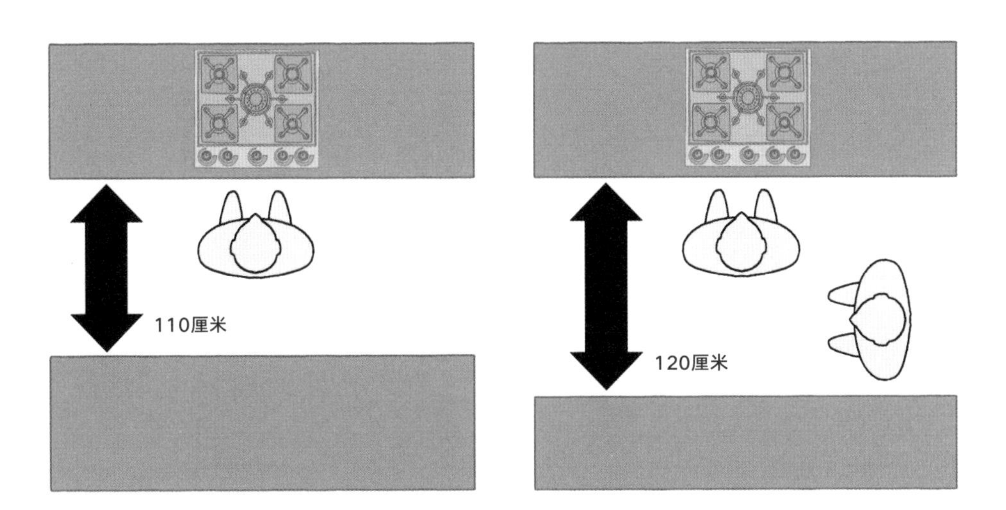

台面之间的距离取决于使用厨房的人数。建议单人厨房的台面距离为110厘米，双人厨房则至少为120厘米。

工作台面

工作台面多种多样，有各自的特性、优点和缺点。价格通常是选购台面时的首要关注点，但还有其他因素值得考虑。

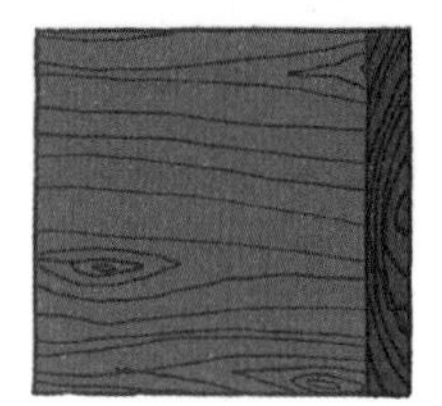

整块木质台面

整块台面通常纹理美丽，但缺乏稳定性，表面可能弯曲。使用的木料必须精心挑选，因为有的木头不适合做台面，甚至可能有毒。你可以用油或蜡保养表面。

拼接木质台面

木块之间的接缝有效避免了弯曲，因而这种台面通常很稳定。拼接台面一般通过上油、打蜡或涂漆进行保养。

端纹木质台面

端纹木块拼接而成的台面类似于屠夫用的案板。这种台面的优点在于，木料纤维能够抵抗划痕，且所使用的大多木料都有天然抗菌功能，也可以通过上油或打蜡保养。

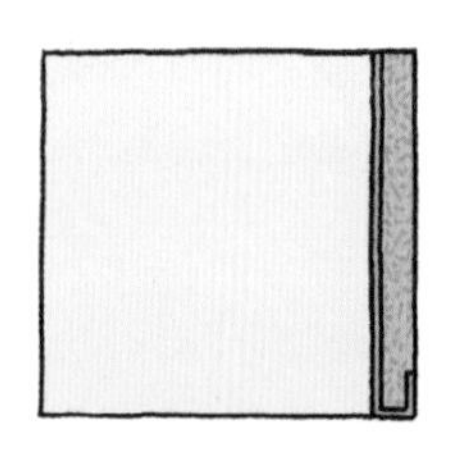

层压台面

很多层压台面使用木片或其他材质的内芯。价格有高有低，样式繁多，适合大多数厨房。层压台面易于清洗，能承受中等温度。有些台面自带抗菌效果。

高分子材料台面

高分子材料台面通常由合成树脂和矿物粉末的混合物制成，极为耐用但价格高昂，因此通常用于高端厨房。这种台面一般都具有抗污功能，可以用多种会伤害其他材质台面的化学清洗剂清洗。

不锈钢台面

大多数商用厨房都使用优点众多的不锈钢台面，不仅耐用，而且易清洗、耐高温。但不锈钢台面使用起来比较凉手，定制费用较高。

石英台面

石英是矿物的一种，但很多所谓的“石英”台面都是石英和树脂的混合物。这种情况多发于大理石、石纹表面，以及颜色鲜艳的台面之中。石英台面通常都可以抗污、抵御大多数化学物质，并能耐受一定等级的高温。

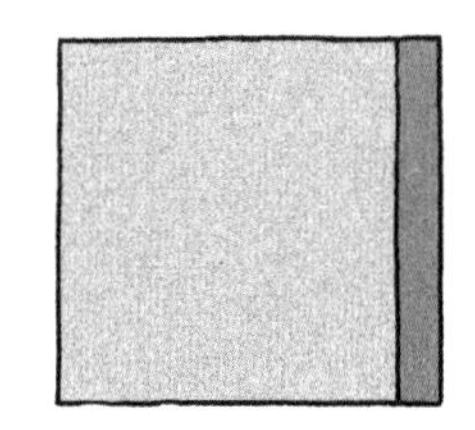

花岗岩台面

花岗岩非常坚硬，耐高温且抗污，但因为切割和拼接难度高，价格比较高昂。花岗岩台面的颜色都是天然色彩，不会褪色或变色。

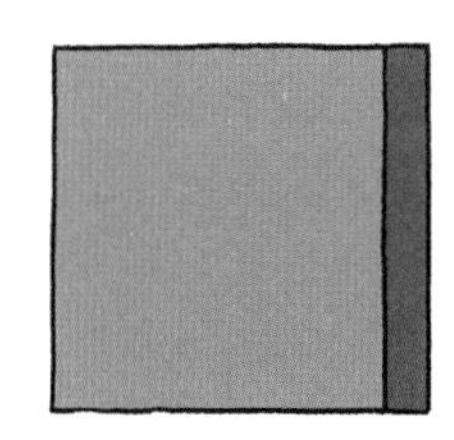

板岩台面

板岩色彩十分有限，价格比花岗岩低，耐高温，不会被大多数液体渗透，但边缘易碎，因此推荐使用边角经过打磨的板岩台面。

大理石台面

大理石比石英、花岗岩价格低，但因为其多孔的特质，台面会留有污渍。大理石台面可以封层并打磨，但花费较高，而且如果表面被损坏还会导致多余开销。大理石不及其他石材表面坚硬，会留下刀具的划痕。大理石台面的选择很多，应在购买前查看网上的评论。

混凝土台面

台面材质可以使用最简单的混凝土，或彩色、有表面肌理或纹理的混凝土。通常来说，这种台面比较昂贵，且必须经过封层才能使用。封层后的混凝土表面十分耐用，但每隔几年需要重新封层。惯常的操作方法是在工厂外使用模具浇筑混凝土，但有时也会在厂内直接浇筑台面。

其他材料台面

用于厨房台面的材料还有：

铜：价格高昂、外形美观、抗菌，但保养费用高。

树脂：可以使用纯树脂，或在其中加入碎玻璃、小装饰品以及小灯等各种材料。

瓷砖：非常耐用，但接缝处会积攒污渍和细菌，需要特殊维护。

工作台面布局

台面高度

市面上厨房单元的工作台面有标准高度，即距地面91厘米，根据材质的不同，台面厚度通常为3~6厘米。餐桌的高度稍低，在74~80厘米左右。一些单元配有可调节支腿，但通常是为了调整台面高度，而非抬升或降低整个单元。如果你觉得工作台面高度不合适，可以通过测量手腕至地面的距离来计算最佳高度。如果烹饪时你的手需要高过手肘，那么灶台就过高了。

单元和台面深度

大多数工作台面、基础单元和碗柜的深度都为60厘米。工作台面放在单元顶部后，整体高度将根据台面的厚度产生变化，由此可能导致该单元与灶台及其他单元的高度不平齐。这时，便可通过可调节支腿进行调整，保持整体高度一致。

如果基础单元深度为60厘米，那么管道就需要从单元下方通过，再向上与水龙头连接，或者也可以在碗柜两侧打孔使管道通过。较深的工作台面可以留出把基础单元向前移的空间，以便管道从单元后面通过。

底部的缺口可以让你的双脚稍稍伸入单元。如果没有这一设置，近距离操作时你将很难保持平衡，使用起来非常不舒适。

所需台面数量

你的烹饪风格和复杂程度将会影响你在厨房中的所需空间，但大致规则是要在水槽、灶台和冰箱周围留出足够的操作空间，以便准备食材、拿取原料和锅具。

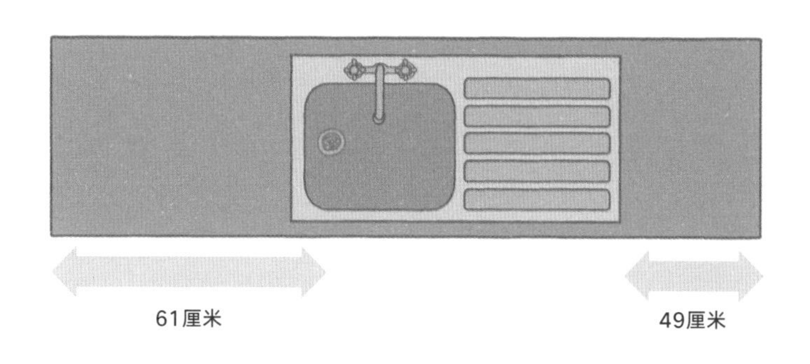

水槽

水槽两侧的工作台面应至少宽61厘米和49厘米，其中61厘米的台面是使用案板的最佳区域。

冰箱和冷冻柜

冰箱门开启方向的侧面应有一个至少宽38厘米的台面。如果实际情况不允许，那么最好附近有一个可放置台面的柜子。

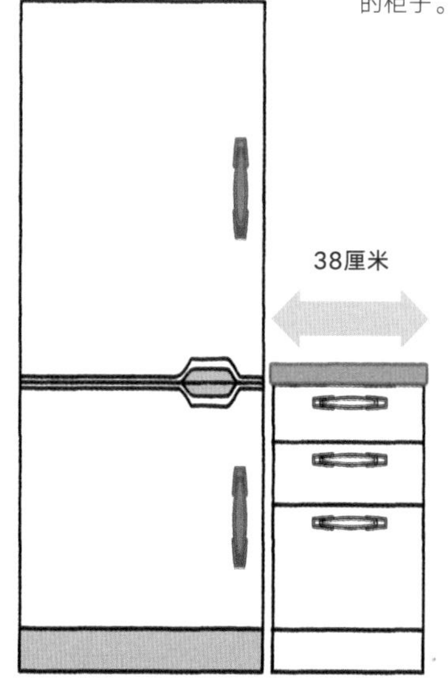

灶台

灶台两侧的工作台面应至少宽38厘米和30厘米，分别用于放置高温器具和烹饪材料。

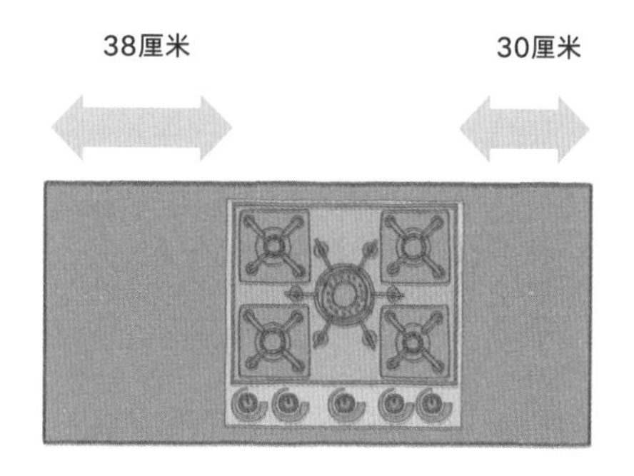

水槽

水槽有多种组合方式，即单槽、双槽、三槽，分别配有单或双沥水板。是否配备洗碗机，以及烹饪的复杂程度会影响水槽深度和数量的选择。值得注意的是，深水槽不是必须的，并非在所有情况下都实用，而且注满水槽所需水量很大。如果你选择双槽水池，最好两个槽的尺寸不同，大槽用于清洗大件器具，小槽用于冲刷其他用具。有些双槽水池中的小槽通常用来放置垃圾处理器，但如果你没有处理垃圾的需求，小槽也很实用。

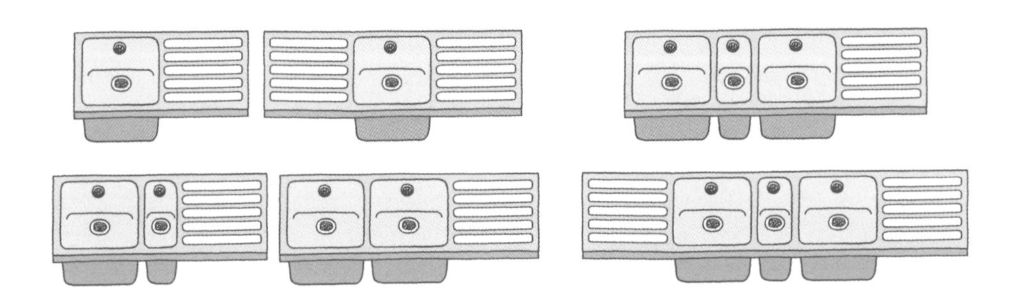

水槽材料

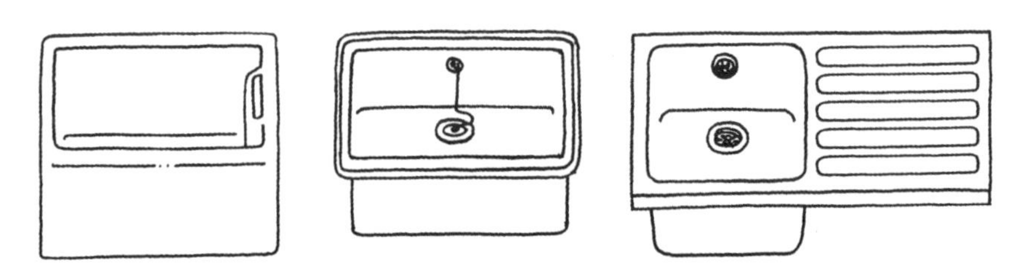

可选择的水槽材料包括不锈钢、陶瓷、搪瓷钢、复合材料和树脂。如果你安装了复合材料的工作台面，通常需要选用同种材料的内嵌式水槽，并将其纳入完整的台面之中。如此安装的操作台非常耐用且易于清洁，但价格高昂。不锈钢水槽应该是最普遍的价格适中的选择，不锈钢质地坚硬、易清洗。陶瓷水槽的硬度同样很高，但通常比较深，在没有辅助槽的情况下，不便于日常使用中的清洁工作。金属重物会在陶瓷表面留下痕迹，而一旦有了划痕便很难修复。搪瓷钢水槽也会被划，但如果保养得当，使用寿命相对较长。

水龙头

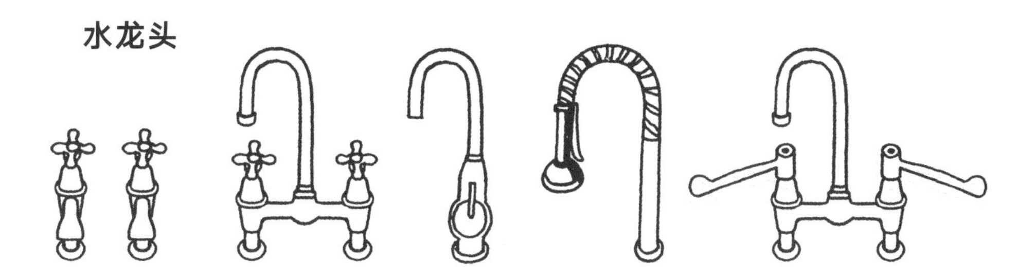

最简单的水龙头的使用可以追溯至数千年前，但现代版本在几百年前才出现，冷热水混合水龙头仅有100年的历史。虽然分离式龙头也能满足使用需求，但冷热水混合龙头在厨房中尤为实用。混合型龙头种类繁多，从最初的双头发展到可同时控制水温和流量的混合杠杆把手，（我认为）这些杠杆把手龙头用起来更加顺手。用来在水槽中冲洗器具的喷头也越来越常见，喷头一直用于商用厨房，不过现在已经可以购买到家用版本。配有超长杠杆把手的水龙头也值得入手，这种水龙头和避免细菌污染的医用龙头相类似，可以避免污物散布，且方便所有家庭成员使用。

U型管和垃圾处理器

多数水槽下部配有U型管，可以拦截掉入排水孔的小物，但其主要功用是阻隔下水道的气味。U型管有时会堵塞，但很容易疏通。可以先试着用搋子疏通，但需要用湿布覆盖溢出物以保证搋子内部压力上升，否则这种方法可能不奏效。你还可以向排水孔中倒入开水，因为如果之前有人倾倒脂肪（不建议这么做），脂肪可能会凝固，从而堵塞管道。如果这两种方法都不管用，你可以试试疏通水槽的化学制品，或者在U型管下方放一个桶，并拧开管道下面的盖子，但气味会很刺鼻，建议使用手套。

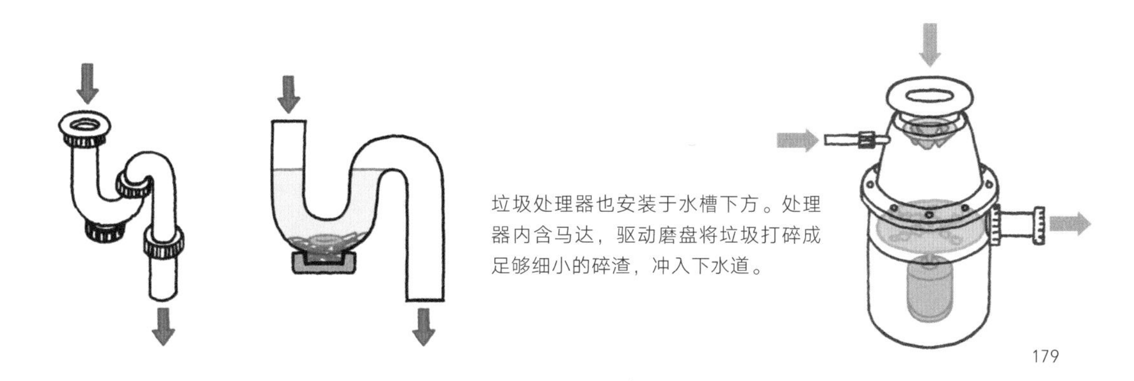

垃圾处理器也安装于水槽下方。处理器内含马达，驱动磨盘将垃圾打碎成足够细小的碎渣，冲入下水道。

厨房布局

规划厨房布局时有以下考虑因素：空间形状、预算、使用厨房人数、烹饪风格和复杂程度、安全、食客数量，以及厨房作为社交和烹饪空间的所需功能。接下来将介绍三种主要厨房形状。

船舰厨房

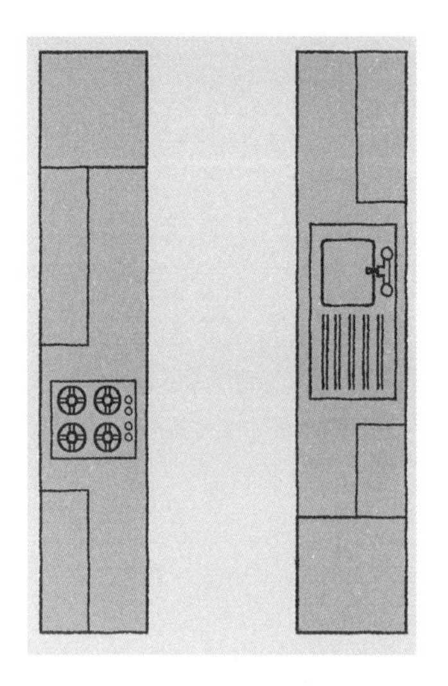

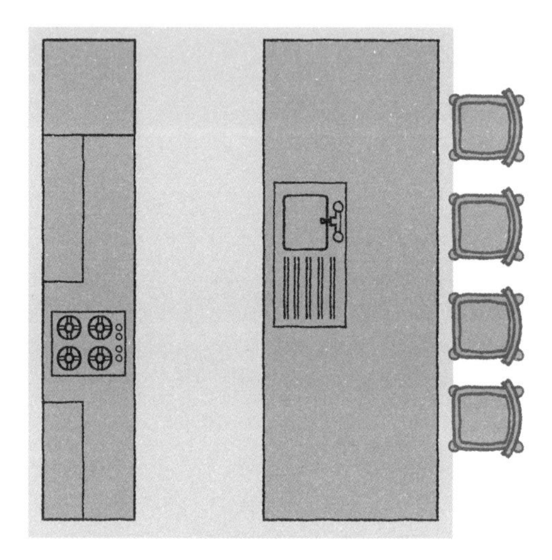

常见的操作区域位于中央通道两侧的长条形布局来源于船舰厨房。商用厨房中厨师的工作区域通常遵循这种布局，由于后厨空间有限，布局形状就显得尤为重要。不建议为了设置供其他人通过的走道而将操作区域面积加倍。如果条件允许，各个单元、灶台以及水槽等设施最好呈三角形布局。厨房不是社交的绝佳场所，除非厨房一侧为开放式，该侧台面面积可加倍用作吧台（如右上图所示）。

L型厨房

L型厨房是没有空间限制的使用者的明智选择，沿着夹角为90°的两面墙安排布局，如果排布合理，L型厨房使用起来将非常符合人体工学。还可以在L型布局中摆放一张桌子或岛台，以增加一个操作和餐饮区域。

U型厨房

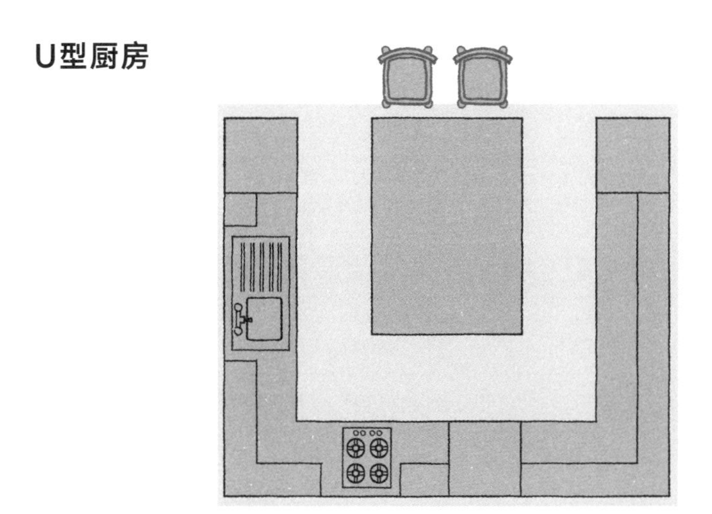

U型厨房可容纳大量单元，供两位及以上使用者从容操作。在计划较大的U型厨房布局时，需要思考如何划分烹饪步骤，按照逻辑顺序设计各个区域，避免在厨房中来回移动。

厨房布局贴士

虽然空间在很大程度上决定了厨房的布局，但烹饪过程有其特定顺序，如果厨房的设计遵循食材从生到熟的操作顺序，那么将会大大提升使用体验。

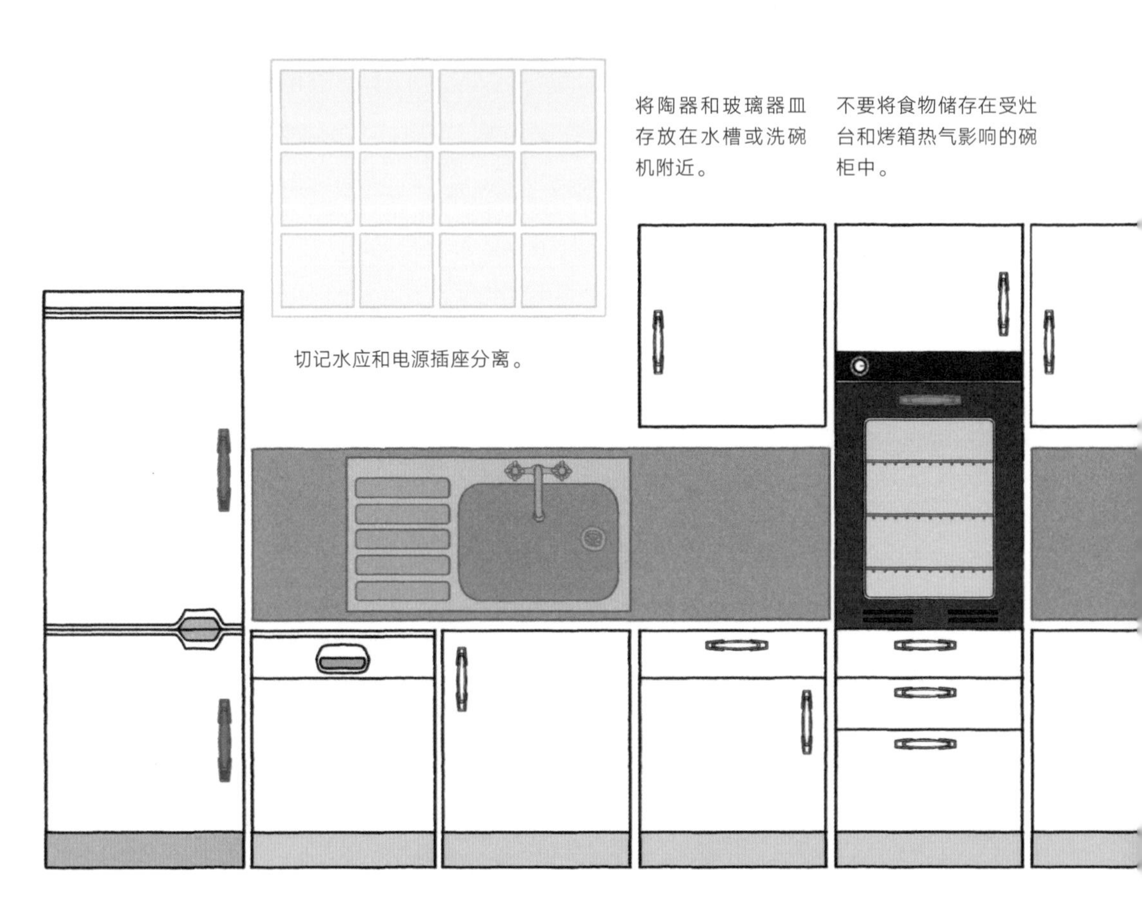

冰箱最好放在水槽边，方便清洗食材。

将洗碗机安装在水槽边，便于区分手洗和机洗餐具，而且洗碗机和水槽还能共用供水和排水系统。

将水槽附近的抽屉用来盛放餐具，便于使用水槽或洗碗机清洗餐具。

窗户应与燃气灶保持距离，以免空气从窗户进入室内吹灭灶火或妨碍烹饪。

香草、香料和烹饪用油应存放在灶台和烤箱附近。

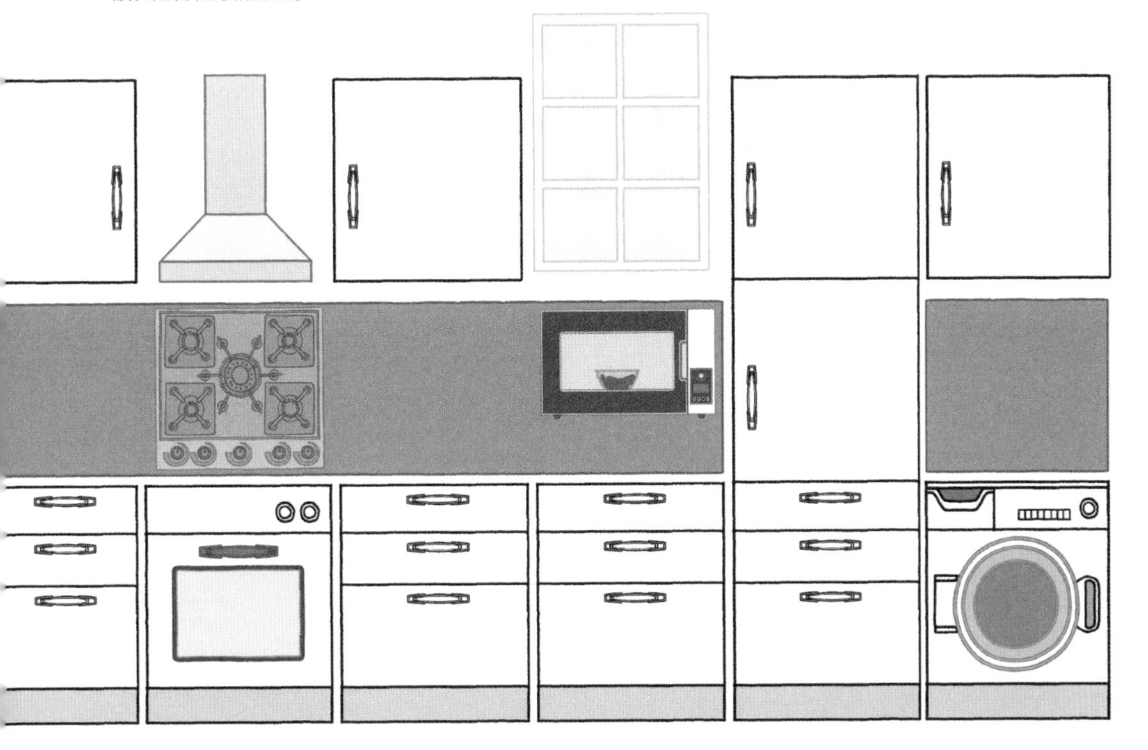

炖锅和平底锅应存放在烤箱附近。

烘焙原料、搅拌碗和罐子应存放在烤箱附近。

洗碗机和水槽通常位于外墙，以便接入排水系统。管道也可以按照其他方式进行改造，但会导致大量额外开销。

卫生和安全

食品安全至关重要！在厨房中，细菌和你时刻并存，如果时机合适，细菌便会大量繁殖，从而造成严重隐患。在有关食物的种种要素中，最先要考虑的是其营养价值。为此，你需要尊重并悉心打理厨房和其中的食物，才能为家人带来健康。食品安全的关键在于清洁的环境、符合卫生规范的操作，以及烹饪器具和原料的正确保存。

清洁和穿戴

最常见的食物污染源是不干净的双手，而通过洗手可以大大降低污染的可能性，但大多数人洗手时并不遵循规范方法。虽然这些规范看起来比较夸张，但这一小小的举措便可以避免危险的潜在感染。

洗手方法

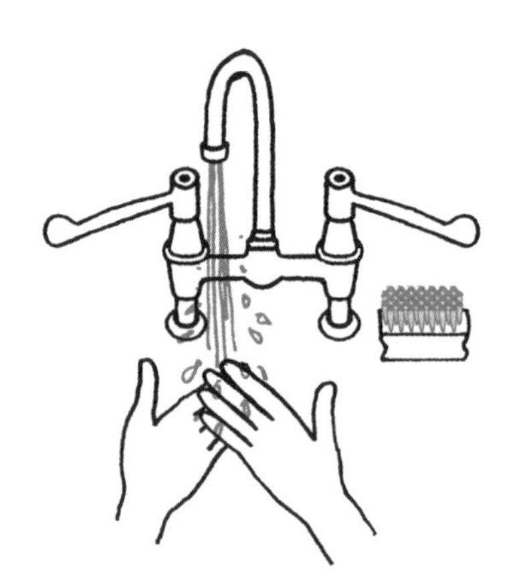

[1] 彻底湿润双手和指甲刷。如果你使用的是扳手式龙头，可以用手肘开关龙头。

[2] 抹上香皂或洗手液。

[3] 用手掌摩擦香皂或洗手液，直至出现丰富泡沫。

[4] 用泡沫擦洗手指和指缝。

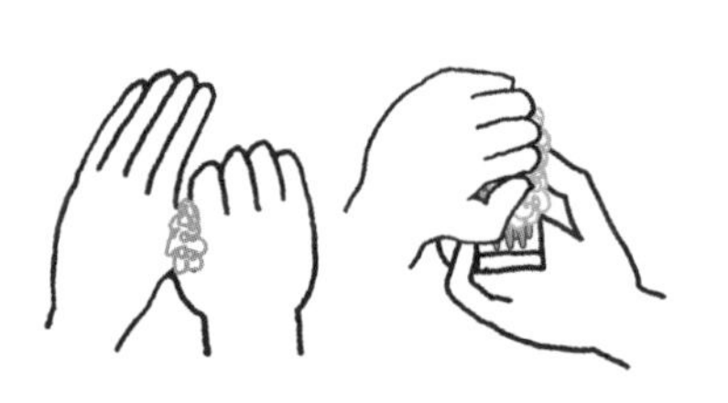

[5] 用泡沫擦洗拇指，以及所有指尖和指甲。

[6] 用干净的布擦干双手，并关上水龙头（不要用刚刚洗净的手）。

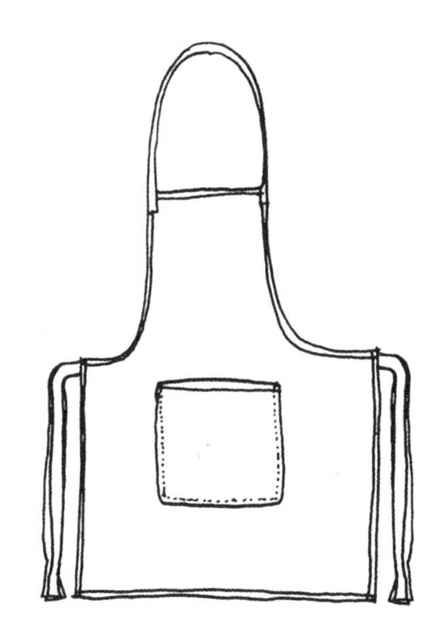

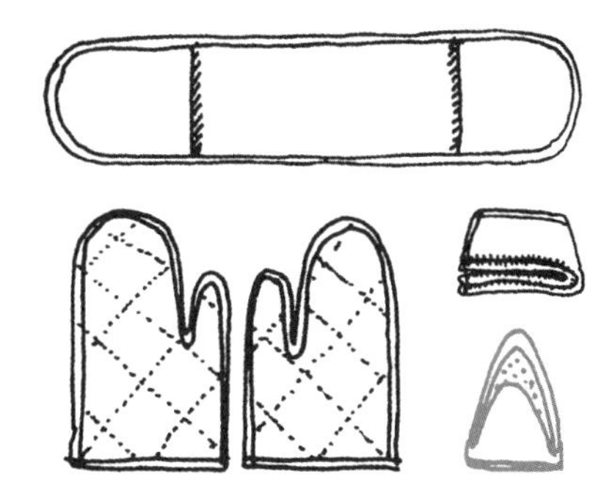

穿什么？

烹饪围裙是个很好的选择，不仅可以保持衣服的洁净，而且易于清洗，在打扫卫生时还可用作清洁服。

烤箱手套

质量过关的烤箱手套使用起来很安全。不过潮湿的手套会导热。为了解决这个问题，可以用硅胶手套或锅垫取而代之。

厨房起火

据统计，47%的家庭起火都未上报消防系统。消防机构建议，一旦起火切忌心存侥幸，屋内人员应全部撤离，并关上所有门窗。除非是你有把握、有器材处理的小火，否则不要轻易尝试自行灭火。如果火势自起火点蔓延开来，也不要试图灭火。

一般的建议是，如果你想储备一些安全器材，那么可以购入一张灭火毯或一个水雾灭火器。这两种器材都可以应对因油而起的火以及其他常见起火。不要在任何情况下试图用水扑灭因油而起的火，如果条件允许，可以先关火（不要俯身于火源之上），再用上面提到的两种装备之一进行灭火。购买灭火毯时，应确保其适用火种包含厨房内所有类型起火。大多数灭火器具都标有代码，指明可应对的火灾类型。

清洗

厨房中的一些用具会被错误的清洗方式损坏，因此应遵循基本清洗原则。

案板

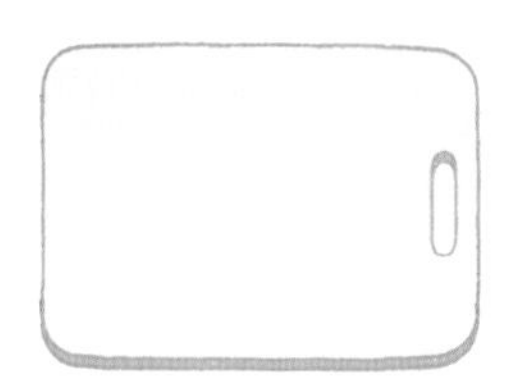

塑料案板应该用清洗剂和水洗净，然后在水和漂白剂的混合液（每2升水加1勺漂白剂）中浸泡10分钟，置于沥水板上晾干即可。

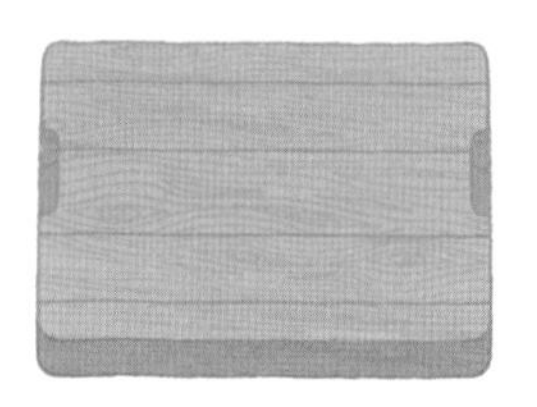

清洗木质案板时，用水和清洗剂擦洗后自然晾干。如果需要深度清洗，可以用水和烘焙用苏打粉混合而成的浆糊擦洗案板，再用热水冲洗干净。

不锈钢

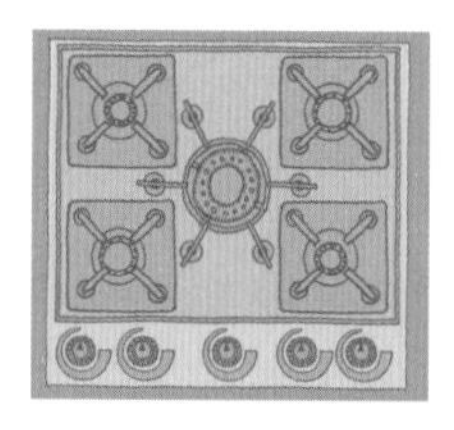

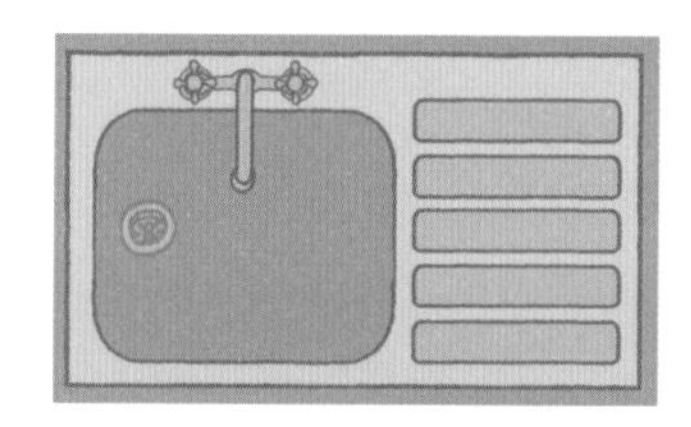

不锈钢灶台和水槽的表面通常会积攒划痕使台面变得粗糙。这些划痕最好用专门的清洁霜去除。清洁霜本身也是粗糙的，但会通过非常细小的颗粒造成更细微的划痕（这也是大多数抛光过程的原理）。

烤箱

一些现代烤箱自带清洁模式，这种模式实际上就是一个高温循环。烤箱中的污垢变为粉末，待烤箱温度下降后就可以将其擦拭干净。没有自带清洁功能的烤箱通常内部为搪瓷材质，可耐受强力化学清洗剂。但在使用时，需要注意不要把清洗剂抹蹭在烤箱门及其他部件之上，也要避免你自己接触清洗剂，因此建议操作时佩戴手套。

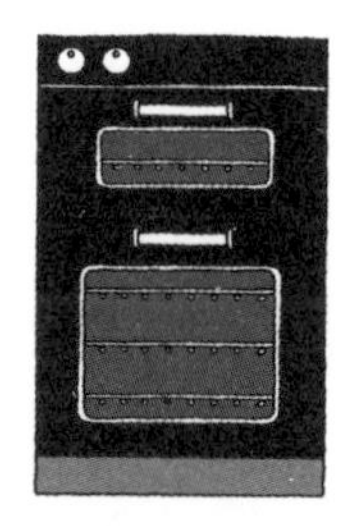

冰箱和冷冻柜

寻找合适的时机将冰箱里的食物量精简到最少，因为清洗过程中食物会融化，而二次冷冻是不安全的。腾空冰箱并解冻后，移除所有抽屉和隔板，并用肥皂水刷洗。如果隔板是玻璃材质，需要回温后再泡入热水之中，以免玻璃炸裂。冰箱内部可用高浓度烘焙用小苏打的水溶液清洗。

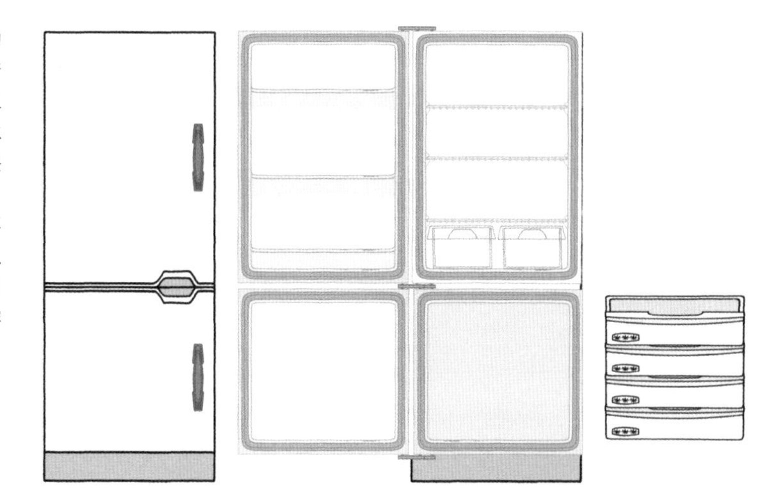

工作台面

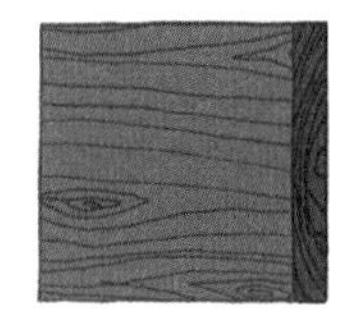

上过油的木质台面应用清洗剂的水溶液清洗，然后擦干，如果有必要还可以再上一遍油。

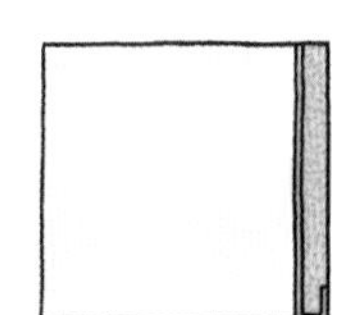

层压薄板台面质量不一，如果使用硬度高于海绵和清洁泡沫的工具洗刷台面，需要格外小心。

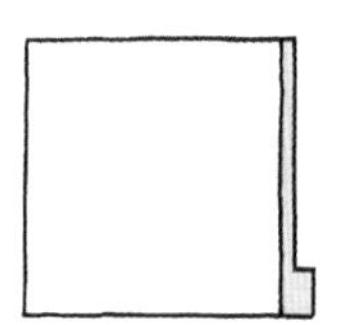

合成材料台面具有化学稳定性，且质地坚硬，无需担心划破表面，因此可以放心清洗。

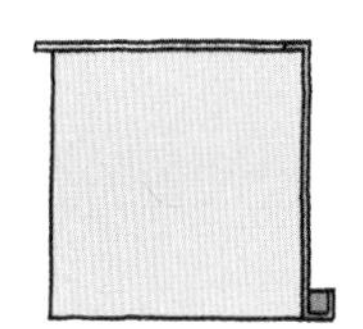

不锈钢材质最好清洗，可以先用水浸湿积攒在台面上已经变硬的污渍，然后再用钝头木质工具刮除。

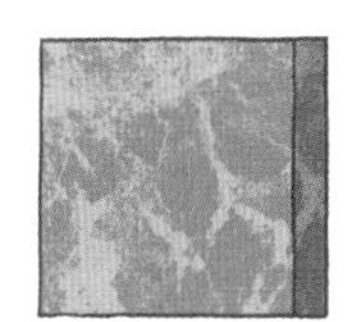

清洗大理石台面需要使用肥皂水喷雾，然后再用干净的布擦干即可。避免接触任何酸性物质（如柠檬汁或醋）。

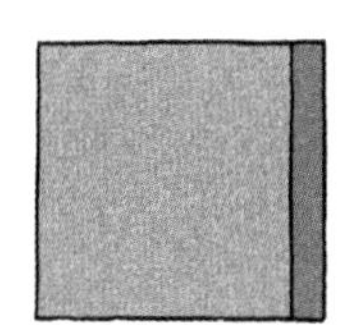

花岗岩台面需要每天使用抗菌花岗岩清洗剂或温和的肥皂水清洗。如果台面已封层，清洗前需要咨询制造商。

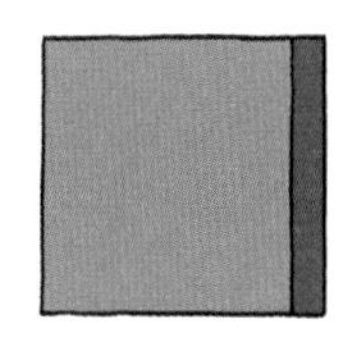

板岩台面应用软布和温和的清洗剂溶液擦拭，同样也要避免接触任何酸性物质。

洗碗

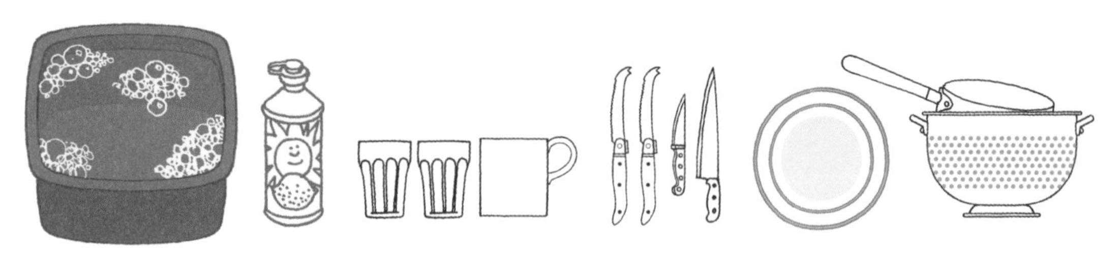

洗碗时佩戴手套可以提升用水温度，不仅能帮助分解油脂，还有助于消灭细菌。还有一个看似理所当然但很有效用的步骤——清洗之前先把盛具中的食物残渣去除干净。按照顺序清洗食器：玻璃器皿和饮料盛具、餐具、陶瓷器具、锅等。如果条件允许，最好使用网状置碗架，并让厨具自然晾干。如果你习惯于收纳，那么要确保碗筷等已经完全晾干，因为潮湿的环境会促进细菌滋生。

刷子、洗碗布和洗碗球

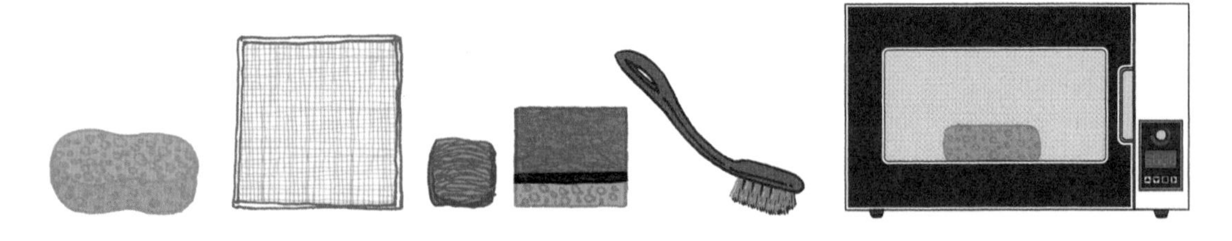

手洗洗碗布、刷子和洗碗球能起到清洁效果，但容易积聚细菌。可以通过定期机洗洗碗布、用洗碗机清洗刷子来去除细菌。清洗非金属材质的洗碗球和海绵时，现将其用水浸湿，再放入微波炉加热40秒。

注意事项

擦洗可能会对多数材质造成损坏，使用硬度低于需清洁材质的工具可以减少伤害。因此应避免使用硬质工具清洗软质材质，如用钢丝球擦洗铜锅，或用百洁布清洗塑料制品。

洗碗机

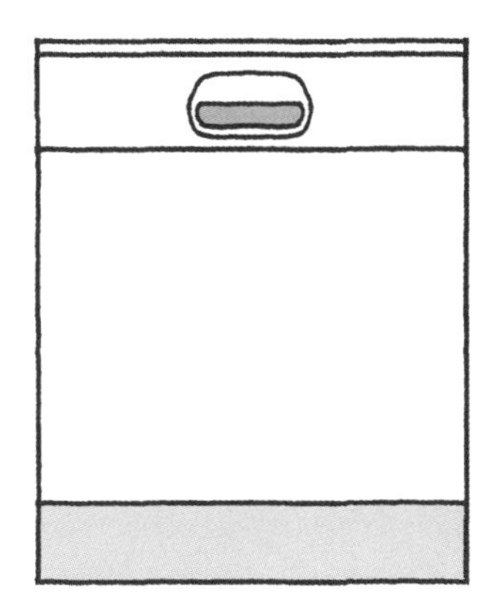 

如果洗碗机已经被装满或以经济模式运行，那么同时手洗其他的器具能够有效节约能源。先手洗再机洗也会更加卫生，建议将盘子等食器放入洗碗机前先用手进行擦洗。

在洗碗机中加入盐可以避免积攒水垢，使机器表面更有光泽。因为盐能去除硬水中的钙和镁。和食盐不同，这种盐含抗结块剂，不会堵塞洗碗机中的硬水软化器。

还要注意，不要在洗碗机中使用手洗时使用的清洗剂，因为洗碗机洗涤剂成分略有不同，不会起泡沫。这个教训来自于我的亲身经历——我曾经在用洗碗机时，泡沫充满了半个厨房……

以下物品不可机洗！

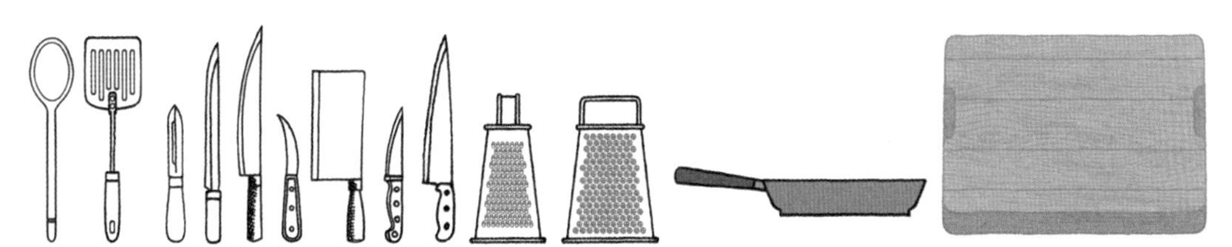

食物卫生

食物是自然循环的一环，生长而后分解。我们收集的鲜活食物几乎立刻就会变质。对于有些食物来说，这一变化正是我们所期待的，而且我们还会主动控制变质过程（如酸奶、奶酪、啤酒、葡萄酒等）。酵母等细菌和真菌在其中起着至关重要的作用，但并不是在所有情况下都对我们有益。如果想延长食物味道变差、甚至变得对人体有害之前的时间，通常的办法是减缓细菌或真菌的生长速度。可以通过高温或化学方法控制食物内部和周围的环境。过高或过低的温度，以及强酸或强碱的环境，都能减缓、阻止或杀死细菌和真菌。不同种类的细菌和真菌具有不同的抵抗力，因此处理食物时需要全面考量。

细菌和真菌孢子几乎存在于所有环境之中，并附着在大多数食物上（至少是食物表面）。有些菌类对人体危害更大，有的则只在特定场合下对人体有害。经过长期科研，针对如何安全地处理、准备、烹饪、食用以及储存食物已经有了相应准则。

细菌会附着在肉类外部，因此一定不要破坏表面，以防细菌乘机而入。在屠宰和处理肉类的过程中应多加留心。在家中使用已经切好的肉或肉馅烹饪时，最好买来后立刻制作，因为细菌很有可能已经混合在肉中了。同理，用剁好的肉或肉馅制作肉饼和肉酱时，食材充分成熟后才可安全食用。

食物和安全温度

安全温度如何界定是个复杂的难题。细菌在温暖的环境中生长速度更快，但如果温度继续升高，细菌就会被杀死或变成孢子。细菌在冰箱温度（0~5℃）下生长速度放缓，-20℃（大多数冷冻室的运行温度）时被冷冻，并不再繁殖。总的来说，危险温度区域在5℃~50℃之间。将食物置于这一范围的温度之中风险较高，以下食物尤甚：

- 肉类，包括牛肉、猪肉、鸡肉、鱼类和其他海鲜
- 蛋和未发酵的奶制品（奶酪不在此列，但儿童、孕妇，以及免疫系统功能低下的人群应避免食用未经巴氏消毒的奶酪）
- 切好的新鲜水果和蔬菜
- 熟食，包括肉类、蔬菜、豆类、米饭、面条等
- 酱汁，如肉汁等
- 生和熟的豆芽

以上这些食材需要放在冰箱中储存（做熟后的食材则要先自然冷却，再放入冰箱）。

温度高于50℃时，细菌开始被消灭。随着温度上升，大量细菌死去。达到沸点时，大多数细菌都已消失，但并非全部。压力锅可以继续提高温度，进一步杀死残留的孢子。标准高压锅的内部温度可以达到115℃，但仍然只能消灭大部分细菌。

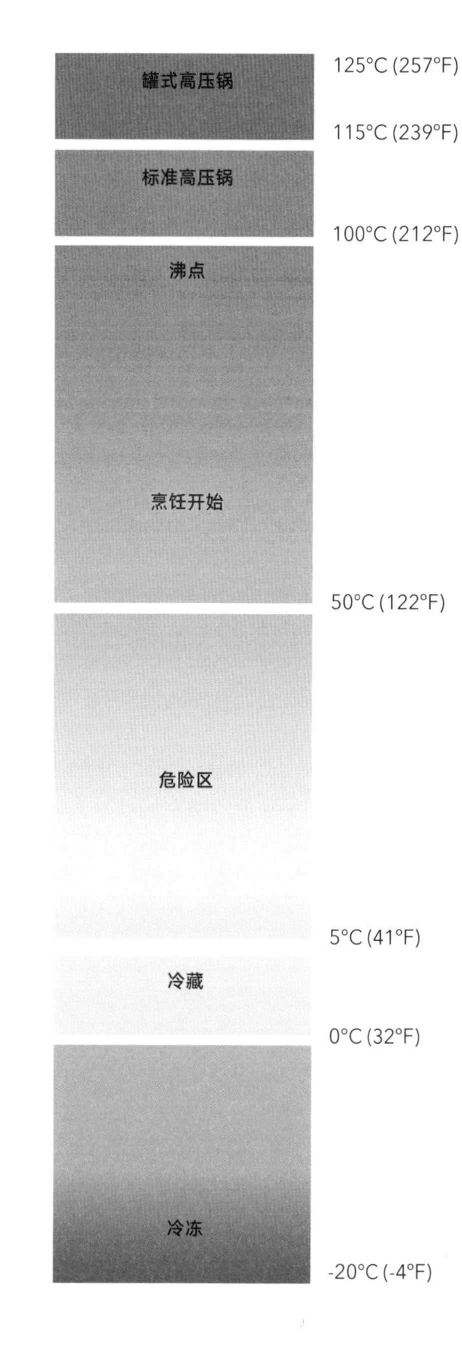

高压加工技术

高压加工技术通过压力杀死细菌。虽然高压锅也能产生压力，但并不足以杀死全部细菌，因此需要使用特殊的设备产生额外压力。食物风味会被高温破坏的情况下，通常使用这种方法。如今高压加工技术越来越普遍，一些果汁的外包装上会有相关标记。高压消灭了细菌，余下的孢子在果汁的酸性环境中无法存活。

安全使用冰箱

按照规则使用冰箱，能够避免污染和损坏。规则如下：

切忌将热的食物放入冰箱，否则可能使其他食物升温，为细菌滋生创造环境。应该先把食物从灶具中取出，遮盖后自然冷却。如果锅刚刚温手，可以用流动的自来水冲刷锅的外部，或把锅（或其他盛具）放入冰水碗中快速降温。这种方法能够使温度迅速通过“危险区”。确保食物做熟后2小时内放入冰箱，并在3天之内吃完。

2

拿取食物时不要在非必要时开着冰箱门，以减少冰箱损耗，同时保持内部温度维持在安全范围之中。安全温度范围是0℃~5℃。

3

食物和饮料应在冰箱中叠放，以减少交叉污染的可能性。生食材放在即食食品和熟食下方，这样一来，食物滴落就不会造成污染。生肉和生鱼应用密封容易分开保存在冰箱底部（温度最低的部分）。

4

冰箱中的水果和蔬菜应放在密封袋或其他密封容器里，一些细菌在低温环境下也会生长，因此食用前需清洗。

不建议冰箱保存的食物

一些食物不适合在冰箱中保存，原因如下：面包和蛋糕中的淀粉在烘焙时转变为更加复杂的物质，而低温环境会促使这些物质变回淀粉，从而影响食物质地和味道。淀粉可以暂时通过加热变软，但冷却后会再次变硬。

奶酪最好保存在凉爽的环境中，但温度不至低到冰箱的温度。非冷藏状态下的奶酪味道会更加醇厚。

西红柿中的化学物质在低温中也会发生类似变化，从而导致失去其特有风味。

冷冻柜

20世纪下半叶，家用冷冻柜开始流行起来。之前一些人用装有冰块的箱子保存食物，需要不断补给新的冰块，但其制冷效果可以满足冷藏需求，而难以冷冻食物。相比其他储存方法，冷冻的优势很多，不仅几乎不影响食物的味道，还能有效延长保质期。快速冷冻会在食物中形成细小冰晶，基本不会破坏食物的结构，因此解冻后其质感会变得更好。慢速冷冻则会形成大块冰晶，破坏食物质地。因此，最好先将食材切成小块，以便快速冷冻（大块食物中残留的热量和减缓整体的冷冻速度）。

与冰箱同理，切忌将热的食物放入冷冻柜中。应先冷却食物，然后再放入适当的容器或袋子中。盛器应为防水材质，同时还要能承受低温而不至碎裂（因此很多塑料制品不适合冷冻）。冷冻时在容器上标明日期，如果已经有外形类似的冷冻食物，那么还需要标注食材名称。最好将食物摊成一个薄层以加速冷冻。不要叠放未冷冻食物容器，而应在它们之间保持距离，以协助冷冻。

冷冻柜的温度大致为-20℃。虽然这个温度足够冷冻纯水，但糖或酒精含量过高的食物可能不会被冷冻。时间一长，大块冰晶形成，食物开始降解。高糖食物（如冰激凌和其他冷冻甜点）的质地极有可能在短时间内发生变化，因此应尽量避免长期储存。

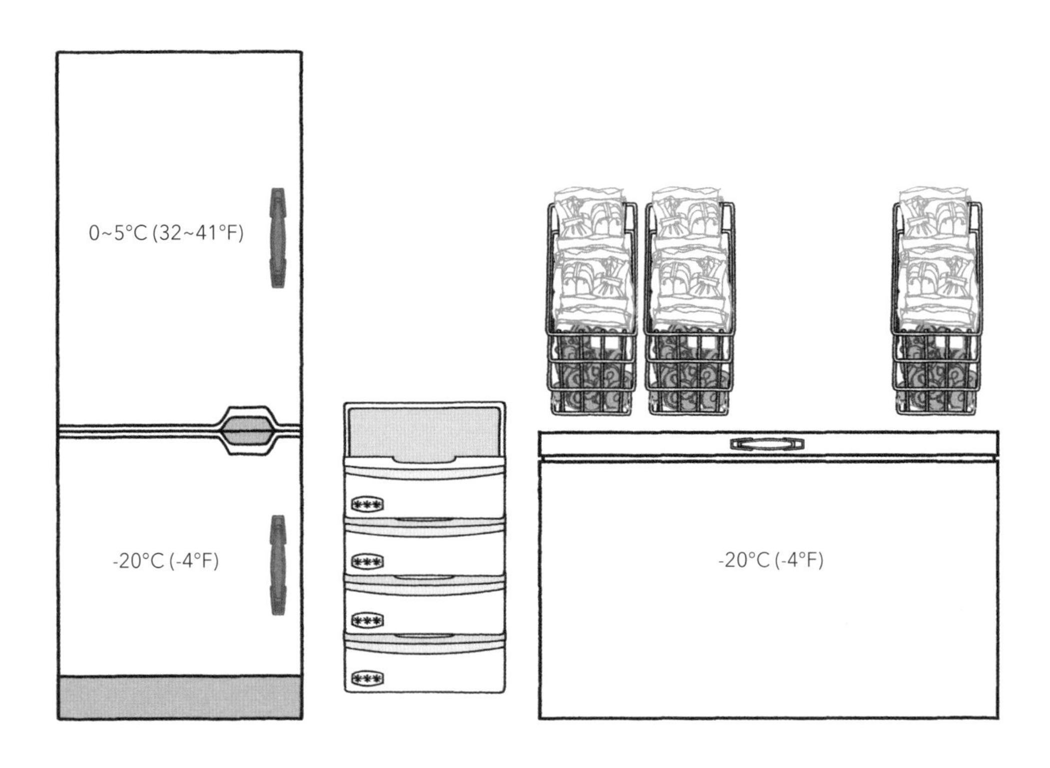

如果你使用的是大型冷冻柜，建议制定一个从处理新鲜食材到过期食材的操作系统。可以使用配套的金属网篮移动各种食物，还可以用作袋装食材的分类架。把相似的食物放在一起，也可以自成系统：水果、蔬菜、肉类、熟肉、酱汁等。

高危食物

大多数食物的危险系数都很低，但某些食物确实蕴藏着潜在危险。有的人对这些食物持怀疑态度，有的食物对特定人群来说格外危险。

危险来源大致可分为以下四种：

- 细菌和病毒
- 化学毒素
- 寄生虫
- 过敏源

有些食物天然具有更高的危险指数，但只要多加小心，便可以避免这些危险。

细菌和病毒

豆芽的生长环境温暖而潮湿，为很多有害细菌提供了完美的可乘之机。这些细菌可以导致食物中毒，因此豆芽做熟后再吃更加安全。

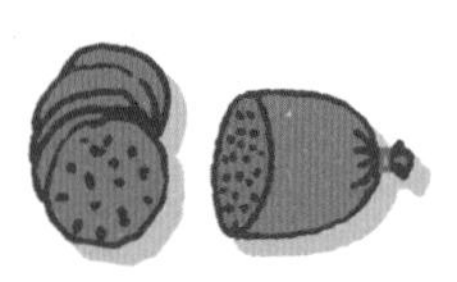

冷食肉制品、**腌肉**和**肉饼**通常直接食用，其可能携带的细菌没有机会被消灭。除非你对食物安全有十足的把握，否则不要让孕妇或其他身体较弱的人食用这些肉制品。

蛋黄、**蛋白**和**蛋壳**可能携带沙门氏菌，但在避免破坏蛋壳的前提下，可以降低携带风险。将蛋存放在温度低于5℃的冰箱中，不要让儿童或孕妇生食。

鱼死后立刻开始分解，在细菌的作用下迅速变为高危食物。鱼类可能携带的寄生虫可以通过深度冷冻（温度远低于家用冷冻温度）消灭，这一方法用于生食的“寿司级别”鱼类。所有鱼类都应被正确储存，否则将会产生有毒的组胺，难以通过常规烹饪消灭。切记对鱼类多加小心，确保选用恰当的烹饪方式，并与其他食物分开储存。

水果可能携带李斯特菌，因此吃前应彻底清洗。一些**浆果**、**红辣椒**、**西红柿**和**胡椒**可能携带沙门氏菌，如需生食，一定要事先清洗干净。

家禽属于高危食物，可能携带弯曲杆菌和沙门氏菌，因此处理时应多加小心。不要清洗生鸡，以避免细菌传播。将所有与家禽接触过的台面、工具和容器清洗干净。

用于沙拉的**生绿叶菜**可能携带大肠杆菌，以及来自于动物或化学物品的污染。食用前一定要将绿叶菜彻底清洗干净。

未经过巴氏消毒的**生奶**可能携带导致食物中毒和肺结核（很罕见）的细菌。

大米携带的细菌在米熟后被激活。如果米饭未被恰当保存，细菌便会继续滋生。应将米饭存放在低于5℃的环境中，并尽快吃完。

附着在**贝类**上的海藻会携带毒素，贝类本身也可能携带在喂食过程中积攒的汞，会对人体造成巨大危害。贝类死后迅速降解，不可食用。因此要确保食用鲜活的贝类。

软质奶酪可能携带葡萄球菌，孕妇及体弱人群应避免食用。

毒害危险

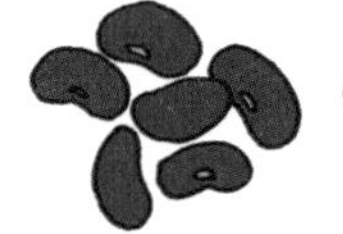

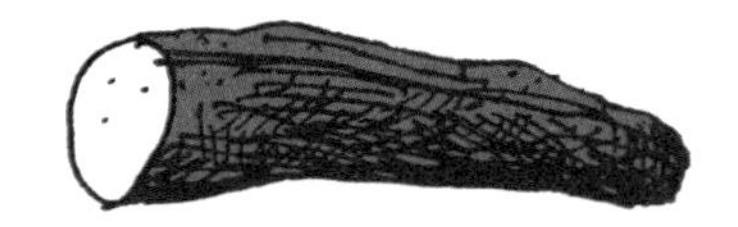

以下食物含有毒素，包括生豆（特别是芸豆）、木薯和肉豆蔻。

芸豆等**生豆**携带一种名为血凝素的有毒蛋白质。该毒素可通过浸泡减少，快速煮沸则可以消灭毒素。如果你需要使用生豆，应浸泡一整夜后放入沸水中煮几分钟，再调小火力煮至全熟即可（也可以用熟豆子罐头替代）。

世界上很多国家和地区都食用**木薯**。未去皮的生木薯有毒。可以购买罐装木薯直接用于烹饪，但如果你需要处理生木薯，应征询专业建议。

肉豆蔻也携带毒素，但大量肉豆蔻产生的味道过于强烈且难闻，想中毒也需要勇气。

寄生虫

寄生虫存在于一些常见食物中（包括**肉类**和**鱼类**），源自动物的污染也会带来寄生虫。几乎所有寄生虫都可以被全熟烹饪和深度冷冻（-40℃及以下冷冻数天）消灭。这种方法用于安全制作**寿司**和**刺身**。

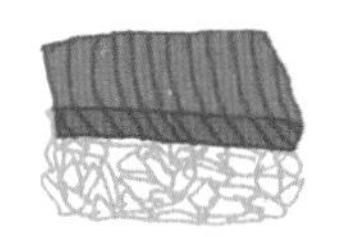

总体原则是保持厨房卫生、充分烹饪肉类和鱼类（有体弱人群食用时需格外留心），以及仔细清洗**带叶蔬菜**。

烘干食物

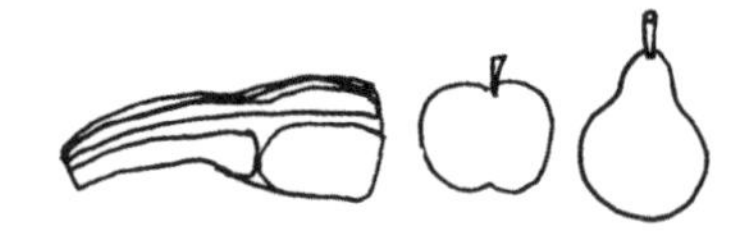

保存食物意味着创造条件减缓或阻止食物变质。影响细菌生长的因素有很多，其中包括湿度。通过去除水分可以阻碍甚至停止细菌活动。食物中的盐也可以消灭细菌，因为盐能把细菌细胞中的水吸干。在罐头和冰箱发明之前，很多食物都采取干燥保存法，也正是因此，发展出了沿用至今的制作风味独特食物的技法。干燥过程通常会使风味更佳醇厚，从而得到新口味和新香气。

最简单的烘干方法是晾干和晒干，但如果食物含有吸水的糖（会附着在水上），那么就需要额外热量降低湿度。烘干后的食物在非潮湿环境中可以保存很长时间。因此，建议将干燥食物放在密封容器中与外部水汽隔离开来。吸水性差的食物更易于保存，但即使是这些食材，也会因蒸发或散味而开始变质。香草便属于此类食物，所以应随时查看干燥香草是否质量下降，如有必要应及时更换。

在家中烘干食物很简单，只需把食材放在干燥、温暖的环境中，等待即可。这种方法适用于香草，但对于很多其他食物来说过于缓慢，无法避免细菌侵害食物。晒干法比较理想，但所需环境湿度必须低于20%，而大多数家庭很难满足这一条件。

自制水果干

[1] 选用表皮没有任何伤口的新鲜水果。

[2] 去除果茎和果核，将水果切成薄片——可大大缩短烘干用时。

[3] 有些水果容易在空气中氧化变为褐色。要解决这个问题，可以用维生素C溶液或亚硫酸氢钠溶液浸泡水果。但要注意的是亚硫酸氢钠可能导致过敏反应。

[4] 为了减少损耗、延长保质期，以及软化果皮（干燥后的果皮可能会变得很韧），你可以用开水漂洗水果（或蔬菜），或将其放入蒸锅片刻，然后用冰水降温，擦干水后把水果放入脱水机、烤箱或烘干机即可（见右页）。

烤箱烘干

在家中可以使用烤箱烘干食物。准将备好的食材码在烤盘中，放入低温运行的烤箱，烤箱门通常保持开启状态。如果烤箱没有内置风扇，那么整个过程的耗时将是脱水机或食物烘干机的两到三倍。如果你需要经常烘干食物，那么购置一台脱水机或烘干机是最好的选择。

家用烘干机和脱水机

食物脱水机或烘干机中的温暖气流在食物架之间流动，微微加热食材，促进蒸发，还能顺便将湿润的蒸汽排出。

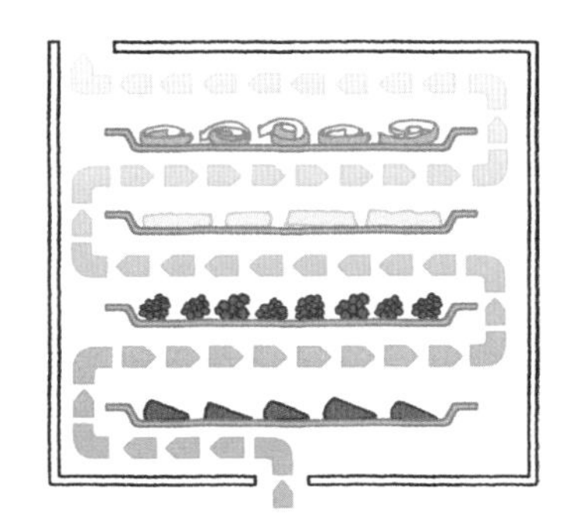

家用烘干机的构造通常很简单，包括若干食物架、一个热源以及一个风扇。烘干机的设计多种多样，但如果你决定购买某一品牌，那么容量应是主要考虑因素。还可以在户外搭建或购置一个利用阳光烘干食物的烘干机。户外烘干机的深色面板通过接收阳光的热量反过来加热空气，从而使空气在对流的作用下向上升，进入晾放食材的内仓之中。

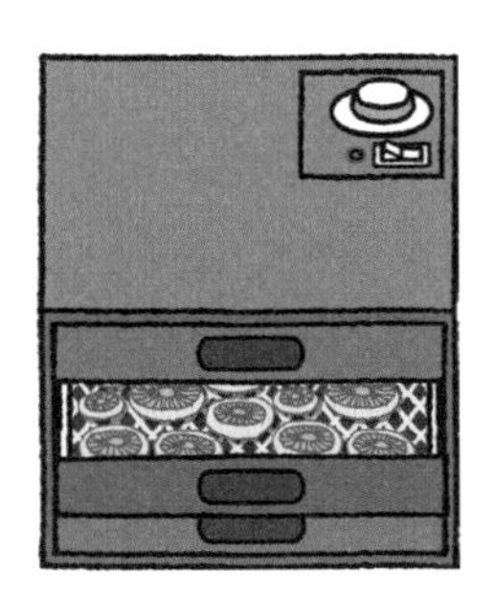

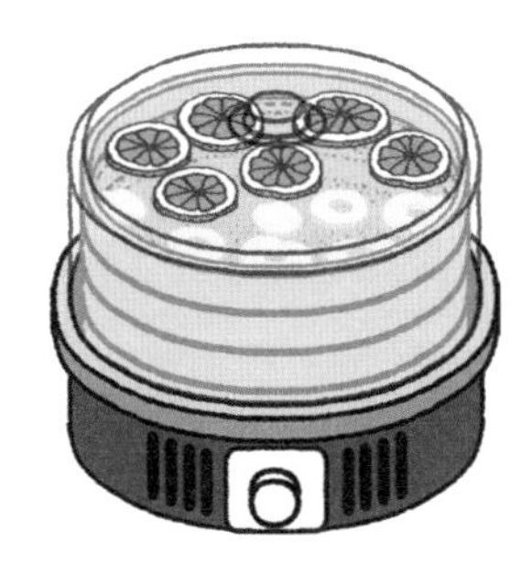

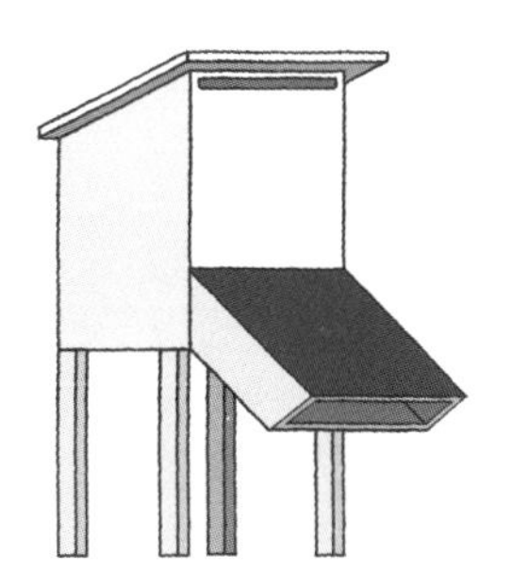

用微波炉烘干香草

你可以使用微波炉烘干香草和某些带叶蔬菜。将几枝香草或蔬菜放在厨房用纸上，用微波炉加热2~3分钟，查看食材是否已经变脆。如果没有完全变干，加热30秒后再次检查。

延伸阅读

下方列出的是我有所了解并心怀敬意的书目和其他资料。其中一些也许不是很常见，但我仍希望它们能为对烹饪世界感兴趣的读者提供帮助。

为食物爱好者推荐的书

The Pleasures of the Table by Jean Anthelme Brillat-Savarin
让·安泰尔姆·布里亚-萨瓦林：《饮食的乐趣》
一本趣味性十足的经典书籍，值得一读。作者热爱并钻研食物。本书初版于1825年，但至今仍是可靠的参考资源，许多关于食物的精彩语录都来自这本书。

Ma Gastronomie by Fernand Point
费尔南德·普安：《美食学》
虽然达到费尔南德·普安的烹饪水准基本不可能实现，但可以看看这本书。它不仅仅是菜谱集，还是一曲对烹饪和饮食的赞歌。

为专业烹饪爱好者推荐的书

The Kitchen Book/The Cook Book by Nicolas Freeling
尼古拉斯·菲林：《厨房之书》《烹饪之书》
这两本书已经合为一册。在成为犯罪小说家前，尼古拉斯·菲林的职业是厨师。在这两本书中，他叙述了自己早年间在法国的经历以及英国战后的食物紧缺，并给出了非常实用的烹饪建议。

Kitchen Confidential: Adventures in the culinary underbelly by Anthony Bourdain
安东尼·布尔丹：《不为人知的厨房：后厨探秘》
安东尼·布尔丹在书中揭秘了专业厨房背后不为人知的故事，这也让他成为了每一位叛逆厨师的偶像。性，药和摇滚乐（和烹饪）。

Blood, Bones and Butter: The inadvertent education of a reluctant chef by Gabrielle Hamilton
加布里埃尔·汉密尔顿：《鲜血、骨头和黄油：一位纠结厨师的野生成长记》
一位伟大女性厨师的优秀个人传记。有趣、动人、有料。这本书涵盖了她从童年到成立自己的餐厅之间的历程，趣味性和人情味十足。既有为派对烹制整羊的童年记忆，也有努力运营一家餐厅时与邻居争吵的故事。

The Sweet Life in Paris: Delicious adventures in the world's most glorious and perplexing city by David Lebovitz
大卫·莱博维茨：《巴黎的甜蜜生活：全世界最绚丽而复杂的城市中的美味冒险》
来自美国甜点师、食物博主的一本书，内容涉及巴黎、法国人和食物，有趣且见解深刻。

其他食物和烹饪参考书

McGee on Food and Cooking: An encyclopedia of kitchen science, history and culture by Harold McGee
哈罗德·麦吉：《麦吉的食物和烹饪秘笈：厨房中的科学、历史与文化百科全书》
这本书是理解厨房的最佳参考资料。一部大师之作！

The Oxford Companion to Food by Alan Davidson
艾伦·戴维森：《牛津食物大典》
一本信息量巨大的大部头著作，与上一本麦吉的书相比，所涉食物文化内容更多、科学内容更少。一部伟大的作品。

Modernist Cuisine: The art and science of cooking (6 volume set) by Nathan Myhrvold
内森·梅尔沃德：《现代烹饪：烹饪的艺术与科学》（6卷本）
体量巨大的关于烹饪科学的著作，包含原创性的研究、绝佳的摄影和杰出的文字。这套书价格不菲，但作为专业烹饪的教育投资，还是值得入手的。

烹饪书

关于世界上各种烹饪流派的书数不胜数，但可从以下推荐书目入门……
Delia's Complete Cookery Course (Classic Edition:

Volumes 1 – 3) by Delia Smith
迪莉娅·史密斯：《迪莉娅的烹饪课程全本》（典藏版：1~3卷）
几乎是零失误菜谱，遵循书中步骤即可做出不错的食物。如果你是初学者，那么这套书应该可以作为你的启蒙书。

如果你想再上一个台阶……

The Food Lab: Better home cooking through science by J. Kenji López-Alt
J.肯吉·洛佩兹-阿尔特：《食物实验室：家庭科学烹饪法》
本书中的科学烹饪方式步骤清晰，都是作者亲力进行研究和试验的成果。遵照这本书中的方法操作，可以为你的烹饪打下坚实的基础。

Mastering the Art of French Cooking (Volume 1) by Julia Child with Louisette Bertholle and Simone Beck
茱莉亚·查尔德、路易塞特·贝尔托勒、西蒙娜·贝克：《掌握法式烹饪艺术》（第1卷）
这本书的作者是美国最厉害的烹饪老师，她在法国接受训练并广泛品尝食物后不断研究、尝试，推出了实用性极强的食谱。

再进一步……

Cooking for Geeks: Real science, great cooks and good food by Jeff Potter
杰夫·波特：《极客烹饪：真正的科学，伟大的厨子，美味的食物》
“见包装上的说明文字”，本书覆盖时下流行的许多现代烹饪技术，操作步骤简单可行，并配有清晰的解说。

关于鸡尾酒和酒的味道……

Liquid Intelligence: The art and science of the perfect cocktail by Dave Arnold
戴夫·阿诺德：《智能液体：鸡尾酒的艺术与科学》
这本震撼人心的书深入鸡尾酒的艺术与科学，其中器材和科学占比较重，是硬核极客调酒师的宝典。

Drinks: Unraveling the mysteries of flavour and aroma in drink by Tony Conigliaro
托尼·科尼利亚罗：《酒：揭秘酒中的味道与香气》
这本书技术含量超高，作者是许多顶尖鸡尾酒酒吧背后的那个人，也是餐厅经营者及其他顶级味道操刀手的寻觅者的顾问。

关于烘焙……

Momofuku Milk Bar by Christina Tosi
克里斯蒂娜·托西：《百福牛奶吧》
百福牛奶吧是一家出色的面包店，作者是其背后出类拔萃的甜点师。你可以在网上搜索“Christina Tosi”，她的烘焙教程值得一看。

关于冰激凌……

The Perfect Scoop: Ice creams, sorbets, granitas, and sweet accessories by David Lebovitz
大卫·莱博维茨：《一勺甜蜜：冰激凌、雪葩、格兰尼它及其他甜品》
实用的顶级食谱。

Ice Creams, Sorbets and Gelati: The definitive guide by Caroline and Robin Weir
卡洛琳和罗宾·韦尔：《冰激凌、雪葩和意式冰激凌：终极指南》
本书体量大、信息足，涵盖历史、科学和食谱。书中丰富的知识可以帮助你创作自己的食谱。

索引

A
AGA炉灶，65
阿芙佳朵咖啡，115
阿兹特克式热巧克力，144
爱乐压咖啡机，122—123
安全：起火，187
　巴氏杀菌，89
　高危食物，198—199
　高压锅，73
　微波炉，71
　卫生，185—193
案板，19，188

B
巴黎式摇酒壶，154
巴氏杀菌，89，113
白茶，136
板岩工作台面，175，189
半月刀，23
薄荷茶，140—141
贝类，安全，199
贝里尼，158
冰滴设备，咖啡，128，130—131
冰冻果子露，88
冰棍（美国），94
冰棍（英国），94
冰棍（中美洲），94
冰激凌，87—93
冰激凌机，90—91
冰咖啡，128
冰块，模制，95
冰箱：清洁，189
　冰箱冷冻室，177
　厨房布局，177，182
　食物安全，193，194—195
波本威士忌：古典鸡尾酒，164
波士顿摇酒壶，154
玻璃：烘焙用具，30
　酒杯，156—157
伯爵茶，136
不锈钢：清洗，118
　工作台面，174，189
不沾烘焙用具，30

C
擦刀，23，26
餐具，储存，182
层压台面，174，189
茶，133—143
　薄荷茶，140—141
　基础泡茶法，134—135
　冷泡茶，143
　绿茶，136，138—139
　泡茶，136—137
　太阳茶，143
　印度拉茶，142
铲子，24
赤陶砖，50
除水垢水壶，101
厨刀，12—23
　构成，12—13
　磨刀，20—21
　特殊刀具，22—23
　使用，18—19
　选择，16—17
　种类，14—15
厨房，167—183
　布局，171—173，180—183
　工作台面，174—177
　三角工作区，172
　水槽，177—179
厨房用称，28
厨师机，32
杵和臼，36
储存食物，193—197
船舰厨房，180
窗户，厨房布局，183
瓷砖工作台面，175

D
打蛋器，24，34
大都会，158
大吉岭，136
大理石工作台面，175，189
弹簧扣蛋糕模，31
蛋，安全，193，198
蛋糕模具，31
刀片研磨机，36
捣碎器，50
得其利，160
电磁炉灶，65
电动厨师机，32，34
电锅，45
电烤架，41
电烤箱，60
电披萨烤箱，85
电线圈灶，64，65
豆蔻：土耳其式咖啡，127
豆奶，113
豆芽，安全，198
豆子，安全，199
毒害危险，199
杜林标酒：生锈钉，164
镀锡钢烘焙用具，30
炖菜，63
炖锅和平底锅，66—67
多士炉，40
剁肉刀，15
剁碎，18

F
法式热巧克力，145
法式摇酒壶，154
法压壶，116—177
风扇烤箱，61
伏特加：黑俄罗斯，158
　长岛冰茶，160
　大都会，158
　海风，164
　莫斯科骡子，162
　生锈钉，164
　血腥玛丽，158
馥芮白咖啡，114

G
柑橘榨汁机，146
干马提尼，160
钢，见不锈钢
高分子材料工作台面，174
高级冰激凌，88
高危食物，198—199
高压锅，72—73
高压加工技术，193
格兰尼它冰沙，88，92
工具，9—51
工作台面，176—177
材料，174—175
高度，176
清洗，189
深度，176
所需台面数量，177
古典式（鸡尾酒），164
谷物磨，37
刮鳞器，50
硅胶烘焙用具，30
过滤器，鸡尾酒，154
过滤式咖啡，118—119
过滤水，100

H
海风，164
海绵蛋糕模，31
含羞草，162
合成材料工作台面，189
黑俄罗斯，158
黑麦威士忌：曼哈顿，162
烘焙蛋糕，63
烘焙用具，30—31
烘干食物，200—201
烘烤：咖啡，104—105
肉类，63
红茶，136
虹吸式咖啡壶，120—121
胡椒研磨器，36
花岗岩工作台面，175，189
华夫机，41
混合鸡尾酒，155
混合料理机，45
混凝土工作台面，175
火炉，59，183

J
鸡尾酒工具，154
鸡尾酒杯，157
配方，158—164
摇和与兑和，155
鸡尾酒量杯，155
急速冷冻机，49
计量工具：鸡尾酒
厨房用称，28
计量，155
体积计量单位，29
寄生虫，199
家禽，安全，193，199
坚果奶，113
酱汁，锅，67
金巴利：内格罗尼，162
金酒：干马提尼，160
长岛冰茶，160
金菲士，160
内格罗尼，162
约翰·柯林斯，160
锯齿蔬菜刀，15
均化，奶，113
咖啡，103—131
爱乐压咖啡机，122—123
冰滴装置，128，130—131
冰咖啡，128
过滤式咖啡或手冲咖啡，118—119
烘焙，104—105
虹吸式咖啡壶，120—121
家用意式咖啡机，108—109
咖啡壶或法压壶，116—117
冷萃咖啡，128—129
炉灶用咖啡壶或摩卡咖啡壶，124—125
土耳其式咖啡，126—127
研磨，106—107
意式浓缩咖啡饮品，114—115
制作奶泡和蒸牛奶，110—112

K
咖啡壶，116—117
咖啡牛奶，117
卡布奇诺，114
开瓶器，152
凯匹林纳，158
烤架，41
烤箱，59—63
厨房布局，182
烘干食物，201
技巧，63
披萨炉，84—85
清洁，188
微波炉，68—71
温度计和探针，62
种类，60—61
烤箱手套，187
可可，145
可丽饼机，44
苦艾酒：干马提尼，160
曼哈顿，162
内格罗尼，162
快速冷却机，49

L
L型厨房，181
垃圾处理器，179
拉可雷特，47
朗姆酒：自由古巴，158
得其利，160
莫吉托，162
椰林飘香，164
印度拉茶，160
长岛冰茶，160
冷萃咖啡，128—129
冷冻柜，196—197
冰箱冷冻室，177
急速冷冻机，49
冷冻干燥机，48
冷冻甜点，92—93
清洁，189
冷冻甜点，87—95
冷泡茶，143
离心分离机，49
离心式榨汁机，147
料理棒，手持，34
烈酒酒杯，157
柳刃刀，15
龙舌兰：长岛冰茶，160
玛格丽塔，162
漏碗，25
卤素灶，65
螺丝刀（鸡尾酒），164
螺旋蔬菜切丝器，27
铝制烘焙用具，30
绿茶，136，138—139
绿色蔬菜，安全，199

M
马铃薯捣碎器，50
马提尼，160
玛芬蛋糕模，31
玛格丽塔，162
玛奇朵咖啡，115
曼哈顿（鸡尾酒），162
曼陀林切片机，27

慢炖锅，45，75—75
美式咖啡，115
米：电饭锅，40
安全，199
面包刀，14，17
面包机，44
模制冰块，95
摩卡壶，124—125
摩卡咖啡，115
磨刀，20—21
磨石，墨西哥，36
茉莉花茶，137
莫吉托，162
莫斯科骡子，162
牡蛎，撬开，22
牡蛎刀，22
木薯，安全，199
木炭BBQ机，80—82
木质工作台面，174，189
拿铁咖啡，114

N
奶酪，安全，199
奶酪刀，23
奶酪火锅，47
奶泡器，112
奶油发泡器，151
奶制品，安全，193
内格罗尼，162
牛奶：替代品，113
安全，199
巴氏杀菌，113
均化，113
奶昔，148
牛奶咖啡，117
热巧克力，145
制作奶泡和蒸牛奶，110—112

P
泡茶，136—137
烹饪设备，40—51
披萨炉，84—85
片鱼刀，14
平底锅，66—67
瓶装水，100
葡萄酒，152—153
葡萄酒杯，156
普罗塞克葡萄酒：贝里尼，158

Q
起火，187
巧克力：热巧克力，144—145
可可碎粒，39
撬开牡蛎，22
切割，19
切片，18
切片机，曼陀林，27
切肉刀，14
清洗，188—189
洗手，186—187
去核器，27
泉水，100

R
燃木披萨炉，84
燃气烤炉，82
燃气烤箱，60
燃气灶，64—65
热巧克力，144—145
热熏机，83
日本三德刀，15
日式抹茶，136，138—139
肉豆蔻：研磨器，26
安全，199
肉类：安全，192，193，198
乳糖不耐，113
软式冰激凌，88
软水，101
瑞士卷蛋糕模，31

S
Sodastream™苏打水机，151
三角工作区，172
筛子，25
烧烤，80—83
勺子，24
深度油炸，42—43
生锈钉（鸡尾酒），164
湿磨机，38—39
石材工作台面，175，189
石英工作台面，175
食物：烘干，200—201
储存，193—197
高危食物，198—199
卫生，192—201
食物料理机，33
侍者之友，152
手持搅拌棒，34
手套，烤箱，187
蔬菜：曼陀林切片机，27
安全，193，199
螺旋蔬菜切丝器，27
思慕雪，149
削皮器，15，23
树脂工作台面，175
刷子，卫生，190
双层蒸锅，67
双手，清洗，186
水，饮用，100—101
水槽：厨房布局，177，182
U型管和垃圾处理器，179
材料，178
水龙头，179
水垢，除水垢水壶，101
水果：去核器和削皮器，27
安全，198
烘干，200
思慕雪，149
水果刀，14，17
水壶：除水垢，101
水龙头，179
思慕雪，149
苏打水，150—151
苏打弯管，150

T
塔吉锅，50
太阳茶，143
探针，温度，62
陶瓷烘焙用具，30
特级冰激凌，88
剔骨刀，15
体积计量单位，29
天鹅颈水壶，118
甜甜圈机，43
铜制工作台面，175
土耳其式咖啡，126—127
脱水机，201

U
U型厨房，181
U型管，水槽，179

W
碗柜，厨房布局，182
威士忌：曼哈顿，162
古典鸡尾酒，164
生锈钉，164
威士忌酸酒，164
微波炉，68—71
安全，71
烘干香草，201
食物的形状和大小，70

围裙，187
卫生，185—293
温度：泡茶，136—137
烤箱，62
冷冻柜，197
食物安全，192，193
真空低温烹饪机，78—79
温度计，35，62，110

X

洗手，186
洗碗，190—191
洗碗布，卫生，190
洗碗机，182，191
洗碗机，183
洗碗球，190
细菌：烘干食物，200
巴氏杀菌，89
储存食物，193
高危食物，198—199
高压加工技术，193
食物卫生，185，192
洗碗，190
香槟，153，156
含羞草，162
香草：烘干，201
香草茶，137
小型刨刀，26
旋转式削皮器，27
旋转式榨汁机，146
旋转式蒸发器，48
旋转蒸发器，48
削皮刀，14
削皮器，27
雪葩，88，92
血腥玛丽，158

Y

烟熏机，83
研磨机，36—37
研磨机，36—39
研磨咖啡，106—107
盐：洗碗机，191
燕麦奶，113
摇和，148
椰林飘香，164
液体，计量，29
液压式榨汁机，147
意式浓缩咖啡饮品，114—115
意大利面：锅，67
意面机，51
意式冰激凌，88，92
意式咖啡机，108—109
饮品，97—164
茶，133—143
鸡尾酒，154—155，158—164
酒杯，156—157
咖啡，103—131
葡萄酒，152—153
热巧克力，144—145
水，100—101
思慕雪，149
苏打水和碳化，150—151
摇和，148
榨汁，146—147
印度拉茶，142
印度拉茶，160
英式摇酒壶，154
硬水，101
油炸机，42—43
鱼类，安全，193，198
圆环蛋糕模，31
约翰·柯林斯，160

Z

灶台：厨房布局，177，182—183
种类，64—65
炸锅，66
榨油机，36
榨汁，146—147
长柄勺，24
长岛冰茶，160
真菌，食物卫生，192
真空低温烹饪机，76—79
蒸锅，46
蒸牛奶，110—112
制作面包，63
制作奶泡，110—112
中国绿茶，137
珠茶，137
主厨刀，14，16—17，18
砖，赤陶，50
转动式研磨器，26
锥形漏网，25
自来水，100
自由古巴，158

致谢

感谢埃德和戴夫以及所有为这本书付出心血的可爱朋友；感谢我的代理人简·威利斯；感谢Pavilion出版社团队的凯蒂·考恩、史蒂芬妮·米尔纳、劳拉·拉塞尔，特别是克莱尔·克罗利和内森·乔伊斯；最后，感谢所有Extract Coffee的工作人员。

图书在版编目(CIP)数据

全球厨具手绘图鉴 / (英) 艾伦·斯诺(Alan Snow)著;李惟祎译. --武汉:华中科技大学出版社,2018.6

ISBN 978-7-5680-4238-3

I.①全...II.①艾...②李...III.①炊具 - 普及读物 IV.①TS972.21-49

中国版本图书馆CIP数据核字(2018)第112795号

First published in Great Britain in 2017 by **Pavilion**

An imprint of Pavilion Books Company Limited, 43 Great Ormond Street, London WC1N 3HZ

简体中文版由 **Pavilion Books Company Ltd.** 授权华中科技大学出版社有限责任公司在中华人民共和国（不包括香港、澳门和台湾）境内出版、发行。

湖北省版权局著作权合同登记 图字：17-2018-080 号

全球厨具手绘图鉴 （英）艾伦·斯诺 著

Quanqiu Chuju Shouhui Tujian 李惟祎 译

出版发行：华中科技大学出版社（中国·武汉）

电话：（027）81321913

武汉市东湖新技术开发区华工科技园

邮编：430223

出 版 人：阮海洪

责任编辑：莽 昱 李 鑫 责任监印：郑红红

封面设计：李九斤

印刷：深圳市雅佳图印刷有限公司

开本：889mm×1194mm 1/24

印张：8.666

字数：60千字

版次：2018年6月第1版第1次印刷

定价：98.00元